教育部职业教育与成人教育司推荐教材

高等职业教育食品科学与工程专业教学用书

生物化学与微生物学

张文华　王淑艳／主编

张邦建／主审

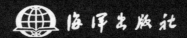

海洋出版社

内 容 简 介

生物化学和微生物学是高职高专生物技术类、轻化工检验类、乳品加工类和农林专业类等的专业基础课，本书按照两者之间的关系以及与其他专业课之间的联系，将两门独立的课程重新整合，力求做到体现专业特点，突出高职特色，注重实用性和实践性，使理论与实践相结合。

全书共分为 2 部分 12 章，第 1 部分为生物化学，主要介绍了蛋白质化学、酶化学、核酸化学、维生素化学、糖类化学、脂类化学以及物质代谢等知识。第 2 部分为微生物学，主要介绍了显微镜的使用与维护、微生物形态观察、染色与制片技术、微生物培养以及微生物检测技术等知识。本书既注重基础理论知识的讲解，同时也加大了对学生实践技能的培养，全书共设计了 28 个实训项目，帮助学生迅速掌握生物化学和微生物学知识的应用。

适用范围：职业院校轻工分析类、乳品加工类、生物技术类专业及相关学科专业课教材，也可供微生物技术培训班教材，以及其他生物科技人员使用、查阅和参考。

图书在版编目（CIP）数据

生物化学与微生物学/张文华，王淑艳主编. —北京：海洋出版社，2012.6
ISBN 978-7-5027-8260-3

Ⅰ.①生…　Ⅱ.①张…②王…　Ⅲ.①生物化学②微生物学　Ⅳ.①Q5②Q93

中国版本图书馆 CIP 数据核字（2012）第 091237 号

总 策 划：刘　斌		发 行 部：（010）62174379（传真）（010）62132549	
责任编辑：刘　斌		（010）68038093（邮购）（010）62100077	
责任校对：肖新民	网　　　址：www.oceanpress.com.cn		
责任印制：赵麟苏	承　　　印：北京朝阳印刷厂有限责任公司印刷		
排　　版：海洋计算机图书输出中心　晓阳	版　　　次：2018 年 2 月第 1 版第 2 次印刷		
出版发行：海洋出版社			
		开　　　本：787mm×1092mm　1/16	
地　　　址：北京市海淀区大慧寺路 8 号（716 房间）	印　　　张：17.75		
100081	字　　　数：426 千字		
经　　　销：新华书店	印　　　数：4001～6000 册		
技术支持：（010）62100055	定　　　价：39.00 元		

本书如有印、装质量问题可与发行部调换

编 委 会

主　编　张文华　王淑艳

副主编　赵珺　袁静宇　杨广华　崔雨荣　李国芝
　　　　纪铁鹏

主　审　张邦建

参　编　(排名不分先后)

　　　　张记霞　云雅光　边瑞玲　翟晓蒙

前　言

随着社会的不断发展，旧的高职教育模式已经不能适应就业市场的要求，积极探索与高等职业教育相适应的人才培养模式势在必行。教育部2006年颁发的《关于全面提高高等职业教育教学质量的若干意见》中明确提出要大力推行工学结合，突出实践能力培养，改革人才培养模式；把工学结合作为高等职业教育人才培养模式改革的重要切入点，带动专业调整与建设，引导课程设置、教学内容和教学方法改革。这就要求，高职教育应将教学重点从以前的"以理论为中心"逐渐转向"突出实践能力培养"。

本教材将生物化学和微生物学这两门高职高专生物技术类、轻化工检验类、乳品加工类和农林专业类等的专业基础课，按照两者之间的关系及与其他专业课之间的联系重新整合，力求做到体现专业特点，突出高职特色，着力体现实用性和实践性，使理论与实践相结合，着重培养学生的应用能力，引导学生重点掌握课程的基础理论知识，又注重实践技能的培养，加大了实验实训、生产实习的比例；适当降低理论知识的深度和广度，以满足岗位应职能力需要为度，以掌握概念、强化应用为重点；同时还考虑到与其他课程之间的联系和分工，尽量做到在内容上不重复，在知识上不脱节，"突出实践，工学结合"。

本教材在构思上注重结构明晰、完整。每章设有知识目标、本章小结、复习思考、实验实训等内容，书后还有附录，便于教师组织教学和学生自学。教材中广泛使用图、表，使教材内容详略得当，图文并茂，直观易懂，增加了教材的可读性。在编写过程中，以"必需、够用、实用"为原则，以"加强基础、强化能力"为主旨，力求创新，努力反映新知识、新技术和新的科研成果，尽量与生产应用保持同步，尽可能拓展学生的视野。因而本书具有基础理论知识适度、技术应用突出、技术面较宽、体现教工结合与校企结合等特点。

本教材由张文华、王淑艳主编，由李国芝、杨广华、赵珺、纪铁鹏、崔雨荣、袁静宇担任副主编，由张邦建担任主审，参编人员还有边瑞玲、张记霞、云雅光、翟晓蒙等。具体编写任务分工如下：第3章核酸化学、第7章物质代谢、第8章显微镜的使用与维护、第10章染色与制片技术由张文华编写；前言、第4章维生素化学、第9章微生物形态观察由王淑艳编写；第1章蛋白质化学由张记霞编写；第2章酶化学由云雅光编写；第5章糖类化学由边瑞玲编写；第6章脂类化学由李国芝、翟晓蒙编写；第11章微生物培养由袁静宇编写；第12章微生物检测技术由赵珺、杨广华编写。附录以及全书统稿由张文华、王淑艳共同完成。

本教材可供高等职业技术学院轻工分析类、乳品加工类、生物技术类专业及相关学科学生学习使用，也可供微生物技术培训班和其他生物科技人员使用、查阅和参考。

本教材在编写过程中，得到了各编委所在学校的大力支持和帮助，在此表示衷心的感谢；同时，书中引用了国内外大量文献资料，在此向本书引用为参考资料的各位作者和专家表示衷心的感谢。限于编写水平有限和编写时间的仓促，书中疏漏和不妥之处在所难免，诚请专家、学者及广大读者批评指正。

作　者

2012 年 3 月

目　　录

第一部分
生物化学

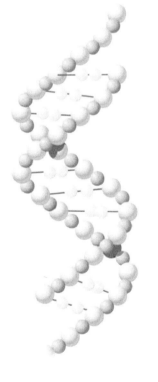

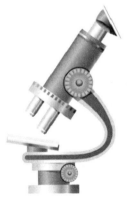

第 1 章

蛋白质化学

　　生物体最主要的特征是生命活动，蛋白质是生命活动的物质基础，几乎在一切生命活动过程中都起着非常重要的作用。蛋白质的种类繁多，每一种蛋白质都有着特殊的结构和功能，它们在生命活动中发挥着催化、代谢调节、免疫保护、物质运输和储存、运动与支持、参与细胞间信息传递等重要的生物学功能，因此，了解蛋白质的组成、结构、功能以及其在加工过程中所发生的变化具有非常重要的意义。

　　本章主要介绍蛋白质组成，氨基酸的结构、性质及蛋白质的结构和性质，通过学习使学生能将相应的理论知识应用到生产实践当中。

【教学目标】

☑ 了解蛋白质对生物体的重要意义及蛋白质的化学组成
☑ 明确蛋白质结构的概念和稳定因素
☑ 掌握蛋白质的基本结构单位、氨基酸的结构特点和理化性质
☑ 掌握蛋白质的重要理化性质，并能够在生产中得到应用

基础知识

1.1　蛋白质的组成
1.2　氨基酸的结构特点
1.3　氨基酸的性质
1.4　蛋白质的结构
1.5　蛋白质的理化性质

拓展知识

1.6　蛋白质分离、提纯的一般程序

课堂实训

实训项目 1　食品中蛋白质的测定
实训项目 2　蛋白质两性性质及等电点测定

1.1 蛋白质的组成

蛋白质是细胞组分中含量丰富、功能强大的生物大分子，它广泛存在于所有的生物细胞中，并在生命活动过程中承担着各种重要的生理功能，是生命活动的物质基础。

1.1.1 蛋白质的元素组成

蛋白质的元素分析结果表明，组成蛋白质的主要元素为 C、H、O、N 四大元素，此外，有的蛋白质中还含有一定量的 S、P 及微量铁、铜、锌、钼、碘、硒等。各种蛋白质的氮元素含量很接近，平均为 16%，这是蛋白质元素组成的特点，也是凯氏定氮法测定蛋白质含量的依据。凯氏定氮法是以含氮量推算蛋白质的含量的，计算公式为：

蛋白质含量＝蛋白氮的含量×6.25

1.1.2 蛋白质的基本组成单位

蛋白质是生物大分子有机物，它的结构复杂，在酸、碱和酶的催化作用下，可以进行逐级水解，并形成蛋白胨、多肽等中间产物，最终可以得到不能再水解的产物——氨基酸。因此，氨基酸是蛋白质最基本的组成单位，蛋白质的水解过程如下：

$$蛋白质 \xrightarrow[\text{酶}]{\text{酸、碱}} 胨 \longrightarrow 胨 \longrightarrow 多肽 \longrightarrow \alpha\text{-}氨基酸$$

1.2 氨基酸的结构特点

尽管在各种生物体内已发现了 180 多种氨基酸（AA），但参与组成蛋白质的天然氨基酸只有 20 种，它们称为蛋白质氨基酸。某些蛋白质中的稀有氨基酸组分都是基本氨基酸参入多肽链后经酶促修饰形成的，不直接参与蛋白质组成的氨基酸称为非蛋白质氨基酸。

1.2.1 氨基酸的结构

组成蛋白质的氨基酸大多数具有共同的结构，如图 1-1 所示。

从氨基酸结构通式中可以看出：①构成蛋白质的氨基酸除了脯氨酸是一种 α-亚氨基酸外，其余的都是 α-氨基酸；②除没有手性碳原子的甘氨酸外，其他氨基酸均为 L-型氨基酸；③除甘氨酸外，其他氨基酸都具有旋光性。

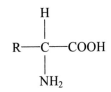

图 1-1　氨基酸结构通式

1.2.2 氨基酸的分类

按 R 基团的化学结构的不同来分类，组成蛋白质的天然氨基酸可以分为脂肪族氨基酸、芳香族氨基酸和杂环族氨基酸；根据氨基酸侧链 R 基团的不同，还可以将它们分为极性氨基酸和非极性氨基酸两大类。组成蛋白质的 20 种氨基酸见表 1-1。

表 1-1 蛋白质中氨基酸的名称、缩写、结构

名称	缩写符号	结构	pI	名称	缩写符号	结构	pI
丙氨酸 Alanine	Ala（A）	$H_2N-CH-COOH$ 丨 CH_3	6.02	*苯丙氨酸 Phenylalanine	Phe（F）	$H_2C-CH-COOH$ 带苯环 NH_2	5.48
半胱氨酸 Cysteine	Cys（C）	$H_2N-CH-COOH$ 丨 CH_2 丨 SH	5.02	甘氨酸 Glycine	Gly（G）	$H_2N-C-COOH$ 丨 H	5.97
天冬氨酸 Aspartic acid	Asp（D）	$H_2N-CH-COOH$ 丨 CH_2 丨 $COOH$	2.97	*组氨酸 Histidine	His（H）	$H_2N-CH-COOH$ 丨 H_2C 咪唑环	7.59
谷氨酸 Glutamic acid	Glu（E）	$H_2N-CH-COOH$ 丨 CH_2 丨 H_2C 丨 $COOH$	3.22	*异亮氨酸 Isoleucine	Ile（I）	$H_2N-CH-COOH$ 丨 $CH-CH_3$ 丨 CH_2 丨 CH_3	6.02
*赖氨酸 Lysine	Lys（K）	$H_2N-CH-COOH$ 丨 $(CH_2)_4$ 丨 NH_2	9.74	*精氨酸 Arginine	Arg（R）	$H_2N-CH-COOH$ 丨 $(CH_2)_3$ 丨 NH 丨 $C=O$ 丨 NH_2	10.76
*亮氨酸 Leucine	Leu（L）	$H_2N-CH-COOH$ 丨 CH_2 丨 $CH-CH_3$ 丨 CH_3	5.98	丝氨酸 Serine	Ser（S）	$H_2N-CH-COOH$ 丨 CH_2 丨 OH	5.68
*蛋氨酸 Methionine	Met（M）	$H_2N-CH-COOH$ 丨 $(CH_2)_2$ 丨 S 丨 CH_3	5.75	*苏氨酸 Threonine	Thr（T）	$H_2N-CH-COOH$ 丨 $CH-OH$ 丨 CH_3	6.53
*缬氨酸 Valline	Val（V）	$H_2N-CH-COOH$ 丨 $CH-CH_3$ 丨 CH_3	5.97	脯氨酸 Proline	Pro（P）	$C-COOH$ 吡咯环 HN	6.30
天冬酰胺 Asparagine	Asn（N）	$H_2N-CH-COOH$ 丨 CH_2 丨 $C=O$ 丨 NH_2	5.41	谷氨酰胺 Glutamine	Gln（Q）	$H_2N-CH-COOH$ 丨 CH_2 丨 CH_2 丨 $C=O$ 丨 NH_2	5.65

名称	缩写符号	结构	pI	名称	缩写符号	结构	pI
* 色氨酸 Tryptophan	Trp（W）	$H_2N-CH-COOH$ H_2C (吲哚环) $\overset{N}{\underset{H}{}}$	5.89	酪氨酸 Tyrosine	Tyr（Y）	$H_2N-CH-COOH$ H_2C (苯环) OH	5.66

* 为必需氨基酸。

1.3　氨基酸的性质

氨基酸的性质是由它的组成和结构决定的，不同氨基酸之间的差异只是在侧链上，因此氨基酸具有许多共同的性质。

1. 物理性质

α-氨基酸都是白色晶体，每种氨基酸都有其特殊的结晶形状，利用结晶形状可以鉴别各种氨基酸。氨基酸晶体的熔点通常都较高，一般在 200℃ 以上，其原因是氨基酸晶体是以离子晶格组成的，维持晶格中质点的作用力是强大的异性电荷之间的静电引力，而不是分子间作用力。

芳香族氨基酸（色氨酸、酪氨酸）有紫外吸收的特性，它们在波长 280 nm 附近有最大吸收峰。不同蛋白质含有一定量的酪氨酸和色氨酸残基，在一定条件下，280 nm 处的紫外吸光度值（A_{280}）与蛋白质溶液浓度成正比，利用该性质可以测定样品中蛋白质的含量。

除胱氨酸（2 分子半胱氨酸可形成 1 分子胱氨酸）和酪氨酸外，其他氨基酸都能溶于水，脯氨酸和羟脯氨酸还能溶于乙醇或乙醚中。

2. 化学性质

（1）氨基酸的两性性质

氨基酸的分子中既有碱性的氨基，又有酸性的羧基，它们可以分别解离形成带正电荷的阳离子（$-NH_3^+$）及带负电荷的阴离子（$-COO^-$），因此氨基酸是两性电解质，其解离方程如下：

$$NH_2-\underset{\underset{pI<pH}{H}}{\overset{R}{C}}-COO^- \underset{OH^-}{\overset{H^+}{\rightleftharpoons}} H_3^+N-\underset{\underset{pI}{H}}{\overset{R}{C}}-COO^- \underset{OH^-}{\overset{H^+}{\rightleftharpoons}} N^+H_3-\underset{\underset{pI>pH}{H}}{\overset{R}{C}}-COOH$$

氨基酸在溶液中的解离方式及带电状态取决于其所处溶液的酸碱度。在某一 pH 条件下，使氨基酸解离成阳离子和阴离子的数目相等，分子呈电中性，在电场中，分子既不向正极移动也不向负极移动，此时溶液的 pH 称为氨基酸的等电点（pI）。氨基酸在等电点时以两性离子（或兼性离子）形式存在，此时氨基酸在其溶液中溶解度最小。利用这一性质，可以在工业上提取氨基酸产品。例如，谷氨酸的生产就是将发酵液的 pH 调节到 3.22（谷氨酸的等电点），从而使大量谷氨酸沉淀析出。

每一种氨基酸都有各自不同的等电点，如表 1-1 所示。氨基酸的等电点由氨基酸分子中氨基和羧基的解离程度所决定，其大小可以用兼性离子两端的解离常数的负对数的算术平均值表示，即：

$$pI = \frac{pK_1 + pK_2}{2}$$

（2）氨基酸与甲醛的反应

氨基酸分子中既有酸性基团又有碱性基团，但不能直接用酸、碱进行中和滴定，其主要原因是因为滴定终点的 pH 值过高（12～13）或过低（1～2），不能找到适合的指示剂。可以加入过量的甲醛，形成羟甲基氨基酸，促进氨基酸的解离，使滴定终点 pH 值下降 2～3 个单位，然后用碱直接进行酸碱中和滴定，其反应方程式如下：

（3）与茚三酮反应

α-氨基酸与水合茚三酮溶液共热，生成蓝紫色化合物。其反应式如下：

脯氨酸和羟脯氨酸与水合茚三酮反应产生黄色化合物，其他所有 α-氨基酸与水合茚三酮反应均产生蓝紫色化合物。此反应非常敏感，可以用于氨基酸的定性和定量测定。

1.4 蛋白质的结构

虽然组成蛋白质的基本氨基酸为 20 种，但各种不同的蛋白质中氨基酸残基数目变化很大，少则几十个，多则成千上万，加之氨基酸排列顺序的差异及组合肽链数的不同，就形成了结构和功能都十分复杂、多样的蛋白质。目前已确认的蛋白质结构层次可分为一级结构和高级结构。

1.4.1 蛋白质的一级结构

蛋白质是由许多氨基酸通过肽键连接而成的多肽链。不同的蛋白质的氨基酸组成、排列顺序都不同。蛋白质的一级结构是指蛋白质分子中氨基酸的排列顺序和连接方式，它是蛋白质最基本的结构。蛋白质分子中的氨基酸之间都以肽键相连，所谓肽键是指一个氨基酸的 α-氨基与另一氨基酸的 α-羧基通过脱水缩合而形成的酰胺键，由此而形成的化合物称为"肽"，其反应式如下：

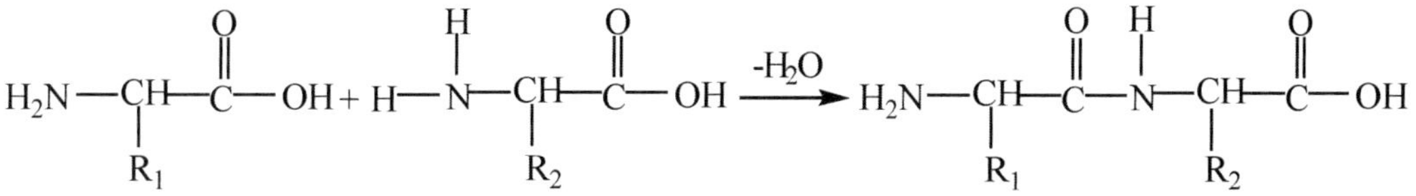

$$H_2N-CH-C-OH + H-N-CH-C-OH \xrightarrow{-H_2O} H_2N-CH-C-N-CH-C-OH$$

其中的肽键是指 C 与 N 之间的连接键，它是维持蛋白质一级结构的主要作用力，虽然表面上看是一个单键，但它不能自由旋转，具有双键的性质，同时 C、N、O、H、$C\alpha_1$、$C\alpha_2$ 同处于一个平面内，故又将此平面称为"酰胺面"，如图 1-2 所示。

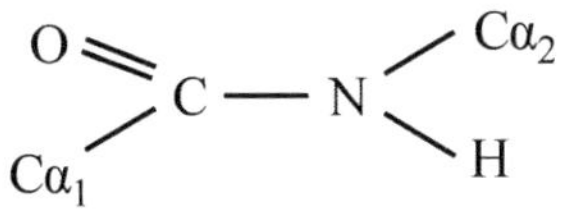

图 1-2　酰胺平面

蛋白质的一级结构是蛋白质分子的基本结构，它是决定蛋白质空间结构的基础。蛋白质的一级结构对蛋白质的生理功能起着决定性的作用，变动蛋白质的一级结构中的任何一个氨基酸，都可能导致整个蛋白质分子的空间结构和生理功能发生极大的变化，使生物体出现病态甚至死亡。

1.4.2 蛋白质的高级结构

蛋白质的高级结构也称为空间结构。通常情况下蛋白质多肽链并不是以完全延伸的形式存在，而是在蛋白质一级结构的基础上通过分子中若干单键的旋转而盘曲、折叠形成特定的空间三维结构。这种空间结构称为蛋白质的空间构象。蛋白质分子的空间结构是它表现生物功能的重要基础，决定着蛋白质的理化性质和生物活性。

1. 蛋白质的二级结构

蛋白质的二级结构是肽链主链不同肽段通过自身的相互作用形成氢键，沿某一主轴盘旋折叠而形成的局部空间结构，主要有 α-螺旋、β-折叠、β-转角和无规则卷曲等。

（1）α-螺旋

α-螺旋是 Pauling 和 Coroy 等人在研究羊毛、马鬃、猪毛等 α-角蛋白后，于 1951 年提出来的。α-螺旋的结构要点如下：

①肽链围绕假设的中心轴盘绕成螺旋状，每一圈含有 3.6 个氨基酸残基，沿螺旋轴方向上升 0.54 nm，即每个氨基酸残基沿螺旋中心轴垂直上升的距离为 0.15 nm，如图 1-3 所示。

②相邻的螺旋之间形成链内氢键，氢键的取向几乎与中心轴平行。氢键由两个氨基酸残基

的 N—H 与前面相隔 3 个氨基酸残基的 C═O 形成
（图 1-3）。α-螺旋中氨基酸残基的侧链基团伸向外侧，
如图 1-4 所示。

由于肽链中的所有肽键都可参与氢键的形成，因
此，α-螺旋结构是相对稳定的，氢键是维持 α-螺旋结
构稳定的主要因素；α-螺旋结构有左手螺旋和右手螺
旋之分，但绝大多数天然蛋白质为右手螺旋。

多肽链能否形成 α-螺旋以及形成的螺旋是否稳
定与其氨基酸序列直接有关。由于脯氨酸的亚氨基参
与形成肽键之后，氮原子上已没有氢原子，无法充当
氢键供体，致使 α-螺旋在该处中断，并产生一个"结
节"。此外，如果一个肽段内带有相同电荷的残基过
于密集，彼此间因静电排斥而不能形成链内氢键，也
会妨碍 α-螺旋的形成。

（2）β-折叠

β-折叠结构也是 Pauling 等人提出的，又称 β-片
层，它是一种肽链相当伸展的结构，由两条或多条（或一条肽键的若干肽段）多肽链侧向聚集，
通过相邻肽链主链上的 N—H 与 C═O 之间有规则的氢键，形成 β-折叠片。这种构象可分为
平行式和反平行式两种类型。

前者所有肽链的 N-端在同一方向，后者的 N-端则一顺一反地交替排列（见图 1-5）。纤维
状蛋白质的 β-片层主要为反平行式，而球状蛋白质中这两种类型的 β-折叠几乎同样广泛存在。

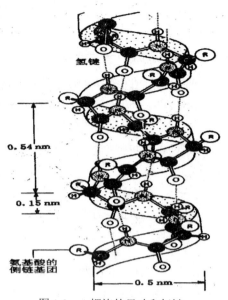

图 1-3　α-螺旋的尺寸和氢键

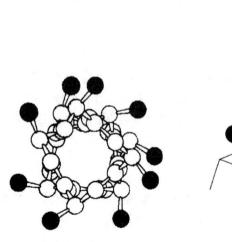

图 1-4　α-螺旋的俯视图

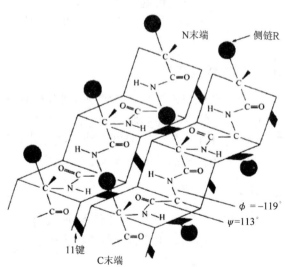

图 1-5　β-折叠结构

很多纤维蛋白往往由单一的二级结构构成。如毛发、鳞、角、蹄、喙甲、爪等主要由几条
α-螺旋肽链左向缠绕而成，因此，毛发和羊毛等纤维富有弹性。丝心蛋白则由几条反向平行的
β-折叠肽链组成。

2. 蛋白质的三级结构

蛋白质的三级结构指的是多肽链在二级结构的基础上,通过侧链基团的相互作用进一步卷曲折叠,借助次级键维系使 α-螺旋、β-折叠片、β-转角等二级结构相互配置而形成的特定的构象。三级结构的形成使肽链中所有原子都达到空间上的重新排布。原来在一级结构的顺序排列上相距甚远的氨基酸残基可能在特定区域内彼此靠近。对许多球状蛋白分子的研究表明,通过三级结构的形成,在分子内部往往集中着大量的疏水氨基酸残基,它们之间的疏水作用维系并稳定已经形成的三级结构;极性氨基酸残基多分布于分子表面,并赋予蛋白质以亲水性质。许多具有特定生物学活性的球状蛋白质分子的表面有明显的凹陷或裂隙,其中以特定方式排布的某些极性氨基酸残基参与并决定着该蛋白质的生理活性。

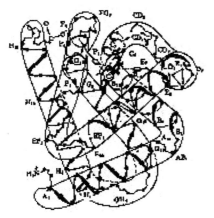

图 1-6　肌红蛋白的三级结构

图 1-7　血红蛋白的四级结构

3. 蛋白质的四级结构

有些较大的球蛋白分子往往由几个称作亚基的亚单位组成,每个亚基本身都具有球状三级结构。亚基一般只包含一条多肽链,也有的是由两条或两条以上二硫键连接的肽链组成。由几个亚基组成的蛋白称为寡聚蛋白。四级结构是指由相同或不同亚基按照一定排布方式聚合而成的蛋白结构,维持四级结构稳定的作用力是疏水键、离子键、氢键、范德华力。亚基虽然具备三级结构,但单独存在时通常没有生物学活性或者活性低,只有缔合形成特定的四级结构时才具有生理功能。

综上所述,维持蛋白质高级结构的主要是氢键、范德华力、疏水作用和盐键等次级键,虽然它们单独存在时作用力比较弱,但大量的次级键加在一起,就会产生足以维持蛋白质天然构象的作用力。在部分蛋白质分子中,离子键、二硫键、配位键也参与维持蛋白质的空间结构。

1.5　蛋白质的理化性质

蛋白质是由氨基酸组成的生物大分子,因此它保留着氨基酸的某些性质,但由于它具有复杂的高级结构,又与氨基酸和寡肽这些小分子有着本质的区别,因而具有特殊的性质。

1.5.1　蛋白质的两性解离和等电点

在蛋白质分子中,除 N–端的 α–氨基和 C–端的 α–羧基外,还有许多可解离的侧链基因,

如 β−羧基、γ−羧基、ε−氨基、咪唑基、胍基、酚基、巯基等，因此也是两性电解质，在一定 pH 值条件下，上述基团解离而使蛋白质呈酸性或碱性。在酸性环境中这些基团充分质子化，使蛋白质带正电荷；在碱性环境中上述质子化基团释放出质子，而使蛋白质带负电荷。当蛋白质在某一 pH 值溶液中，酸性基团带的负电荷恰好等于碱性基团带的正电荷，蛋白质分子净电荷为零，在电场中既不向阳极移动，也不向阴极移动，此时溶液的 pH 值称为该蛋白质的等电点（pI），反应式如下：

$$P \diagup^{NH_3^+}_{\diagdown COOH} \underset{H^+}{\overset{OH^-}{\rightleftharpoons}} P \diagup^{NH_3^+}_{\diagdown COO^-} \underset{H^+}{\overset{OH^-}{\rightleftharpoons}} P \diagup^{NH_2}_{\diagdown COO^-}$$

蛋白质的阳离子　　　　　　　蛋白质的兼性离子（等电点）　　　　　　蛋白质的阴离子

蛋白质在等电点时以偶极离子的形式存在，其总净电荷为零，这样的蛋白质颗粒在溶液中因为没有相同电荷间的相互排斥，所以最不稳定，溶解度最小，极易形成沉淀析出。这一性质常用于蛋白质的分离提纯。同时在等电点时蛋白质的黏度、渗透压、膨胀性和导电能力均为最小。

蛋白质在溶液中解离成带电颗粒，在电场中可以向电荷性质相反的电极移动，这种现象称为电泳。各种蛋白质的可解离基团的种类、数目、解离程度不同，在指定 pH 值溶液中所带电荷不同，加之它们的相对分子质量大小、颗粒的大小和形状各不相同，因此在电场中的移动方向和速度各不相同。根据这一原理，形成和发展了许多用于蛋白质分析和分离的电泳技术，如自由界面电泳、纸上电泳、薄膜电泳、凝胶电泳（以聚丙烯酰胺、淀粉、琼脂等凝胶为支持物）、等电聚焦电泳、毛细管电泳等。

1.5.2 蛋白质的胶体性质

蛋白质是高分子化合物，其相对分子量很大，最小的在 1 万以上，大的数百万乃至千万。其分子大小已达到胶体的范围（1～100 nm），所以蛋白质溶液是胶体溶液，具有胶体的特征，如布朗运动、丁达尔效应以及不能透过半透膜等性质。利用蛋白质不能透过半透膜的性质，常将含有小分子杂质的蛋白质溶液放入透析袋中，置于流水中进行透析，逐渐除去小分子杂质，以达到纯化蛋白质的目的，这种方法称为透析。生物膜也具有半透膜的性质，从而保证了蛋白质在细胞内的不同分布。

蛋白质是亲水胶体，维持蛋白质胶体溶液稳定的重要因素有两个：一个因素是蛋白质颗粒表面大多为亲水基团，可吸引水分子，在颗粒表面形成较厚的水化膜，将蛋白质颗粒分开，不至于相聚沉淀；另一个因素是蛋白质胶体表面可带有同种电荷，因同种电荷相互排斥，使蛋白质颗粒难以相互聚集从溶液中沉淀析出。根据这一原理，可以通过破坏这两个主要稳定因素，使蛋白质分子间引力增加聚集沉淀，如盐析法、有机溶剂沉淀法。

1.5.3 蛋白质的沉淀反应

在蛋白质胶体中加入适当的试剂使蛋白质分子处于等电点状态或失去水化层，蛋白质的胶体溶液就不再稳定并可产生沉淀。造成蛋白质胶体溶液发生沉淀的试剂有：

（1）高浓度中性盐。加入高浓度的硫酸铵、硫酸钠、氯化钠等，可以有效地破坏蛋白质颗粒的水化层，同时又中和了蛋白质的电荷，从而使蛋白质生成沉淀。这种加入中性盐使蛋白质沉淀析出的现象称为盐析，常用于蛋白质的分离制。不同蛋白质析出时需要的盐浓度不同，调节盐浓度使混合蛋白质溶液中的几种蛋白质分段析出，这种方法称为分段盐析。例如，血清中加入硫酸铵至 50％饱和度时，球蛋白即可析出。继续加硫酸铵至饱和，白蛋白才能沉淀析出。球蛋白通常不溶于纯水，而溶于稀中性盐溶液，其溶解度随稀盐溶液浓度的增加而增大，表现盐溶特性。

（2）有机溶剂。丙酮、乙醇等有机溶剂有较强的亲水能力，一般作为脱水剂，也能破坏蛋白质分子周围的水化层，导致蛋白质沉淀析出。如果将溶液的 pH 值调至蛋白质的等电点，再加入这些有机溶剂可以加速沉淀反应。

（3）重金属盐。Hg^{2+}、Ag^+、Pb^{2+}等重金属离子可与蛋白质中带负电荷的基团形成不易溶解的盐而沉淀，因此，重金属盐均有毒，误食重金属盐时应及时服用大量生蛋清或牛奶防止这些有害离子被吸收。

（4）生物碱和某些酸类。苦味酸、三氯乙酸、钼酸、钨酸、磷钨酸、单宁酸等生物碱试剂，可以与蛋白质中带正电荷的基团生成不溶性的盐而析出。

用盐析法或在低温下加入有机溶剂（先将蛋白质用酸碱调节到等电点状态）制取的蛋白质，仍保持天然蛋白质的一切特性和原有的生物活性。透析或超滤除去中性盐和有机溶剂，蛋白质仍可溶于水形成稳定的胶体溶液。若制备时温度较高或未能及时除去有机溶剂，析出的蛋白质会部分或全部失活。

1.5.4 蛋白质的变性与复性

蛋白质各自所特有的高级结构是表现其物理和化学特性以及生物学功能的基础。当天然蛋白质受到某些物理或化学因素的影响，使其分子内部原有的高级结构发生变化时，蛋白质的理化性质和生物学功能都随之改变或丧失，但并未导致蛋白质一级结构的变化，这种现象叫变性作用，变性后的蛋白质称为变性蛋白。

引起蛋白质变性的因素很多，包括加热、紫外线等射线照射、超声波或高压处理等物理因素和强酸、强碱、脲、胍、去垢剂、重金属盐、生物碱试剂及有机溶剂等化学因素。不同蛋白质对变性因素的敏感程度各不相同。有些蛋白质甚至可以耐受 100℃的高温处理，这一性质正是蛋白质分离纯化中选择变性方法的基础。

蛋白质的变性常伴有如下表现：①首先就是丧失其生物活性，如酶失去催化活性，血红蛋白丧失载氧能力，调节蛋白丧失其调节功能，抗体丧失其识别与结合抗原的能力等；②溶解度降低，黏度增大，扩散系数变小等；③某些原来埋藏在蛋白质分子内部的疏水侧链基因暴露于变性蛋白质表面，导致光学性质变化；④对蛋白酶降解的敏感性增大。

根据对蛋白质变性作用的研究，普遍认为蛋白质的变性主要是由蛋白质分子内部的结构发生改变所引起的。天然蛋白质分子内部通过氢键等次级键使整个分子具有紧密结构。变性因素破坏了氢键等次级键，使蛋白质从原来有秩序的卷曲紧密结构变为无序的松散伸展状结构，从而导致生物活性的丧失以及物理化学性质的异常变化。蛋白质变性后一级结构不变，组成成分和相对分子质量也不变，但高级结构发生巨大改变或破坏，致使蛋白质分子表面的结构发生变化，亲水基团相对减少，原来埋藏在分子内部的疏水基团外露产生沉淀。

蛋白质的变性作用如果不过于剧烈，则是一种可逆过程。高级结构松散了的变性蛋白质通常在除去变性因素后，可以缓慢地重新自发折叠形成原来的构象，恢复原有的理化性质和生物活性，这种现象称为复性。随着变性时间的增加，变性条件的加剧，变性程度的加深，复性的可能性会降低。

1.5.5 蛋白质的紫外吸收

大部分蛋白质中均含有的色氨酸、酪氨酸和苯丙氨酸三种氨基酸残基在近紫外区有光吸收，致使蛋白质在 280 nm 处有最大特征光吸收，这一特性可以用于蛋白质的定量测定和检测。

1.5.6 蛋白质的呈色反应

在蛋白质的分析工作中，常常利用蛋白质分子中某些氨基酸或其他特殊结构与某些试剂产生颜色反应来进行定性和定量测定。蛋白质具有的颜色反应如表 1-2 所示。

表 1-2　蛋白质的一般颜色反应

反应名称	试剂	颜色	反应基团
米伦反应	$HgNO_3$ 及 $Hg(NO_3)_2$ 混合物	红色	酚基
黄色反应	浓硝酸及碱	黄色	苯基
乙醛酸反应	乙醛酸	紫色	吲哚基
茚三酮反应	茚三酮	蓝色	自由氨基及羧基
酚试剂反应	硫酸铜及磷钼酸—钼酸	蓝色	酚基、吲哚基
α－萘酚–次氯酸盐反应	α－萘酚、次氯酸盐	红色	胍基

1.6　蛋白质分离、提纯的一般程序

每种组织或每种类型的细胞都含有成千上万种不同的蛋白质。为了研究蛋白质的结构与功能，需将其分离、纯化，尽量除去不需要的和变性的蛋白质，提高单位质量蛋白质中所要的蛋白质的含量或活性。

1. 蛋白质分离提纯的一般程序可分为前处理、粗分级和细分级三步。

（1）前处理

首先要求以适当方式将组织细胞破碎，使蛋白质以溶解状态释放出来，并保持其天然构象和原有生物活性。动、植物组织一般可用组织捣碎机、匀浆器和超声波破碎法等进行破碎；植物组织有时还需加石英砂研磨或用纤维素酶处理；微生物细胞则用超声波法、高压挤压或加溶菌酶处理。组织破碎需要加入适当缓冲液，并在低温下进行，必要时加入蛋白酶抑制剂、疏基试剂等，以免蛋白质变性或被内源性蛋白酶降解。如果所要的蛋白质与生物膜结合，通常需加入去垢剂使膜结构瓦解，再用适当的介质提取。若所要的蛋白质主要存在于某一细胞组分，如线粒体、叶绿体、细胞核等，可以先用差速离心法将其分开，再以该细胞组分作为下一步分离提纯的材料。

（2）粗分级

通常用盐析、等电点沉淀、超滤、有机溶剂分级等简便且处理量大的方法从蛋白质混合液中除去大量杂质，得到浓缩蛋白质溶液。

（3）细分级

选用分辨率高的方法进一步提纯，如经过凝胶过滤、吸附层析、离子交换层析、反相高效液相层析、亲和层析以及凝胶电泳、等电聚焦等。其中亲和层析法以其非常高效的纯化能力尤其受到重视。亲和层析依据要纯化的某蛋白对另一物质（统称为配基）特殊的生物亲和性，如酶对其底物、抑制剂；抗体与其抗原，激素与其受体，凝集素与其专一结合的糖和精蛋白等都有很高的亲和性。将配基连接在载体上制备成亲和层析柱，加入待纯化的蛋白质混合液，杂蛋白不能与配基结合而随溶剂流出。需要的蛋白质与配基形成络合物留在柱上，再用洗脱液将其洗脱。

2. 蛋白质分离、纯化的常用方法

（1）根据蛋白质分子质量大小进行分离的方法。蛋白质分子的大小不同，不仅可以使蛋白质和小分子物质分开，也可使蛋白质混合物得到分离。

①透析和超滤法。透析是把待纯化的蛋白质溶液装入半透膜制成的透析袋里，再放入透析液（蒸馏水或缓冲溶液）中进行，小分子物质可以透过膜扩散进入透析液，蛋白质被截留在膜内，从而使它与小分子物质分离。

超滤是通过加压力或离心力迫使蛋白质混合物中的其他小分子溶质通过滤膜（不同微孔滤膜可截留不同分子质量的溶质分子），而使分子质量较大的蛋白质分子被截留在膜上。

②密度梯度离心法。蛋白质颗粒在超速离心场内的沉降，不仅与蛋白质的颗粒大小有关，而且和它的密度有关，因此可以使其在具有密度梯度的介质中离心分离。对于分子大小近似、密度差异较大的蛋白质可采用沉降平衡离心法进行分离；而对于密度近似、大小差异较大的蛋白质分子则可采用沉降速度离心法进行分离。

③凝胶过滤法。凝胶过滤也称凝胶层析或分子排阻层析。凝胶是具有多孔网状结构的颗粒，当分子大小不同的蛋白质混合液流经由凝胶颗粒装成的层析柱时，比凝胶网孔小的蛋白质分子能够进入网孔内，比凝胶网孔大的蛋白质分子被排阻在外，当用溶剂洗脱时，大分子先洗脱下来，小分子后被洗脱下来，依次收集即可使大小不同的蛋白质组分分开，如图 1-8 所示。

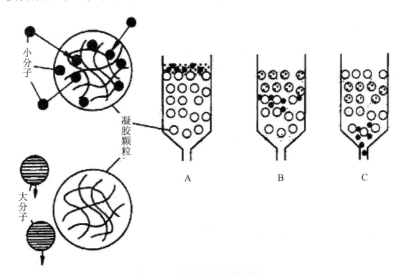

图 1-8　凝胶过滤层析原理

（2）利用蛋白质溶解度差异进行分离。蛋白质在溶液中的溶解度常随环境 pH 值、离子强度、溶剂的介电常数、温度等因素改变而改变。所以，通过改变环境条件，利用这些因素可以有选择性地控制蛋白质混合物中某一成分的溶解度，从而分离、纯化蛋白质。

①等电沉淀法。利用蛋白质等电点时溶解度最低的原理，调节混合蛋白质溶液的 pH 值至目的蛋白质的等电点，使之沉淀，而其他蛋白质仍留在溶液中，这一方法称为等电沉淀法。

②盐析法。向溶液中加入中性盐至一定饱和度使目的蛋白质沉淀析出的方法。最常用的中性盐是硫酸铵，它的溶解度大，在高浓度时也不易引起蛋白质变性，而且使用方便，价格低廉。采用分段盐析的方法可以依次沉淀不同溶解度的蛋白质。

③有机溶剂分级分离法。蛋白质的溶解度与介电常数有关。在蛋白质溶液中加入介电常数较低而与水能互溶的有机溶剂（乙醇、丙酮等）能降低水的介电常数，增加相反电荷间的吸引力，降低蛋白质分子表面可解离基团的离子化程度，破坏水化膜，使蛋白质凝集而沉淀。

3. 根据蛋白质所带电荷差异进行分离。蛋白质分子中具有多种电离基团，不同蛋白质在不同 pH 值条件下解离情况不同，所以可以分离不同的蛋白质。

（1）电泳法。电泳法是当前应用广泛的分离和纯化蛋白质的一种基本手段。蛋白质在非等电点 pH 值溶液中带有正电荷或负电荷，在电场中向电荷性质相反的电极方向迁移，其迁移速度决定于蛋白质分子所带的电荷性质、数量以及分子大小、形状，据此可使不同蛋白质彼此分离。

（2）等电聚焦法。等电聚焦法是一种高分辨率的蛋白质分离技术，也可用于蛋白质等电点的测定。等电聚焦法所依据的也是电泳原理，但普通电泳是在不具有 pH 值梯度的介质（如浓蔗糖溶液）中进行的；而等电聚焦是在外电场的作用下，各种蛋白质将移向并聚焦（停留）在等于其等电点的 pH 值梯度处，形成一个很窄的区带，从而把不同蛋白质分离。

（3）离子交换层析法。离子交换层析法也是利用蛋白质两性解离的特点，以阳离子（或阴离子）交换剂填充层析柱。当蛋白质混合液加入层析柱中后，根据各自电荷性质与离子交换剂的阳离子（或阴离子）发生交换而结合于其上，当用不同 pH 值和不同离子强度的洗脱液进行洗脱时，由于柱内各蛋白质分子带电情况不同而以一定次序被洗脱下来，分别收集即达到分离的目的。

1.7　实训项目

1.7.1　食品中蛋白质的测定

1. 实训目的

（1）学会凯氏定氮法测定蛋白质的原理。

（2）掌握凯氏定氮法的操作技术，包括样品的消化处理、蒸馏、滴定及蛋白质含量的计算等。

2. 实训原理

蛋白质是含氮化合物，食品与浓硫酸和催化剂共同加热消化使蛋白质分解，其中碳和氢被氧化为二氧化碳和水逸出，而样品中的有机氮转化为氨与硫酸结合成硫酸铵。然后加碱蒸馏，使氨蒸出，用硼酸吸收后再以标准盐酸或硫酸溶液滴定。根据标准酸消耗量可以计算出蛋白质的含量。

（1）样品消化的反应方程式如下：

$$2NH_2(CH)_2COOH + 13H_2SO_4 = (NH_4)_2SO_4 + 6CO_2 + 12SO_2 + 16H_2O$$

浓硫酸又具有氧化性，将有机物炭化后的碳化为二氧化碳，硫酸则被还原成二氧化硫

$$2H_2SO_4 + C = 2SO_2 + 2H_2O + CO_2$$

二氧化硫使氮还原为氨，本身则被氧化为三氧化硫，氨随之与硫酸作用生成硫酸铵留在酸性溶液中。

$$H_2SO_4 + 2NH_3 = (NH_4)_2SO_4$$

（2）蒸馏。在消化完全的样品溶液中加入浓氢氧化钠使之呈碱性，加热蒸馏，即可释放出氨气，反应方程式如下：

$$2NaOH + (NH_4)_2SO_4 = 2NH_3\uparrow + Na_2SO_4 + 2H_2O$$

（3）吸收与滴定。加热蒸馏所放出的氨，可用硼酸溶液进行吸收，待吸收完全后，再用盐酸标准溶液滴定，因硼酸呈微弱酸性（$k = 5.8 \times 10^{-10}$），用酸滴定不影响指示剂的变色反应，但它有吸收氨的作用，吸收及滴定的反应方程式如下：

$$2NH_3 + 4H_3BO_3 = (NH_4)_2B_4O_7 + 5H_2O$$

$$(NH_4)_2B_4O_7 + 2HCl + 5H_2O = 2NH_4Cl + 4H_3BO_3$$

蒸馏释放出来的氨，也可以采用硫酸或盐酸标准溶液吸收，然后再用氢氧化钠标准溶液返滴定吸收液中过剩的硫酸或盐酸，从而计算总氮量。

3. 试剂与器材

（1）试剂

①硫酸铜（$CuSO_4 \cdot 5H_2O$）。

②硫酸钾（K_2SO_4）。

③硫酸（H_2SO_4 密度为 1.84 g/L）。

④硼酸溶液（H_3BO_3 20 g/L）：取 20 g 硼酸，加水溶解后并稀释至 1 000 mL。

⑤氢氧化钠溶液（400 g/L）：取 40 g NaOH 溶解于水中，冷却后，加水稀释至 100 mL。

⑥甲基红指示剂。

⑦亚甲基蓝指示剂。

⑧溴甲酚绿指示剂。

⑨95% 乙醇。

⑩硫酸标准滴定溶液（0.050 0 mol/L）或盐酸标准滴定溶液（0.050 0 mol/L）。

⑪甲基红乙醇溶液（1g/L）：取 0.1 g 甲基红，溶于 95% 乙醇，并用 95% 乙醇稀释至 100 mL。

⑫亚甲基蓝乙醇溶液（1g/L）：取 0.1 g 亚甲基蓝，溶于 95% 乙醇，并用 95% 乙醇稀释至 100 mL。

⑬溴甲酚绿乙醇溶液（1 g/L）：取 0.1 g 溴甲酚绿，溶于 95% 乙醇，并用 95% 乙醇稀释至 100 mL。

⑭混合指示剂：2 份甲基红乙醇溶液与 1 份亚甲基蓝乙醇溶液，临用时混合。也可用 1 份甲基红乙醇溶液与 5 份溴甲酚绿乙醇溶液，临用时混合。

（2）仪器和设备

①天平：感量为 1 mg。

②定氮蒸馏装置：如图 1-9 所示。

③自动凯氏定氮仪。

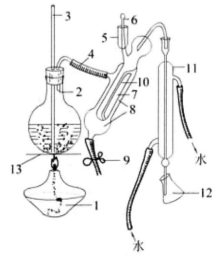

图 1-9　定氮蒸馏装置

1. 加热装置；2. 水蒸气发生器（2 L 平底烧瓶）；3. 玻璃管；4. 橡皮管；5. 玻璃杯（样品入口）；6. 棒状玻璃塞；7. 反应室；8. 反应室外层；9. 夹子；10. 反应室中插管；11. 冷凝管；12. 蒸馏液接收瓶；13. 石棉网

4. 实训方法

（1）样品消化。

准确称取充分混匀的固体样品 0.2～2.0 g，半固体样品 2～5 g，液体样品 10～25 g(相当于 30～40 mg 氮)，精确至 0.001 g，小心移入干燥洁净的 100 mL、250 mL 或 500 mL 定氮瓶中，然后依次加入硫酸铜 0.2 g、硫酸钾 6 g 和浓硫酸 20 mL。轻轻摇匀后，在瓶口放一个小漏斗，将瓶以 45° 斜放在电炉上，缓慢加热 (在通风橱内进行，若无通风橱，可以在瓶口倒插入一个口径适宜的干燥管，用胶管与水抽瓶连接，利用水力抽除消化过程所产生的烟气)。待内容物全部炭化，泡沫完全停止后，加大火力，保持瓶内液体微沸。当溶液呈蓝绿色澄清透明时，再继续加热 0.5～1h。取下凯氏烧瓶冷却至 40℃，缓慢加入 20mL 的水，摇匀。冷却至室温后，移入 100mL 容量瓶中。并用少量水洗定氮瓶，洗液并入容量瓶中，再加水至刻度，混匀备用。

（2）蒸馏、吸收。

按图 1-9 安装好定氮蒸馏装置，在水蒸气发生瓶中装水至 2/3 容积处，加入数粒玻璃珠，加甲基红乙醇溶液数滴及硫酸数毫升，以保持水呈酸性，加热煮沸水蒸气发生瓶内的水并保持沸腾。

向接收瓶内加入 10mL 4%硼酸溶液和 1～2 滴混合指示剂，并使冷凝管的下端浸入硼酸溶液中。根据试样中的氮含量，准确吸取 2.0～10.0 mL 试样处理液，沿小玻璃杯移入反应室内，以 10 mL 水洗涤小玻杯并使之流入反应室，随后塞紧棒状玻璃塞。将 10.0 mL 40%氢氧化钠溶液倒入小玻杯。提起玻璃塞，使氢氧化钠溶液缓慢流入反应室，立即塞紧玻璃塞，并在小玻璃杯中加水使之密封。夹紧螺旋夹，开始蒸馏。蒸馏 10 分钟后移动蒸馏液接收瓶，液面离开冷凝管下端，再蒸馏 1 分钟。然后用少量水冲洗冷凝管下端外部，取下蒸馏液接收瓶。

（3）滴定

用 0.100 0 mol/L 的盐酸标准溶液或硫酸标准溶液滴定至终点，其中 2 份甲基红乙醇溶液与 1 份亚甲基蓝乙醇溶液指示剂，颜色由紫红色变成灰色，pH 值为 5.4；1 份亚甲基红乙醇溶液与 5 份溴甲酚绿乙醇溶液指示剂，颜色由酒红色变成绿色，pH 值为 5.1。同时做一试剂空白（除不加样品外，从消化开始完全相同），记录空白滴定消耗盐酸标准溶液体积。

5. 实训结果

试样中蛋白质含量按下式进行计算：

$$X = \frac{V_1 - V_2 \times c \times 0.014\,0}{m \times V_3 / 100} \times F \times 100$$

式中：X ——试样中蛋白质的含量，单位为克每百克（g/100 g）；

V_1 ——试液消耗硫酸或盐酸标准滴定溶液，单位为毫升（mL）；

V_2 ——试剂空白消耗硫酸或盐酸标准滴定溶液，单位为毫升（mL）；

V_3 ——吸取消化液的体积，单位为毫升（mL）；

c ——硫酸或盐酸标准滴定溶液浓度，单位为摩尔每升（mol/L）；

m ——试样的质量，单位为克（g）；

F ——氮元素换算为蛋白质的系数。一般食物为 6.25；纯乳与乳制品为 6.38；面粉为 5.70；玉米、高粱为 6.24；花生为 5.46；大米为 5.95；大豆及其粗加工制品为 5.71；大豆蛋白制品为 6.25；肉与肉制品为 6.25；大麦、燕麦、裸麦为 5.83；

芝麻、向日葵为 5.30；复合配方食品为 6.25。

以重复性条件下获得两次独立测定结果的算术平均值表示，蛋白质含量≥1 g/100g 时，结果保留三位有效数字；蛋白质含量≤1 g/100g 时，结果保留两位有效数字。

6. 注意事项

（1）所用试剂溶液应用无氨蒸馏水配制。

（2）在消化反应中，为加速蛋白质的分解，缩短消化时间，常加入下列物质。

①硫酸钾:加入硫酸钾可以提高溶液的沸点而加快有机物分解，它与硫酸作用生成硫酸氢钾可提高反应温度，一般纯硫酸的沸点在 340℃左右，而添加硫酸钾后，可使温度提高 400℃以上，原因主要在于随着消化过程中硫酸不断地被分解，水分不断逸出而使硫酸钾浓度增大，故沸点升高，其反应式为

$$K_2SO_4+H_2SO_4\longrightarrow 2KHSO_4$$
$$2KHSO_4\longrightarrow K_2SO_4+SO_2+H_2O$$

但是硫酸钾加入量不能太大，否则消化体系温度过高，又会引起已生成的铵盐发生热分解放出氨而造成损失。

$$(NH_4)_2SO_4\longrightarrow NH_3+(NH_4)HSO$$

除硫酸钾外，也可以加入硫酸钠、氯化钾等盐类来提高沸点，但效果不如硫酸钾。

②硫酸铜：硫酸铜起催化剂的作用。凯氏定氮法中可用的催化剂种类很多，除硫酸铜外，还有氧化汞、汞、硒粉、二氧化钛等，但考虑到效果、价格及环境污染等多种因素，应用最广泛的是硫酸铜，使用时常加入少量过氧化氢、次氯酸钾等作为氧化剂以加速有机物氧化，硫酸铜的作用机理如下所示。

$$2CuSO_4\longrightarrow CuSO_4+SO_2+O$$
$$C+CuSO_4\longrightarrow Cu_2SO_4+SO_2+CO_2$$
$$Cu_2SO_4+2H_2SO_4\longrightarrow 2CuSO_4+H_2O+SO_2$$

此反应不断进行，待有机物全部被消化完后，不再有硫酸亚铜 (褐色)生成，溶液呈现清澈的蓝绿色。故硫酸铜除起催化剂的作用外，还可指示消化终点的到达，以及下一步蒸馏时作为碱性反应的指示剂。若取样量较大，如试样超过 5 克，可按每克试样 5mL 的比例增加硫酸用量。

（3）消化时不要用强火，应保持缓和沸腾，以免黏附在凯氏瓶内壁上的含氮化合物在无硫酸存在的情况下未消化完全面造成氨损失。另外，消化过程中应注意不时转动凯氏烧瓶，以便利用冷凝酸液将附着在瓶壁上的固体残渣洗下，促进其消化完全。

（4）样品中若含脂肪或糖较多时，消化过程中易产生大量泡沫，为防止泡沫溢出瓶外，在开始消化时应用小火加热，并时时摇动；或者加入少量辛醇或液体石蜡或硅油消泡剂，并同时注意控制热源强度。

（5）当样品消化液不易澄清透明时，可以将凯氏烧瓶冷却，加入 30%过氧化氢 2～3 mL后继续加热消化。

（6）一般消化至呈透明后，继续消化 30 分钟即可，但对于含有特别难以氨化的氮化合物的样品，如含赖氨酸、组氨酸、色氨酸、酪氨酸或脯氨酸等时，需适当延长消化时间。有机物如分解完全，消化液呈蓝色或浅绿色，但含铁量多时，呈深绿色。

（7）蒸馏时蒸馏装置不能漏气，蒸汽发生要均匀充足，蒸馏过程中不得停火断气，否则将发生倒吸。另外，蒸馏前，加碱要足量，操作要迅速；漏斗应采用水封措施，以免氨由此逸出

损失。蒸馏前若加碱量不足，消化液呈蓝色不生成氢氧化铜沉淀，此时需再增加氢氧化钠用量。蒸馏完毕后，应先将冷凝管下端提高液面清洗管口，再蒸馏而后关掉热源，否则可能造成吸收液倒吸。

（8）硼酸吸收液的温度不应超过 40℃，否则对氨的吸收作用减弱而造成损失，此时可置于冷水浴中。

（9）混合指示剂在碱性溶液中呈绿色，在中性溶液中呈灰色，在酸性溶液中呈红色。

（10）食品中的含氮化合物大都以蛋白质为主体，所以检验食品中的蛋白质时，往往只限于测定总氮量，然后乘以蛋白质换算系数，即可得到蛋白质含量。凯氏法可用于所有动、植物食品的蛋白质含量测定，但因样品中常含有核酸、生物碱、含氮类脂以及含氮色素等非蛋白质的含氮化合物，故结果称为粗蛋白质含量。

（11）以重复性条件下获得两次独立测定结果的绝对差值不得超过算术平均值的 10%。

7. 问题讨论

（1）试述蛋白质测定中，样品消化过程所必须注意的事项，消化过程中内溶物颜色发生什么变化？为什么？

（2）样品经消化进行蒸馏前，为什么要加入氢氧化钠？加入量对测定结果有何影响？

（3）硫酸铜及硫酸钾在测定中起了什么作用？

（4）结果计算中为什么要乘上蛋白质系数？

1.7.2 蛋白质两性性质及等电点测定

1. 实训目的

（1）了解蛋白质的两性性质及等电点。
（2）掌握测定蛋白质等电点的方法。

2. 实训原理

蛋白质是两性电解质，在蛋白质溶液中存在下列平衡：

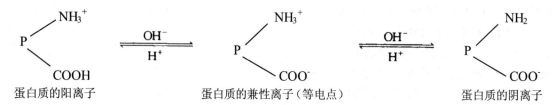

调节溶液的 pH 值使蛋白质分子的酸性解离与碱性解离相等，即所带正负电荷相等，净电荷为零，此时溶液的 pH 值称为蛋白质的等电点。在等电点时，蛋白质溶解度最小，溶液的混浊度最大，配制不同 pH 值的缓冲液，观察蛋白质在这些缓冲液中的溶解情况即可确定蛋白质的等电点。

3. 试剂及器材

（1）试剂
①1 mol/L 乙酸：吸取 99.5% 乙酸（比重 1.05）2.875 mL，加水至 50 mL。

②0.1 mol/L 乙酸：吸取 1 mol/L 乙酸 5 mL 加水至 50 mL。

③0.01 mol/L 乙酸：吸取 0.1 mol/L 乙酸 5 mL，加水至 50 mL。

④0.2 mol/L NaOH：称取 NaOH 2.000 g，加水至 50 mL，配成 1 mol/L NaOH。然后量取 1 mol/L NaOH 10 mL，加水至 50 mL，配成 0.2 mol/L 的 NaOH。

⑤0.2 mol/L 盐酸

⑥0.01%溴甲酚绿指示剂：称取溴甲酚绿 0.005 g，加 0.29 mL 的 1 mol/L NaOH，然后加水至 50 mL。

⑦0.5%酪蛋白溶液：称取酪蛋白（干酪素）0.25 g 放入 50 mL 容量瓶中，加入约 20 mL 水，再准确加入 1 mol/L NaOH 5 mL，当酪蛋白溶解后，准确加入 1 mol/L 乙酸 5mL，最后加水稀释定容至 50 mL，充分摇匀。

（2）仪器

①试管架及试管（15 mL×6）。

②刻度吸管（1 mL×4，2 mL×4，10 mL×2）。

③胶头吸管×2。

4. 实训方法

（1）蛋白质的两性反应

①取一支试管，加 0.5%酪蛋白 1 mL，再加溴甲酚绿指示剂 4 滴，摇匀。此时溶液呈蓝色，无沉淀生成。

②用胶头滴管慢慢加入 0.2 mol/L 盐酸，边加边摇直到有大量沉淀生成。此时溶液的 pH 值接近酪蛋白的等电点，观察溶液颜色的变化。

③继续滴加 0.2 mol/L 盐酸，沉淀会逐渐减少以至消失,观察此时溶液颜色的变化。

④滴加 0.2 mol/L NaOH 进行中和，沉淀又出现。继续滴加 0.2 mol/L NaOH，沉淀又逐渐消失，观察溶液颜色的变化。

（2）酪蛋白等电点的测定

①取同样规格的试管 7 支，按下表精确加入下列试剂：

试剂	管 号						
	1	2	3	4	5	6	7
1.0 mol/L 乙酸	1.6	0.8	0	0	0	0	0
0.1 mol/L 乙酸	0	0	4.0	1.0	0	0	0
0.01 mol/L 乙酸	0	0	0	0	2.5	1.25	0.62
H_2O	2.4	3.2	0	3.0	1.5	2.75	3.38
溶液 pH 值	3.5	3.8	4.1	4.7	5.3	5.6	5.9

②充分摇匀，然后向以上各试管依次加入 0.5%酪蛋白 1 mL，边加边摇，摇匀后静置 5 分钟，观察各管混浊度。

5. 实训结果

（1）用＋、＋＋、＋＋＋等符号表示各管的混浊度，并依次对应填入下表中，最混浊的一管的 pH 值，即为酪蛋白的等电点。

管 号	1	2	3	4	5	6	7
混浊度							

（2）记录实验过程中颜色变化和沉淀变化，并分析变化现象评价实验结果。

6. 问题讨论

（1）解释蛋白质两性反应中不同颜色及不同 pH 产生的沉淀不同的原因。

（2）该方法测定蛋白质等电点的原理是什么。

1.8　本章小结

　　蛋白质的多肽链是由 20 种天然氨基酸通过肽链共价连接而成的，各种多肽链都有自己特定的氨基酸顺序。蛋白质分子是由一条或多条多肽链构成的生物大分子，每种蛋白质都有其特殊的具有生物功能的三维结构。蛋白质的结构它包括一级、二级、三级和四级结构四个层次。

　　蛋白质一级结构是指多肽链氨基酸残基的排列顺序和连接方式。在生物体内有些蛋白质常以前体形式合成，只有按一定方式裂解除去部分肽链之后才出现生物活性，这一现象称为蛋白质激活作用；二级结构是指蛋白质多肽链在空间卷曲、折叠的方式，它反映了主链上相邻残基的空间关系。二级结构的基本类型主要 α-螺旋、β-折叠和胶原结构等。三级结构是指整个多肽链在二级结构的基础上，多肽链进一步折叠、卷曲的方式。寡聚蛋白质是有多个亚基构成的，这些多亚基的聚集体就是四级结构。四级结构涉及亚基在整个分子中的空间排列以及亚基之间的接触位点和作用力。

　　维持蛋白质空间结构的主要作用力有范德华力、氢键、静电相互作用和疏水力相互作用。此外共价二硫键在维持某些蛋白质的构象方面也起着重要作用。

　　蛋白质的生物功能决定于它的高级结构，高级结构是由一级结构即氨基酸顺序决定的，而氨基酸顺序是由遗传物质 DNA 的碱基顺序所规定的。蛋白质的生物学功能是蛋白质分子的天然构象所具有的性质。当蛋白质受到某些物理或化学因素作用时，引起生物活性的丧失、溶解度降低以及其他理化性质的改变，这种变化称为蛋白质的变性。变性的本质是次级键被破坏，从而引起蛋白质的天然构象的解体而导致生物功能丧失，并未涉及肽键的破裂。

　　蛋白质是两性电解质，它的酸碱性质主要决定于肽键上可解离的 R 基团。各种蛋白质都有自己特定的等电点，蛋白质处于等电点时，溶解度最小。蛋白质是亲水胶体，蛋白质分子周围的双电层和水化层是稳定蛋白质胶体体系的主要因素。

　　分离蛋白质混合物的各种方法主要根据蛋白质在溶液中的某些性质的差异，如溶解性、电荷、吸附性质、对其他分子的生物学亲和力等。

1.9　思考题

一、名词解释

　　氨基酸残基　　肽键　　蛋白质的等电点　　蛋白质的变性　　蛋白质的二级结构　　盐析

二、填空

1. 维持蛋白质分子中的 α–螺旋主要靠（　　　）化学键。

2. 组成蛋白质的氨基酸，在远紫外区均有光吸收，但在紫外区只有（　　　　）、（　　　　）和（　　　　）有吸收光的能力。

3. 缩写符号 Ala 的中文名称是（　　　　　　　），Tyr 的中文名称是（　　　　　　　）。

4. 生物体内构成蛋白质的氨基酸有（　　　）种。

5. 当氨基酸处于等电点状态时，主要以（　　　　　）离子形式存在。

6. 维持蛋白质构象的作用力（次级键）有（　　　　）、（　　　　）、（　　　　）和（　　　　）。

7. 蛋白质的空间结构是由（　　　）结构决定的。

三、简答题

1. 蛋白质分子有哪些重要的化学键？它们的功能是什么？

2. 下列各蛋白质在电场中朝哪个方向移动（正极、负极、原点）？
   （1）卵清蛋白（pI 4.6），在 pH 值为 5.0；
   （2）β–乳球蛋白（pI 5.2），在 pH 值为 5.0 和 7.0 时；
   （3）胰凝乳蛋白酶原（pI 9.5），在 pH 值为 5.0、9.5 和 11.0 时。

3. α–螺旋和 β–折叠各有什么特点？

4. 蛋白质的一级结构、高级结构与蛋白质的功能有什么关系？

5. 蛋白质的哪些性质可以用于分离、分析？

6. 什么是蛋白质的变性？变性的特点有哪些？引起蛋白质变性的因素有哪些？

第 *2* 章

酶 化 学

酶是生物体内重要的活性物质之一。生物体内的新陈代谢过程几乎都是在酶的催化下，以高速和明显的方向有条不紊地进行着，从而维持生物的生长、发育、运动等正常的生命活动。人类至今已经发现的酶有 3 000 多种，其中数百种已被提纯、结晶。

近年来，采用微生物发酵生产酶制剂发展迅速，已形成酶制剂工业并已广泛地应用于工业、农业、医药、环保等领域。

本章主要介绍酶的概念、化学本质、作用特点、催化机制及影响酶促反应的因素。

【教学目标】

☑ 了解酶的概念、作用特点和分类、命名
☑ 掌握酶的结构特征和酶的作用机理及影响酶活性的主要因素
☑ 掌握酶的分离、提纯及保存的方法
☑ 了解酶制剂工业的发展状况

基础知识

2.1 酶的概述
2.2 酶促反应作用机理
2.3 酶促反应动力学

拓展知识

2.4 酶活力

课堂实训

2.5.1 酶性质的测定
2.5.2 淀粉酶活力的测定

2.1 酶的概述

酶是由活细胞产生的一类具有催化功能的生物大分子物质，又称为生物催化剂。酶催化的生物化学反应称为酶促反应。在酶的催化下发生化学变化的物质称为底物，反应后生成的物质称为产物。

2.1.1 酶的概念和化学本质

"酶的化学本质是蛋白质"——这一结论是 1926 年 Sumner 第一次从刀豆中提取出脲酶并得到了结晶，证明该酶具有蛋白质的一切属性之后被认定的。多年来，科学家们一直认为所有酶的化学本质都是蛋白质。然而，20 世纪 80 年代以来的科学研究表明，一些 RNA 分子也具有酶的催化作用。例如，有一种叫做 RNaseP 的酶是由 20%的蛋白质和 80%的 RNA 组成的。科学家们将这种酶中的蛋白质除去，并且提高了 Mg^{2+} 的浓度后发现留下来的 RNA 仍然具有与该种酶相同的催化活性。后来的科学实验进一步证实，某些 RNA 分子同那些构成酶的蛋白质分子一样，都是效率非常高的生物催化剂。现代科学认为，酶是由活细胞产生的，能在体内或体外起同样催化作用的一类具有活性中心和特殊构象的生物大分子，包括蛋白质和核酸。

2.1.2 酶催化反应的特点

酶是生物催化剂,具有化学催化剂的一般特性,只需微量就可以使所催化的反应加速进行,而其本身的质和量都不发生变化,而且还具有一些不同于化学催化剂的特性,具体表现为反应条件温和、反应速度快、催化效率高、具有催化的专一性等。

1. 高效性

酶催化的化学反应速率远远超过化学催化剂。如过氧化氢酶 1 分钟内能催化 5 000 000 个过氧化氢分子分解为 H_2O 及 O_2，而在同样条件下，铁离子的催化效率仅为酶催化效率的百万分之一。据资料报道，酶的催化效率是普通化学催化剂的催化效率的 $10^7 \sim 10^{13}$ 倍。

2. 专一性

酶的专一性是指酶分子对底物及其催化反应的严格选择性。通常一种酶只能催化一种化学反应或一类相似的反应，这说明酶对底物的化学组成和结构及化学键的类型有高度的要求。

3. 作用条件温和

酶通常在常温、常压及 pH 值接近中性的条件下起催化作用，一般温度在 30℃～50℃酶的活性最强，超过适宜的温度范围时，酶将逐渐丧失活性。

4. 容易失活

一般来说，酶通常在常温、常压、近于中性的水溶液中进行其催化作用；温度过高，溶液过酸、过碱和某些金属离子都会导致酶的失活。与一般的催化剂相比，酶显得很脆弱，很容易失去活性。具体地说，凡是能够使蛋白质变性的因素，大都能使酶遭到破坏而完全失去活性。

5. 活性可调控

酶的催化活性可以自动地调控。虽然生物体内进行的化学反应种类繁多,但非常协调有序。

底物浓度、产物浓度以及环境条件的改变，都有可能影响酶催化活性，进而控制生化反应协调有序地进行。任一生化反应的错乱与失调，必将造成生物体产生疾病，严重时甚至死亡。生物体为适应环境的变化，保持正常的生命活动，在漫长的进化过程中，形成了自动调控酶活性的系统。酶的活性受到多种调控方式的灵活调节，主要包括抑制剂调节、反馈调节、共价修饰调节、酶原激活及激素控制等。

总之，酶催化的高效性、专一性以及温和的作用条件使酶在生物体新陈代谢中发挥了强有力的作用，酶活性的调控使生命活动中的各个反应得以有条不紊地进行。

2.1.3 酶作用的特异性

酶的专一性可分为以下 3 种类型。

1. 相对专一性

相对专一性是指能够催化一类具有相类似的化学键或基团的物质进行某种反应。它又可分为键专一性和基团专一性两类。

（1）键专一性。此类酶对底物的结构要求最低，只对底物中某些化学键进行有选择性的催化作用，对此化学键两侧连接的基团并无严格要求。如酯酶作用于底物中的酯键，使底物在酯键处发生水解反应，而对酯键两侧的基团均无特殊要求。酯酶催化的反应可以用通式表示如下：

$$R—CO—O—R' + H_2O \longrightarrow RCOOH + R'OH$$

其中 R 与 R' 分别表示两种不同的烃基或其衍生物。

（2）基团专一性。与键专一性相比，基团专一性的酶对底物的选择较为严格。酶作用底物时，除了要求底物具有一定的化学键类型，还对键的某一侧所连基团种类有特定要求，而对另一端基团限制不严格。如 α-D-葡萄糖苷酶能水解具有 α-1，4-糖苷键的 D-葡萄糖苷，它所催化的反应如下：

这种酶对 α-糖苷键和 α-D-葡萄糖基团具有严格选择性，而底物分子上的 R 基团则可以是任何糖或非糖基团，因此它既能催化麦芽糖水解生成两分子葡萄糖，又能催化蔗糖水解生成葡萄糖和果糖。

2. 绝对专一性

与相对专一性相比，具有绝对专一性的酶类对底物的专一性程度要求更高，它只能催化一种底物向着一个方向发生反应。若底物分子发生细微的改变，便不能作为该酶的底物。如脲酶只能催化尿素发生水解反应，生成氨和二氧化碳，而对尿素的各种衍生物，如尿素的甲基取代物或氯取代物均不起作用。

3. 立体化学专一性

此类酶只作用于某一立体异构的底物，对另一立体异构则无作用。从底物立体化学的性质看，这类专一性又可分为以下两种：

（1）几何异构专一性　对于具有顺、反式几何异构体的底物来说，此类酶只能催化其中的一种构型反应，而对另一种构型则无催化作用，这种专一性称为几何异构专一性。如延胡索酸酶只催化延胡索酸（反丁烯二酸）加水生成苹果酸，而不能催化顺丁烯二酸的水合作用。

（2）立体异构专一性　对于具有立体异构体的底物来说，此类酶只能催化其中的一种立体异构体起反应，而对其他立体异构体无催化作用。如 L-乳酸脱氢酶只催化 L-乳酸脱氢生成丙酮酸，对其旋光异构体 D-乳酸则无作用。

2.1.4　酶的分类和命名

为了使用和研究的方便，对已知的酶除了要进行分类外，还要冠以科学的名称加以区别。现行的命名方法有习惯命名法和系统命名法两种。

1. 酶的命名

（1）习惯命名法

现在普遍使用的酶的习惯名称是以下述 3 个原则来决定的。

①根据酶催化反应的性质来命名。如催化水解反应的酶称为水解酶；催化氧化作用的酶称为氧化酶或脱氢酶。

②根据被作用的底物兼顾反应的性质来命名。如多元酚氧化酶催化多元酚的氧化作用；蛋白酶和淀粉酶都是水解酶，它们的底物分别是蛋白质和淀粉。

③结合上述两点，并根据酶的来源命名。如细菌淀粉酶、胃蛋白酶等。有时也会在底物名称前冠以酶的来源或其他特点，如血清谷氨酸–丙酮酸转氨酶、唾液淀粉酶、碱性磷酸酯酶和酸性磷酸酯酶等。

酶的习惯命名法使用起来比较简单方便，应用历史长，但却缺乏系统性，有时出现一酶数名或一名数酶的现象，如当两种酶能作用于同一种底物发生相同反应时，根据上述原则命名就会发生混乱。为解决上述问题，1961 年国际生化协会酶委员会规定了酶的系统命名原则。

（2）系统命名法

系统命名要求能确切地表明酶的底物及酶催化的反应性质，即酶的系统名包括酶作用的底物名称和该酶的分类名称。若底物是两个或多个则通常用"："号把它们分开，作为供体的底物，名字排在前面，而受体的名字在后。如乳酸脱氢酶的系统名称是：L-乳酸：NAD^+氧化还原酶。

根据国际生化协会酶学委员会的规定，每一种酶都用四个点隔开的数字编号，编号前冠以 EC（酶学委员会缩写），四个数字依次表示该酶应属的大类、亚类、亚亚类及酶的顺序排号，这种编码一种酶的四个数字即是酶的标码。据此标码将已知的每一种酶分门别类地排成一个表，叫酶表。如过氧化氢酶的编号为 EC1.11.1.6，其数字的含义依次为：大类、亚类、次亚类、再次亚类中的编号。推荐名是羧基肽酶 A，它的系统名是 peptidyl-L-amino acid hydrolase，编号是 EC3.4.17.1。第一位数字 3 是指大类，水解酶类，第二位数字 4 是指亚类[作用于肽键（肽酶）]，第三位数字 17 是指亚亚类（金属羧基肽酶；结合 Zn^{2+}对其催化活性是必需的），第四位数字 1 是排号。又如推荐名为醇脱氢酶，系统命名为 alchohol：$NAD+$ oxidoreductase，编号为 EC1.1.1.1。

2. 酶的分类

根据不同的分类依据，酶可以被分成不同的种类。

（1）根据酶促反应性质分类。1961 年国际生化协会酶委员会根据酶促反应性质将酶分为 6

大类：

①氧化还原酶类。凡能催化底物发生氧化还原反应的酶，均称为氧化还原酶。反应通式如下：

$$AH_2+B \rightleftharpoons A+BH_2$$

②转移酶类。凡能催化底物发生基团转移或交换的酶，均称为转移酶。根据所转移的基团种类的不同，常见的转移酶有氨基转移酶、甲基转移酶、酰基转移酶、激酶及磷酸化酶。由转移酶所催化的反应可用通式表示为：

$$A–R+B \rightleftharpoons A+B–R$$

③水解酶类。凡能催化底物发生水解反应的酶，皆称为水解酶。如淀粉酶、麦芽糖酶、蛋白酶及磷酸酯酶等都是水解酶。这类酶的酶促反应通式表示为：

$$A–B+H_2O \longrightarrow A–H+B–OH$$

④裂合酶类。裂合酶类既可催化一个化合物分解为两种或几种化合物，又可催化其逆反应由两种或几种化合物合成一种化合物，如醛缩酶。反应通式表示为：

$$A–B \rightleftharpoons A+B。$$

⑤异构酶类。异构酶类能催化分子内的基团发生重排反应，分别进行外消旋或差向异构、顺反异构、醛酮异构、分子内转移、分子内裂解等。如把醛糖变为酮糖，改变其立体异构等，反应通式可表示为：

$$A \rightleftharpoons B$$

⑥连接酶类。连接酶类是催化两个分子连接在一起，并伴随有 ATP 分子中的高能磷酸键断裂的一类酶，又称合成酶。酶促反应通式可表示为：

$$A+B+ATP \longrightarrow A—B+ADP+Pi$$

$$或 A+B+ATP \longrightarrow A—B+AMP+PPi$$

（2）按酶的化学组成分类。依据酶的分子组成，将酶分为简单酶类和结合酶类，参见酶的化学组成内容。

（3）根据酶的分子结构特点分类。依据酶分子的结构上的特点，将酶分为以下 3 类：

①单体酶。一般由一条肽链组成，如溶菌酶、胰蛋白酶、牛胰核糖核酸酶及木瓜蛋白酶等。但有的单体酶由多条肽链组成，如胰凝乳蛋白酶由 3 条肽链组成，链间由二硫键相连从而构成一个共价整体。单体酶都是水解酶。单体酶在生物合成时一般为无活性的酶原，需经过其他酶（一般称激酶）分解后才具活性。

②寡聚酶。由两个或两个以上相同或不同的亚基结合而组成的酶。亚基一般无活性，必须相互结合才具活性。亚基间以次级键缔合，容易为酸、碱、高浓度的盐或其他的变性剂分离。寡聚酶在代谢调控中起重要作用，如 3-磷酸甘油醛脱氢酶、乳酸脱氢酶、丙酮酸激酶等。

③多酶体系。由几种酶依靠非共价键彼此嵌合而成，有利于细胞中一系列反应的连续进行，以提高酶的催化效率，同时便于机体对酶的调控。如丙酮酸脱氢酶系、脂肪酸合成酶复合体等。

2.1.5 酶的化学组成

按酶分子的组成成分的不同，可以将酶分为简单酶类和结合酶类。简单酶类只由蛋白质组成，不含任何其他物质，如胃蛋白酶、脂酶、脲酶等。结合酶类是由蛋白质与辅助因子组成，如乳酸脱氢酶、转氨酶等。组成结合酶类的蛋白质部分叫做酶蛋白，辅助因子部分叫做辅酶或辅基。辅酶和辅基在本质上并没有差别，只是它们与蛋白质部分结合的牢固程度不同而已。通常把那些与酶蛋白结合比较松的，用透析法可以除去的小分子有机物叫做辅酶；而把那些与酶蛋白结合比较紧的，用透析法不容易除去的小分子物质叫做辅基，当酶蛋白和辅助因子单独存在时，都不具有催化活力，只有两者结合在一起后，才能起到酶的催化作用，这种完整的酶分子叫做全酶，即：

全酶=酶蛋白+辅助因子

酶的辅助因子可能为金属离子，也可能为小分子有机化合物。金属离子在酶分子中，或者作为酶活性中心部位的组成成分，或者帮助形成酶活性中心所必需的构象。酶蛋白以自身侧链上的极性基团，通过反应以共价键、配位键或离子键与辅因子结合。在全酶的催化反应中，酶蛋白与辅助因子所起的作用不同，酶蛋白本身决定酶反应的专一性及高效性，而辅助因子直接作为电子、原子或某些化学基团的载体起传递作用，参与反应并促进整个催化过程。

2.1.6　酶的活性中心

酶的特殊催化能力只局限在它的大分子的一定区域。实验证明某些酶蛋白分子经微弱水解切去相当一部分肽链后，其残余的部分仍保留一定的活力，这说明该类酶的生物活性集中表现在少数氨基酸残基及其所构成的空间区域内。由酶分子中的某些特殊基团通过多肽链的盘曲折叠组成一个在酶分子表面形成具有三维空间结构的区域称为酶的活性中心。组成酶活性中心的基团在一级结构上可能相距甚远，甚至位于不同的肽链上，但它们通过肽链的盘绕、折叠而在空间构象上相互靠近（图 2-1）。

按功能的不同，酶活性中心又可以分为结合部位和催化部位两部分。结合部位是与底物的特异性结合有关的部位，它决定着酶分子的专一性，也叫特异性结合部位。催化部位则直接参与催化反应，底物上参与反应的化合键在此部位断裂或形成新键，从而发生一定的化学变化，并生成产物，它决定酶分子的催化效率。但实际上有的基团既在结合中起作用，又在催化中起作用，所以也常将活性部位的功能基团统称为活性中心内的必需基团。

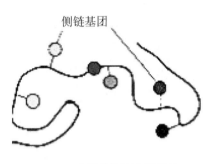

图 2-1　酶活性中心的形成

活性中心的形成要求酶蛋白分子具有一定的空间构象，因此，酶分子中除活性中心以外的其他部位对于酶的催化作用来说，可能是次要的，但绝不是毫无意义的，它们至少为酶活性中心的形成提供了结构基础。所以酶的活性中心与酶蛋白的空间构象的完整性之间是辩证统一的关系。当外界物理、化学因素破坏了酶的空间结构时，首先就可能影响酶活性中心的特定结构，结果就必然影响酶活力。由此可见，酶活性中心的结合基团、催化基团及其空间结构实际上决定了酶催化反应的特异性。

2.2　酶促反应作用机理

2.2.1　酶作用专一性的机制

酶的催化具有高度的专一性，一般认为与酶分子活性中心部位和底物的结合有关。酶分子活性中心部位一般都含有多个具有催化活性的手性中心,这些手性中心对底物分子构型取向起着诱导和定向的作用,使反应可以按单一方向进行。在此基础上,人们也提出了数种解释。

1. 锁钥学说

酶对其底物有着严格的选择性。它只能催化一定结构或一些结构近似的化合物发生反应。于是有学者认为酶的结构是固定不变的,酶和底物结合时,底物分子或底物分子的一部分像钥匙那样,专一地楔入到酶的活性中心部位,底物的结构必须和酶活性中心的结构非常吻合,也就是说底物分子进行化学反应的部位与酶分子上有催化效能的必需基团间具有紧密互补的关系,这样才能紧密结合形成中间络合物。这就是 1890 年由 Emil Fischer 提出的"锁钥学说",如图 2-2 所示。"锁钥学说"属于刚性模板学说,可以较好地解释酶的立体专一性。从图中可看出,酶和底物的三点结合决定了酶的立体专一性。

锁钥学说虽然说明了酶与底物结合成中间产物的可能性及酶对底物的专一性,但有些问题是这个学说所不能解释的,如在可逆反应中,酶常常能够催化正逆两个方向的反应,很难解释酶活性中心的结构与底物和产物的结构都非常吻合,因此"锁钥学说"把酶的结构看成是固定不变的是不切合实际的。

2. 诱导契合学说

大量的试验证明,酶和底物在游离状态时,其形状为并不精确的互补关系。酶的活性中心并不是僵硬的、刚性的结构,它具有一定的柔性。当底物与酶相遇时,可诱导酶蛋白的构象发生相应的变化,使活性中心上有关的各个基团达到正确的排列和定向,因而使酶和底物契合而结合成中间络合物,并引起底物发生反应。这就是 1958 年由 D.E .Koshland 提出的"诱导契合学说",如图 2-3 所示。后来,对羧肽酶等进行 X–射线衍射研究的结果也有力地支持了这个学说。应当说诱导是双向的,既有底物对酶的诱导,又有酶对底物的诱导。由于酶是大分子,可以转动的化学键多,易变形,而底物多是小分子物质,可供选择的构象有限,故底物对酶的诱导是主要的。

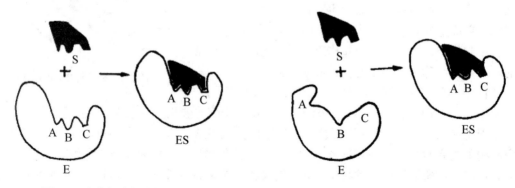

图 2-2　底物与酶的锁钥理论　　　　　　图 2-3　诱导契合学说

酶与底物的结合是包括多种化学键参加的反应。酶蛋白分子中的共价键、氢键、酯键、偶极电荷都能作为酶与底物间的结合力。

2.2.2　酶作用高效率的机制

酶之所以体现出极为强大的催化效率,主要就是它降低了反应所需的活化能。那么酶是如何使反应的活化能降低，从而提高反应速度的呢?其机制与解释较多，目前比较圆满的解释是中间产物学说。

1. 中间产物学说

早在 19 世纪，为了说明酶催化作用的机理，就有人提出了酶促反应的中间产物学说。他们认为酶在催化底物发生变化之前，首先与底物结合成一个不稳定的中间产物（也称为中间络合物）。由于底物与酶的结合导致底物分子内的某些化学键发生不同程度的变化，呈不稳定状态，也就是其活化状态，使反应的活化能降低。然后，经过原子间的重新键合，中间产物便转变为酶与产物。也就是说，在酶催化的反应中，第一步是酶与底物形成酶－底物中间复合物，当底物分子在酶作用下发生化学变化后，中间复合物再分解成产物和酶。即：

$$S + E \rightleftharpoons E\text{—}S \longrightarrow P + E$$

式中 E、S、E—S、P 分别代表酶、底物、酶—底物络合物和产物。

许多实验证明了 E－S 复合物的存在。E－S 复合物形成的速率与酶和底物的性质有关。

2. 活化能降低

酶促反应的方向即化学平衡方向，主要取决于反应自由能变化。而反应速度的快慢则主要取决于反应的活化能。催化剂的作用是降低反应活化能，从而起到提高反应速度的作用。

中间产物学说认为，底物和酶结合后生成过渡态的中间络合物，其过渡态能量要比在没有酶的条件下反应进行时低很多，为酶促反应创设了一条完全不同的新途径。图 2-4 表明了酶促反应与非酶反应所需活化能大小的不同。

在非酶条件下，底物经过反应直接转变为产物（S→P），所需活化能为 $\triangle G$。酶促反应中，

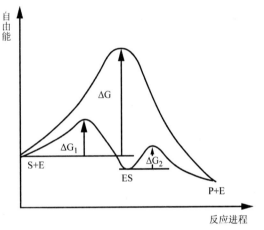

图 2-4　酶促反应与非酶促反应的活化能

图中：$\triangle G$ 为非酶促反应的活化能

$\triangle G_1$、$\triangle G_2$ 为酶促反应分步进行时的活化能

由于酶和底物生成中间产物 E-S，使原先一步进行的反应改变为两步进行的反应，两步反应所需的活化能分别为 $\triangle G_1$、$\triangle G_2$，二者都比非酶反应的活化能小。故酶促反应比非酶反应容易进行。其本质是酶的活性中心与底物分子通过短程非共价力（如氢键，离子键和疏水键等）的作用，形成 E-S 反应中间物，其结果使底物的价键状态发生形变或极化，起到激活底物分子和降低过渡态活化能的作用。几种酶和非酶促反应的活化能如表 2-1 所示。

表 2-1　几种酶和非酶促反应的活化能

化学反应	催化剂	活化能（kJ/mol）
H_2O_2 分解	无催化剂 胶性铂 过氧化氢酶	75.31 49.95 23.01
蔗糖水解	氢离子 蔗糖酶（酵母） 蔗糖酶（麦芽）	108.08 46.02 54.39

续表

化学反应	催化剂	活化能（kJ/mol）
酪蛋白水解	HCl 胰蛋白酶 胰凝乳蛋白酶	86.19 50.21 50.21

生物体进行的新陈代谢都是在酶的催化作用下发生的，而酶催化的反应速度是非常重要的。在活细胞中一个合成反应必须以足够快的速度满足细胞对反应产物的需要。而有毒的代谢产物也必须以足够快的速度进行排除，以免积累到损伤细胞的水平。若需要的物质不能以足够快的速度提供，而有害的代谢产物不能以足够快的速度排泄，势必造成代谢紊乱。因此，研究酶促反应速度不仅可以阐明酶反应本身的性质，了解生物体内正常的和异常的新陈代谢，而且还可以在体外寻找最有利的反应条件来最大限度地发挥酶促反应的高效性。

2.3 酶促反应动力学

生物体内进行的酶促反应，同样也可以用化学动力学的理论和方法进行研究，即在测定酶促反应速度的基础上，研究底物浓度、酶浓度、温度、pH 值、激活剂和抑制剂等对反应速度的影响。然而，在实际应用和理论研究中酶不易制成纯品，其中含有很多杂质，真正的含酶量并不多，所以酶制剂中酶的含量都用酶活力来表示。

影响酶的催化作用的因素有很多，如温度、pH 值、酶浓度、底物浓度、抑制剂和激活剂等。

2.3.1 温度的影响

温度对酶促反应速度的影响很大。一般来说，温度越高化学反应越快，但由于大多数酶是蛋白质，若温度过高会使之发生变性而失去活性。因而，酶促反应速度一般是随着温度升高，反应速度加快，直至某一温度时，反应速度达到最大，这一温度称为该酶的最适温度。最适温度受底物的种类和浓度、酶的种类和浓度及缓冲液成分等因素的影响，它并不是酶的特征常数，只是在一定条件下才有意义。当温度高于最适温度后，由于酶的变性，反应速度会迅速降低，其变化如图 2-5 所示。

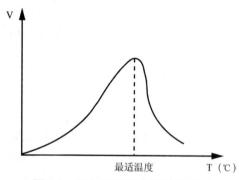

图 2-5　温度对酶促反应速度的影响

一般情况下，在 0℃～40℃的温度范围内，酶的催化作用速度随着温度的升高而加快。温度每升高 10℃，反应速度提高 2～3 倍。但是，超过 60℃，绝大多数的酶就会失去活性。通常大多数酶的最适温度在 30℃～40℃。

热对酶活性的影响对食品加工很重要，如绿茶是通过把新鲜茶叶热蒸处理而制备的，经过热处理，使酚酶、脂氧化酶、抗坏血酸氧化酶等失活，以阻止儿茶酚的氧化来保持绿色。红茶的情况正相反，是利用这些酶进行发酵来制备的。

2.3.2 pH 值的影响

酶促反应速度与体系的 pH 值有密切关系。绝大部分酶的活力受其环境的 pH 值影响，在一定 pH 值条件下，酶促反应具有最大速度，高于或低于此 pH 值，反应速度都会下降，通常将酶表现最大活力时的 pH 值称为酶促反应的最适 pH 值。一般制作 V—pH 变化曲线时，采用使酶全部饱和的底物浓度，在此条件下再测定不同 pH 值时的酶促反应速度，曲线为较典型的钟罩形，如图 2-6 所示。

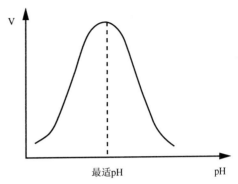

图 2-6　pH 值对酶促反应速度的影响

最适 pH 值有时因底物种类、浓度及缓冲液成分不同而不同。而且常与酶的等电点不一致，因此，酶的最适 pH 值并不是酶的特征常数，它只是在一定条件下才有意义。动物体内的酶，最适 pH 值大多在 6.8～8.0 间；植物及微生物体内的酶，最适 pH 值多数在 4.5～6.5 间。但也有例外，如胃蛋白酶为 1.9，精氨酸酶（肝脏中）为 9.7。表 2-2 表示的是几种酶的最适 pH 值。

pH 值影响酶促反应速度的原因如下：（1）环境过酸、过碱会影响酶蛋白构象，使酶本身变性失活。（2）pH 值影响酶分子侧链上极性基团的解离，改变它们的带电状态，从而使酶活性中心的结构发生变化。在最适 pH 值时，酶分子活性中心上的有关基团的解离状态最适于与底物结合，pH 值高于或低于最适 pH 值时，活性中心的有关基团的解离状态均发生改变，酶和底物的结合力降低，因而酶促反应速度降低。（3）pH 值能影响底物分子的解离。可以设想底物分子上某些基团只有在一定的解离状态下，才适于与酶结合发生反应。若 pH 值的改变影响了这些基团的解离，使之不适于与酶结合，当然反应速度也会减慢。基于上述原因，pH 值的改变，会影响酶与底物的结合，影响中间产物的生成，从而影响酶促反应速度。

表 2-2　几种酶的最适 pH 值

酶	底物	最适 pH 值
胃蛋白酶	鸡蛋清蛋白	1.5～2.2
	血红蛋白	2.2
丙酮酸羧化酶	丙酮酸	4.8
延胡索酸酶	延胡索酸	6.5
	苹果酸	8.0
过氧化氢酶（肝）	H_2O_2	6.8
胰蛋白酶	苯甲酰精氨酰胺	7.7
	苯甲酰精氨酸甲酯	7.0
碱性磷酸酶	甘油-3-磷酸	9.5
精氨酸酶	精氨酸	9.7

在酶促反应进行的过程中，溶液的 pH 值会随着反应的进行与体系中成分的改变而发生变动，因此在酶的提纯或应用中测定酶活力时，必须保持恒定 pH 值，在实际操作中多在缓冲体系中进行。

2.3.3 酶浓度的影响

当酶促反应体系的温度、pH 值不变，底物浓度足够大，足以使酶饱和，则反应速度与酶浓度成正比关系，如图 2-7 所示。因为在酶促反应中，酶分子首先与底物分子作用，生成活化的中间产物（或活化络合物），再转变为最终产物。在底物充分过量的情况下，酶的数量越多，则生成的中间产物越多，反应速度也就越快。相反，如果反应体系中底物不足，酶分子过量，现有的酶分子尚未发挥作用，中间产物的数目比游离酶分子数还少，在此情况下，再增加酶浓度，也不会增大酶促反应的速度。

如果反应继续进行，则速度将降低，这主要是因为底物浓度下降及终产物对酶的抑制之故。

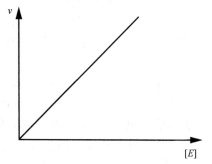

图 2-7 酶浓度与酶促反应速度的关系

2.3.4 底物浓度的影响

在温度、pH 值、酶浓度不变的情况下，通过实验测定，底物浓度与酶促反应速度的关系如图 2-8 所示。

酶促反应速度和底物浓度之间的这种关系可以用中间产物学说加以说明。由图 2-8 可知，反应的初期，反应速度与底物浓度几乎成线性关系，随着反应的进行，反应速度的增加量逐渐减小，当底物浓度达到一定浓度时，速度不再增加，速度达到最大值。

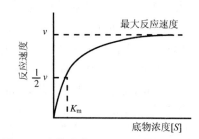

图 2-8 底物浓度对酶促反应速度的影响

在此基础上，Michaelis 和 Menten 总结出能表示整个反应中底物浓度与反应速度关系的米氏方程式，其公式如下：

$$V = \frac{V_{max} \cdot [S]}{K_m + [S]}$$

式中：V——测定的酶促反应速度。

V_{max}——最大反应速度。

K_m——米氏常数。

由图 2-9 及米氏方程可得出如下几点结论：

（1）当底物浓度增加时，酶反应的速度趋于一个极限值，即 V_{max}。

（2）当 $V = \frac{1}{2} V_{max}$ 时，则 $K_m=[S]$，即米氏常数相当于反应速度为最大速度一半时的底物浓度，这也表示米氏常数的物理意义。

（3）K_m 是酶和底物亲和力的度量，K_m 值越小，表示底物对酶的亲和力越大，酶催化反应的速度也越大。一种酶可能有多个底物，每一种底物都有各自的 K_m 值，其中 K_m 值最小的底物又称为该酶的最适底物或天然底物。

K_m 是酶学中的一个重要常数，它是酶的特征性物理常数，只与酶的性质有关，而与酶的浓度无关。其倒数 $\frac{1}{K_m}$ 叫做"亲和力常数"。

求米氏常数的方法很多，但最方便最常用的是双倒数做图法。将米氏方程两边取倒数，公式变形后可得下式：

$$\frac{1}{v} = \frac{K_m}{V_{max}} \cdot \frac{1}{[S]} + \frac{1}{V_{max}}$$

用 $\frac{1}{v}$ 和 $\frac{1}{[S]}$ 作图，可得一条直线，如图 2-9 所示，该直线的斜率为 $\frac{K_m}{V_{max}}$，在纵轴上的截距为

$\frac{1}{V_{max}}$，在横轴上的截距为 $-\frac{1}{K_m}$。

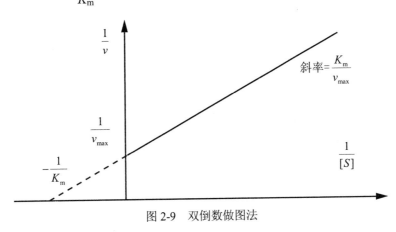

图 2-9　双倒数做图法

2.3.5　抑制剂

抑制剂是指能使酶的必需基团或酶活性部位中基团的化学性质改变而降低酶的催化活性，甚至使酶催化活性完全丧失的物质。

抑制剂能使酶的催化活性降低或丧失，而不引起酶蛋白变性的作用称为抑制作用。由酶蛋白变性而引起酶活力丧失的作用称为变性作用，又称失活作用，所以抑制作用与变性作用是不同的。

根据抑制剂与酶的作用方式可以将抑制作用分为可逆的与不可逆的两大类。

1. 不可逆的抑制作用

抑制剂与酶的结合是一种不可逆反应。抑制剂与酶分子的活性中心的某些必需基团以比较牢固的共价键相结合，这种结合不能用简单的透析、超滤等物理方法解除抑制剂而恢复酶活性，这种抑制作用称为不可逆抑制作用。

常见的不可逆抑制剂有有机磷化合物，如二异丙基氟磷酸（DIFP）、敌百虫等，它们都能与胰凝乳蛋白酶或乙酰胆碱酯酶活性中心处的丝氨酸残基上的羟基以共价键牢固结合，因而抑制酶活性。二异丙基氟磷酸（DIFP）是第二次世界大战中使用过的毒气。

有机磷化合物能强烈地抑制与中枢神经系统有关的乙酰胆碱酯酶的活性，使乙酰胆碱积累，引起一系列的神经中毒的症状。乙酰胆碱酯酶催化乙酰胆碱水解生成胆碱和乙酸。

在农业上，抑制作用常被用于设计开发新型农药，如敌百虫、敌敌畏、乐果等有机磷农药能专一地抑制乙酰胆碱酯酶的活力，因而使昆虫体内大量积累乙酰胆碱影响神经传导失去知觉而死亡。除有机磷化合物之外，有机汞、有机砷化合物、碘乙酸、碘乙酰胺对含巯基酶是不可逆的抑制剂。常用碘乙酸等作鉴定酶中是否存在巯基的特殊试剂。

2. 可逆的抑制作用

抑制剂与酶分子间非共价的可逆结合,可以用透析、过滤等物理方法除去抑制剂而恢复酶的活力,这种抑制作用叫做可逆的抑制作用。可逆抑制剂与游离状态的酶之间存在着一个平衡。根据抑制剂与底物的关系,可逆抑制作用分为3种类型。

(1) 竞争性抑制作用

竞争性抑制剂分子的结构与底物分子的结构非常近似。竞争性抑制剂能以非共价键在酶分子的活性中心与酶分子结合。抑制剂与底物分子竞争酶的活性中心。若用大写的英文字母 I 表示抑制剂,竞争性的抑制作用可用下式表示:

$$
\begin{array}{ccc}
E + S & \rightleftharpoons & ES \longrightarrow E + P \\
+ & & \\
I & & \\
\big\updownarrow & & \\
E I (无活性中间产物) & &
\end{array}
$$

竞争性抑制剂的作用机理在于它占据了酶分子的活性中心,使酶的活性中心无法与底物分子结合,因而也就无法催化底物发生反应。这里抑制剂并没有破坏酶分子的特定构象,也没有使酶分子的活性中心解体。由于竞争性抑制剂与酶的结合是可逆的,可以用加入大量底物,提高底物竞争力的办法,消除竞争性抑制剂的抑制作用。

最典型的竞争性抑制的例子是丙二酸、草酰乙酸、苹果酸对琥珀酸脱氢酶的抑制作用。琥珀酸脱氢酶可以催化琥珀酸脱氢变成延胡索酸,是糖在有氧代谢时三羧酸循环中的一步反应。比较丙二酸、草酰乙酸、苹果酸与琥珀酸的结构式:

$$
\begin{array}{cccc}
COOH & COOH & COOH & COOH \\
| & | & | & | \\
CH_2 & C-O & CHOH & CH_2 \\
| & | & | & | \\
COOH & CH_2 & CH_2 & CH_2 \\
& | & | & | \\
& COOH & COOH & COOH
\end{array}
$$

显然,这4个二元羧酸,在结构上非常相似,所以丙二酸、草酰乙酸、苹果酸可以作为琥珀酸的竞争性抑制剂,竞相与琥珀酸脱氢酶结合。

(2) 非竞争性抑制

非竞争性抑制剂分子的结构与底物分子的结构通常相差很大。酶可以同时与底物及抑制剂结合,两者没有竞争作用。酶与非竞争抑制剂结合后,酶分子活性中心处的结合基团依然存在,因此酶分子还可以与底物继续结合。但是结合生成的抑制剂-酶-底物三元复合物(IES)不能进一步分解为产物,从而降低了酶活性。非竞争性抑制作用可以用下面的反应式表示。

$$
\begin{array}{ccc}
E + S & \rightleftharpoons & ES \longrightarrow E + P \\
+ & & + \\
I & & I \\
\big\updownarrow & & \big\updownarrow \\
EI + S & \rightleftharpoons & EIS
\end{array}
$$

底物和非竞争性抑制剂在与酶分子结合时，互不排斥，无竞争性，因而不能用增加底物浓度的方法来消除这种抑制作用。大部分非竞争性抑制作用都是由一些可以与酶的活性中心之外的巯基可逆结合的试剂引起的。这种—SH 基对于酶活性来说也是很重要的，因为它们协助维持酶分子的天然构象。重金属、螯合剂、氧化剂、氰化物及其他能与—SH 作用的物质都属于非竞争性抑制剂。此外，EDTA 结合金属引起的抑制，也属于非竞争性抑制，如它对需 Mg^{2+} 的己糖激酶的抑制。作为非竞争性抑制剂的还有 F^-、CN^-、N^{3-}、邻氮二菲等金属络合剂，可与酶中的金属离子络合，而使酶活性受到抑制。

实验结果表明，有非竞争性抑制剂时，V_{max} 降低，K_m 不变。因为加入非竞争性抑制剂后，它与酶分子生成了不受[S]影响的 IE 和 IES，降低了正常中间产物 ES 的浓度。K_m 是特征常数，不受[E—S]变化的影响；但 V_{max} 与[E—S]有关。

（3）反竞争性抑制作用

有些抑制剂只能和 ES 复合物结合形成 EIS，不能和酶直接结合，但 EIS 不能转变成产物。如叠氮化合物离子对氧化态细胞色素氧化酶的抑制作用就属这类抑制。酶蛋白必须先与底物结合，然后才能与抑制剂结合。当反应体系中存在此类抑制剂时，反应向形成 ES 的方向进行，进而促使 ES 的形成。这种情况恰恰与竞争性抑制作用相反，所以称为反竞争性抑制作用。反竞争性抑制作用可以用下式表示为：

$$E + S \underset{k_{-1}}{\overset{k_1}{\rightleftharpoons}} ES \overset{k_2}{\longrightarrow} E + P$$
$$+$$
$$I$$
$$k_1 \big\| k_{-1}$$
$$ESI$$

在反应中即使底物浓度很高时，E 也仍然在形成过渡态中间复合物 E—S 和含 I 的复合物 ESI 之间进行分配，分配比率取决于[I]和解离常数的大小。如果 ESI 不能分解产生产物，那么 V_{max} 将降低。在反应过程中 I 不断地将 ES "拉出"，从而使 K_m 值变小。

上述各种类型不管多么复杂，只要抓住[E—S]变化这个关键，就不难理解。这是因为酶促反应速度大小取决于中间复合物[E—S]的浓度，抑制剂对酶促反应的影响最终都表现在[E—S]变化这一点上。现将 3 种抑制类型及其特征归纳如表 2-3 所示。

可见，酶的抑制作用包括不可逆性抑制与可逆性抑制两种。在可逆性抑制中，竞争性抑制作用的 K_m 值增大，V_{max} 不变；非竞争性抑制作用的 K_m 值不变，V_{max} 减小，反竞争性抑制作用的 K_m 值和 V_{max} 均减小。

表 2-3 抑制类型及其特征的比较

类 型	V_{max}	K_m
无抑制剂（正常）	V_{max}	K_m
竞争性抑制剂	不变	增加
非竞争性抑制剂	减小	不变
反竞争性抑制剂	减小	减小

酶抑制剂的种类很多，但由于毒性、对食品风味的影响以及价格等问题，使得抑制剂在食品工业中的实际应用寥寥无几。

2.3.6 激活剂

有些物质能够增强酶的活性，这些物质就叫做酶的激活剂。例如，经过透析的唾液淀粉酶的活性不高，如果加入少量的 NaCl，这种酶的活性就会大大增强。因此，NaCl(更准确地说是其中的 Cl⁻)就是唾液淀粉酶的激活剂。

2.4 酶活力

酶活力也称酶活性，是指酶催化一定化学反应的能力，用在一定条件下酶所催化某一反应的速度来表示。酶活性是研究酶的特性、分离纯化以及酶制剂生产和应用时的一项不可缺少的指标。

2.4.1 酶促反应速度的测定方法

酶促反应的速度可以通过测定单位时间内底物转化成产物的数量而得，既可表示为单位时间内底物浓度的减少量，也可表示为单位时间内产物浓度的增加量。但在反应开始，由于生成中间产物，二者的大小略有差异。在实际测定中，考虑到通常底物量足够大，其减少量很少，而产物由无到有，变化较明显，测定起来较灵敏，所以多用产物浓度的增加作为反应速度的量度。酶促反应的速度与反应进行的时间有关。以产物生成量（P）为纵坐标，以时间（t）为横坐标作图，可以得到酶促反应过程曲线，如图 2-10 所示。

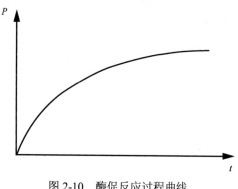

图 2-10　酶促反应过程曲线

从图 2-10 中可以看出，在反应初期产物增加得比较快，酶促反应的速度（d[P]/dt）近似为一个常数。随着时间延长，酶促反应速度的增加逐渐减弱（即曲线斜率下降）。原因是：①随着反应的进行，底物浓度减少，产物浓度增加，加速反应逆向进行；②产物浓度增加会对酶产生反馈抑制；③酶促反应系统中 pH 值及温度等微环境变化会使部分酶变性失活。

为了更准确地表示酶的活力，常以酶促反应的初速度表示。酶促反应的初速度可用单位时间内单位体积中底物的减少量或产物的增加量来表示，其单位为 mol/s。酶促反应的初速度越大，意味着酶的催化活力越大。

2.4.2 酶活力单位

酶活力单位是以酶活力为根据而定义的。国际生化协会酶委员会规定，1 分钟内将 1 微摩尔的底物转化为产物的酶量定为 1 个单位，称为标准单位，同时规定了酶作用的条件。因标准单位在实际应用时不够方便，故生产上往往根据不同的酶，制定各自不同的酶活力单位，例如，蛋白酶以 1 分钟内能水解酪蛋白产生 1 微克酪氨酸的酶量为 1 个蛋白酶单位；液化型淀粉酶以 1 小时内能液化 1 克淀粉的酶量为 1 个单位等。在测定酶活力时，对反应温度、pH 值、底物浓度、作用时间都有统一规定，以便同类产品互相比较。但酶活力单位并不能直接反映酶的绝对数量，它只不过是一种相对比较的依据。

2.4.3 比活力

比活力(性)是酶纯度的量度，即指在固定条件下，每 1 mg 酶蛋白所具有酶的活力单位数，一般用 U/mg 酶蛋白来表示。

$$比活力 = \frac{酶的活力单位数(U)}{酶的质量(mg)}$$

一般来说，酶的比活力越高，酶的纯度越高。

2.4.4 酶活力测定中应注意的问题

酶促反应和一般化学反应一样，都是在一定条件下进行的，但酶促反应要比一般化学反应复杂得多，除了反应物以外，还有酶这样一个决定性因素。因此，酶活性测定除了必须遵照所用分析化学方法的操作要求外，又有它自身的一些特点。

首先，测定的酶促反应速度必须是初速度，只有初速度才与底物浓度成正比。初速度的确定一般指底物消耗量在 5% 以内，或产物生成量占总产物量的 15% 以下时的速度。其次，底物浓度、辅助因子的浓度必须大于酶浓度（即过饱和），否则底物浓度本身是一个限制因子，此时的反应速度是两个因素的复变函数。第三，反应必须在酶的最适条件（如最适温度、pH 值和离子强度等）下进行。此外，测定酶活性所用试剂中不应含有酶的激活剂、抑制剂，同时底物本身不要有裂解。用反应速度（v）对酶浓度（E）作图，应得一条通过原点的直线，即 v 为（E）的线性函数。

2.5 实训项目

2.5.1 酶性质的测定

1. 实训目的

了解酶的活性影响酶促反应与 pH 值、温度、抑制剂和活化剂对酶活性的重要影响。

2. 实训原理

淀粉在淀粉酶催化作用下水解，酶的活性受环境条件的影响，因而淀粉被水解的程度就不同，通过观察淀粉及其水解产物遇碘后呈现不同的颜色来判断水解的程度，从而得知温度、pH 值、激活剂、抑制剂对酶活性的影响。

淀粉酶对淀粉的水解反应过程如下：

	淀粉酶		淀粉酶	
加碘后：淀粉	——————→	糊精	——————→	麦芽糖
（蓝色）		（蓝紫—紫褐—橙红）		（无色）

3. 试剂及器材

（1）实验材料

唾液淀粉酶的制备。实验者先用水漱口清洁口腔，然后含一小口（约 5 mL）蒸馏水于口中轻嗽 1~2 分钟。将酶提取液用水定容至 100 mL。作为唾液淀粉酶的样品液。

由于不同人或同一人不同时间收集到的唾液淀粉酶的活性并不相同，稀释倍数可以是 50~300 倍，其至超过此范围。

（2）器材

试管及试管架、吸管、白瓷板、烧杯、水浴锅、量筒、漏斗与滤纸、滴管。

（3）试剂

①冰水。

②0.1%$CuSO_4$ 溶液。

③0.3%NaCl 的 1%淀粉溶液：先用蒸馏水配制好 0.3%NaCl 溶液，然后称取 1 g 可溶性淀粉与少量的 0.3%NaCl 溶液混合，之后倾入 0.3%NaCl 溶液直至稀释到 100 mL，需新鲜配制。

④磷酸缓冲液（pH 值分别为 5.8、6.2、7.0、7.6、8.0 五种），如表 2-4 所示。

表 2-4　磷酸缓冲液

pH 值	0.2 mol/L　Na_2HPO_4	0.2 mol/L　NaH_2PO_4
5.8	8.0 mL	92.0 mL
6.2	18.5 mL	81.5 mL
7.0	61.0 mL	39.0 mL
7.6	87.0 mL	13.0 mL
8.0	94.5 mL	5.5 mL

⑤碘化钾-碘溶液：称取 2 g 碘和 6 g 碘化钾溶于 100 mL 蒸馏水中。

⑥1%Na_2SO_4。

⑦1%NaCl。

4. 实训方法

（1）pH 值对酶活性的影响

①取试管一支（设为 6 号管）加入 pH 值 7.0 的缓冲液 3 mL，0.3%NaCl 的 1%淀粉溶液 1 mL 及稀释唾液 2 mL，震荡，将试管置于 37℃水浴锅内保温，并立即计时，每隔 1~2 分钟用滴管从试管中吸取 1 滴样品于白瓷板上与碘液作用，当颜色出现橙黄色时，从水浴中取出试管，记录保温时间。

②取试管五支，编号。分别加入 pH 值分别为 5.0、6.2、7.0、7.6、8.0 的磷酸盐缓冲液 3 mL 及各管均加入 0.3%NaCl 的 1%淀粉液 1 mL，然后各管加入稀释唾液 2 mL，摇匀，立即置水浴锅中 37℃保温。

③当各管保温时间与第 6 号试管相等时，依次从水浴锅中拿出试管，并立即加入碘液一滴，观察并记录各管颜色，然后确定唾液淀粉酶的最适 pH 值。

（2）温度对酶活性的影响

①取试管三支，编号，各管均加入稀释唾液 2 mL，然后将第 3 管唾液在酒精灯上煮沸。

②将第 1、3 管入 37℃恒温水浴锅中保温约 5 分钟，第 2 管置冰水中冷却约 5 分钟。

③分别在各试管中加入 0.3%NaCl 的 1%淀粉液 1 mL，振荡试管后，各管仍在原温度下作用约 20 min（三管时间要一致）。

④将第 2 管倒出一半于另一试管（设为第 4 号）中，将 4 号管置入 37℃恒温水浴约 20 分钟。

⑤在第 1、2、3 管中各加入一滴碘液，观察颜色并记录结果。

⑥第 4 号管温浴 20 分钟后取出,亦滴入一滴碘液,观察颜色变化,并比较第 2 管颜色。

⑦比较各管颜色,解释结果。

(3)抑制剂和活化剂对酶活性的影响

①取试管四支,编号,各加入稀释唾液 2 mL,然后于第 1 管中加入 1 mL 1%NaCl 溶液,第 2 管加入 1 mL0.1%CuSO$_4$ 溶液,第 3 管加入 1 mL1%Na$_2$SO$_4$ 溶液,第 4 管加入 1 mL 蒸馏水。

②各管加入 1 mL0.3%NaCl 的 1%淀粉液,振荡各试管,然后置于 37℃水浴锅内保温,约 5 min 后,每隔 1 分钟从第 1 管中取出试液 1 小滴于白瓷板上与碘液反应,直至与碘反应呈橙黄色时,将四支试管从水浴中取出。

③每管取 1 滴试液于白瓷板上与碘液反应,比较各管颜色,若加入 1%Na$_2$SO$_4$ 的第 3 管颜色仍为浅蓝色或蓝色时,则将第 2、3、4 管再放入 37℃恒温水浴,直到第 3 管与碘液反应为橙黄色时,将三支试管同时从水浴锅中取出。

④每支试管滴入 1 滴碘液,振荡,比较各管颜色。

5. 注意事项

(1)反应试管应清洗干净,不同酶液,试剂及其滴管不能交叉混用。

(2)使用混合唾液,或通过预试选出合适的唾液稀释度,效果更为显著。

(3)氯化钠溶液为唾液淀粉酶的激活剂。激活剂和抑制剂不是绝对的,有些物质在低浓度时为激活剂,而在高浓度时则为该酶的抑制剂。例如,氯化钠到 1/3 饱和度时就抑制唾液淀粉酶的活性。

6. 问题讨论

(1)试根据淀粉的结构和性质,说明碘液可作检查唾液淀粉酶活性的指示剂的原理。

(2)什么是酶促反应的最适 pH 值?为什么 pH 值也能影响酶促反应速度?

(3)在"抑制剂对酶活性的影响"实验中,加入 Na$_2$SO$_4$ 的第 3 管有什么意义?

2.5.2　淀粉酶活力的测定

1. 实训目的

学习和掌握测定淀粉酶(包括 α-淀粉酶和 β-淀粉酶)活力的原理和方法。

2. 实训原理

淀粉是植物最主要的贮藏多糖,也是人和动物的重要食物和发酵工业的基本原料。淀粉经淀粉酶作用后生成葡萄糖、麦芽糖等小分子物质而被机体利用。淀粉酶主要包括 α-淀粉酶和 β-淀粉酶两种。α-淀粉酶可随机地作用于淀粉中的 α-1,4-糖苷键,生成葡萄糖、麦芽糖、麦芽三糖、糊精等还原糖,同时使淀粉的黏度降低,因此又称为液化酶。β-淀粉酶可从淀粉的非还原性末端进行水解,每次水解下一分子麦芽糖,又被称为糖化酶。淀粉酶催化产生的这些还原糖能使 3,5-二硝基水杨酸还原,生成棕红色的 3-氨基-5-硝基水杨酸,其反应如下:

淀粉酶活力的大小与产生的还原糖的量成正比。用标准浓度的麦芽糖溶液制作标准曲线,用比色法测定淀粉酶作用于淀粉后生成的还原糖的量,以单位重量样品在一定时间内生成的麦芽糖的量表示酶活力。

淀粉酶几乎存在于所有植物中,特别是萌发后的禾谷类种子,淀粉酶活力最强,其中主要

是 α-淀粉酶和 β-淀粉酶。两种淀粉酶特性不同，α-淀粉酶不耐酸，在 pH 值为 3.6 以下迅速钝化。β-淀粉酶不耐热，在 70℃ 15 min 钝化。根据它们的这种特性，在测定活力时钝化其中之一，就可测出另一种淀粉酶的活力。本实验采用加热的方法钝化 β-淀粉酶，测出 α-淀粉酶的活力。在非钝化条件下测定淀粉酶总活力（α-淀粉酶活力+β-淀粉酶活力），再减去 α-淀粉酶的活力，就可求出 β-淀粉酶的活力。

3. 试剂及器材

（1）实验材料

萌发的小麦种子（芽长约 1cm）。

（2）仪器

①离心机；②离心管；③钵；④电炉；⑤容量瓶：50 mL×1、100 mL×1；⑥恒温水浴；⑦20 mL 具塞刻度试管×13；⑧试管架；⑨刻度吸管：2 mL×3、1mL×2、10 mL×1；⑩分光光度计。

（3）试剂（均为分析纯）

①标准麦芽糖溶液（1 mg/mL）：精确称取 100 mg 麦芽糖，用蒸馏水溶解并定容至 100 mL。

②3,5-二硝基水杨酸试剂：精确称取 3,5-二硝基水杨酸 1 g，溶于 20 mL 2 mol/L NaOH 溶液中，加入 50 mL 蒸馏水，再加入 30 g 酒石酸钾钠，待溶解后用蒸馏水定容至 100 mL。盖紧瓶塞，勿使 CO_2 进入。若溶液混浊可过滤后使用。

③0.1 mol/L pH 值为 5.6 的柠檬酸缓冲液

A 液：（0.1 mol/L 柠檬酸）：称取 $C_6H_8O_7 \cdot H_2O$ 21.01 g，用蒸馏水溶解并定容至 1 L。

B 液：（0.1 mol/L 柠檬酸钠）：称取 $Na_3C_6H_5O_7 \cdot 2H_2O$ 29.41 g，用蒸馏水溶解并定容至 1 L。

取 A 液 55 mL 与 B 液 145 mL 混匀，既为 0.1 mol/LpH 值为 5.6 的柠檬酸缓冲液。

（4）1%淀粉溶液：称取 1 g 淀粉溶于 100 mL 0.1 mol/L pH 值为 5.6 的柠檬酸缓冲液中。

4. 实训方法

（1）麦芽糖标准曲线的制作

取 7 支干净的具塞刻度试管，编号，按表 2-5 所示加入试剂。

表 2-5 麦芽糖标准曲线

试　剂	管　号						
	1	2	3	4	5	6	7
麦芽糖标准液（mL）	0	0.2	0.6	1.0	1.4	1.8	2.0
蒸馏（mL）	2.0	1.8	1.4	1.0	0.6	0.2	0
麦芽糖含量（mg）	0	0.2	0.6	1.0	1.4	1.8	2.0
3, 5-二硝基水杨酸（mL）	2.0	2.0	2.0	2.0	2.0	2.0	2.0

摇匀，置沸水浴中煮沸 5 分钟。取出后流水冷却，加蒸馏水定容至 20 mL。以 1 号管作为空白调零点，在 540 nm 波长下比色测定光密度。以麦芽糖含量为横坐标，光密度为纵坐标，绘制标准曲线。

（2）淀粉酶液的制备

称取 1 g 萌发 3 天的小麦种子（芽长约 1 cm），置于研钵中，加入少量石英砂和 2 mL 蒸馏水，研磨匀浆。将匀浆倒入离心管中，用 6 mL 蒸馏水分次将残渣洗入离心管。提取液在室温下放置提取 15～20 分钟，每隔数分钟搅动 1 次，使其充分提取。然后在 3 000 r/分钟转速下离心 10 分钟，将上清液倒入 100 mL 容量瓶中，加蒸馏水定容至刻度，摇匀，即为淀粉酶原液，用于 α-淀粉酶活力测定。

吸取上述淀粉酶原液 10 mL，放入 50 mL 容量瓶中，用蒸馏水定容至刻度，摇匀，即为淀粉酶稀释液，用于淀粉酶总活力的测定。

（3）酶活力的测定：取 6 支干净的试管，编号，按表 2-6 进行操作。

表 2-6 酶活力测定取样

操作项目	α-淀粉酶活力测定			β-淀粉酶活力测定		
	Ⅰ-1	Ⅰ-2	Ⅰ-3	Ⅱ-4	Ⅱ-5	Ⅱ-6
淀粉酶原液（mL）	1.0	1.0	1.0	0	0	0
钝化 β-淀粉酶	置入 70℃ 水浴 15min，冷却					
淀粉酶稀释液（mL）	0	0	0	1.0	1.0	1.0
3,5-二硝基水杨酸（mL）	2.0	0	0	2.0	0	0
预保温	将各试管和淀粉溶液置于 40℃ 恒温水浴中保温 10 min					
1%淀粉溶液（mL）	1.0	1.0	1.0	1.0	1.0	1.0
保温	在 40℃ 恒温水浴中准确保温 5 min					
3,5-二硝基水杨酸（mL）	0	2.0	2.0	0	2.0	2.0

将各试管摇匀，显色后进行比色测定光密度，记录测定结果，操作同标准曲线。

5. 实训结果

计算Ⅰ-2、Ⅰ-3 光密度平均值与Ⅰ-1 光密度之差，在标准曲线上查出相应的麦芽糖含量（mg），按下列公式计算 α-淀粉酶的活力。

$$\text{α-淀粉酶活力}[\text{麦芽糖毫克数/样品鲜重（g）·5分钟}]$$
$$= \frac{\text{麦芽糖含量（mg）×淀粉酶原液总体积（mL）}}{\text{样品重（g）}}$$

计算Ⅱ-2、Ⅱ-3 光密度平均值与Ⅱ-1 光密度之差，在标准曲线上查出相应的麦芽糖含量（mg），按下式计算（α＋β）淀粉酶总活力。

β-淀粉酶活力＝（α＋β）淀粉酶总活力－α-淀粉酶活力

6. 注意事项

（1）样品提取液的定容体积和酶液稀释倍数可根据不同材料酶活性的大小而定。

（2）为了确保酶促反应时间的准确性，在进行保温这一步骤时，可以将各试管每隔一定时间依次放入恒温水浴，准确记录时间，到达 5 分钟取出试管，立即加入 3,5-二硝基水杨酸以终止酶反应，以便尽量减小因各试管保温时间不同而引起的误差。同时恒温水浴温度变化应不超过±0.5℃。

（3）如果条件允许，各实验小组可采用不同材料，例如，萌发 1 d、2 d、3 d、4 d 的小麦种子，比较测定结果，以了解萌发过程中这两种淀粉酶活性的变化。

7. 问题讨论

1. 为什么要将 I-1、I-2、I-3 号试管中的淀粉酶原液置 70℃水浴中保温 15 分钟？
2. 为什么要将各试管中的淀粉酶原液和 1%淀粉溶液分别置于 40℃水浴中保温？

2.6　本章小结

自然界中的一切生命现象都与酶的活动有关系。活细胞内全部的生物化学反应，都是在酶的催化作用下进行的。如果离开了酶，新陈代谢就不能进行，生命就会停止。酶是生物体活细胞产生的具有特殊催化能力的生物分子。

酶作为一种生物催化剂不同于一般的催化剂，它具有作用条件温和、催化效率高、高度专一性和酶活可调控性等催化特点。酶的专一性可分为相对专一性、绝对专一性和立体异构专一性，其中相对专一性又分为基团专一性和键专一性。

酶有系统名和惯用名。根据酶促反应性质的不同，可将酶可分为氧化还原酶类、转移酶类、水解酶类、裂解酶类、异构酶类和合成酶类六大类；根据酶蛋白分子结构的不同，酶可分为单体酶、寡聚酶和多酶复合体。

酶的活性中心有两个功能部位，即结合部位和催化部位。酶的催化机理包括中间产物学说、锁钥学说、诱导楔合学说、酸碱催化和共价催化等，每个学说都有其各自的理论依据，其中过渡态学说或中间产物学说为大家所公认，诱导楔合学说也为对酶的研究做了大量贡献。

酶促反应动力学研究底物浓度、酶浓度、温度、pH 值、激活剂和抑制剂等对酶促反应的影响。米氏方程是反映底物浓度和反应速度之间关系的动力学方程。米氏常数是酶的特征性常数，可用来表示酶和底物亲和力的大小。米氏常数与底物浓度和酶浓度无关，而受温度和 pH 值的影响。竞争性抑制作用、非竞争性抑制作用和反竞争性抑制作用分别对 K_m 值与 V_{max} 的影响是各不相同的。

同工酶和变构酶是两种重要的酶。同工酶是指有机体内能催化相同的化学反应，但其酶蛋白本身的理化性质及生物学功能不完全相同的一组酶；变构酶是利用构象的改变来调节其催化活性的酶，是一个关键酶，催化限速步骤。

酶技术是近年来发展起来的，现在的基因工程、遗传工程、细胞工程、酶工程、生化工程和生物工程等领域都有酶技术的参与。国际上酶制剂的年产量已超过 10 万吨，其来源于动物、植物与微生物。微生物酶制剂是工业酶制剂的主体。由于酶制剂主要作为催化剂与添加剂使用，它带动了许多产业的发展。在实际使用中，酶的消费很少，而由它辐射出的实际经济收益却很大。

2.7　思考题

一、名词解释

米氏常数（K_m 值）、辅基、单体酶、寡聚酶、多酶体系、激活剂、抑制剂、酶的比活力、活性中心

二、简答题

1. 什么是酶？酶的化学本质是什么？
2. 什么是全酶？在酶促反应中酶蛋白与辅助因子分别起什么作用？
3. 什么是酶的活性中心？为什么加热、强碱、强酸等因素可使酶失活？
4. 试述酶促反应的特点。
5. 何谓活化能，酶为什么能降低反应的活化能？
6. 试述影响酶促反应速度的因素。
7. 什么是米氏方程式，其重要性是什么？
8. 什么是米氏常数？米氏常数的意义是什么？
9. 什么是酶的最适温度？酶的最适温度是不是酶的特征性常数？
10. 什么是酶的最适 pH 值？酶的最适 pH 值是不是酶的特征性常数？

第 *3* 章

核酸化学

【教学内容】

核酸是生物体内携带和传递遗传信息的大分子物质，它是生物体的基本组成成分，从高等动植物体到简单的病毒都含有核酸。根据化学组成不同核酸可以分为核糖核酸和脱氧核糖核酸两类，核酸具有复杂的一级结构和空间结构。

本章主要介绍核酸的组成、结构及性质，通过学习使学生掌握核酸相应的理论知识并能应用到生产实践中。

【教学目标】

☑ 了解核酸对生物体的重要意义
☑ 掌握核酸的分类及核酸的化学组成特点
☑ 明确 DNA 的一级结构及 DNA 双螺旋结构要点
☑ 掌握核酸的重要性质

基础知识

3.1 核酸的概述及分类

拓展知识

3.2 核酸的分离和测定

课堂实训

3.3.1 核酸含量的测定
3.3.2 酵母蛋白质和 RNA 的制备（稀碱法）

3.1 核酸的概述及分类

核酸是生物体内携带和传递遗传信息的大分子物质，它是生物体的基本组成成分，从高等动植物体到简单的病毒都含有核酸。由于最初从细胞核中分离得到，并具有酸性而得名。

根据化学组成不同，核酸分为两类，一类为分子中含有脱氧核糖的称为脱氧核糖核酸（DNA），DNA 主要存在于细胞核中，占 DNA 总量 90% 以上的 DNA 分布于细胞核的染色体中，其余分布于核外，如线粒体、叶绿体及质粒中。另一类分子中含有核糖的称为核糖核酸（RNA）。RNA 主要存在于细胞质中，细胞质中 RNA 占 RNA 总量的约 90%，核内的 RNA 只占 RNA 总量的约 10%。RNA 的种类很多，按结构和功能上的特点，可以将 RNA 分为以下 3 类：信使 RNA（mRNA）占细胞中总 RNA 的 5% 左右。转移 RNA（tRNA）是细胞中相对分子质量最小的一种 RNA 分子，占细胞中总 RNA 的 15% 左右。核糖体 RNA（rRNA）占细胞中总 RNA 的 80% 左右。

3.1.1 核酸的组成

1. 核酸的元素组成

核酸的基本元素组成是 C、H、O、N、P，其中 N、P 含量较高，且 P 含量较稳定，约占核糖总量的 9%～10%，可根据含 P 量粗略推算核酸的含量，即 1g 磷相当于 11g 核酸。

2. 核酸的组成成分

核酸是由许多核苷酸缩合而成的多聚核苷酸，其基本结构单位为核苷酸。核苷酸由核苷和磷酸组成，核苷又由戊糖和碱基组成，碱基则包括嘧啶碱和嘌呤碱两类，如图 3-1 所示。

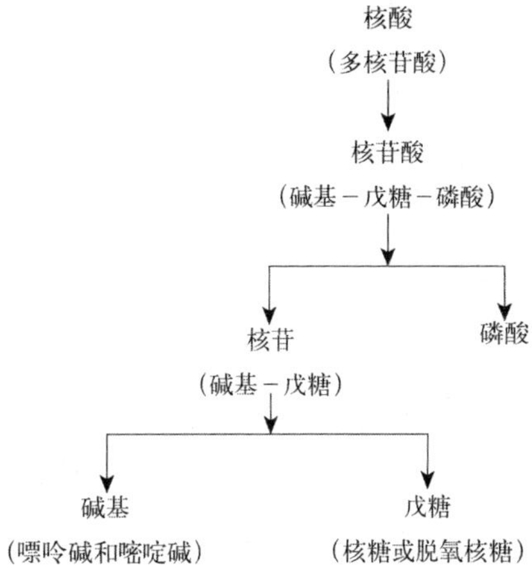

图 3-1 核酸逐级水解产物

（1）戊糖

核酸中所含的戊糖均为 D-核糖，其中 DNA 所含的戊糖为 D-2-脱氧核糖，RNA 所含的戊糖为 D-核糖，均为呋喃型环状结构。为了区别于碱基上的原子编号，戊糖上的碳原子编号的右上角均加上"′"。

（2）碱基

碱基有嘌呤碱基和嘧啶碱基两大类。它们均为含氮杂环化合物，呈弱碱性。

①嘌呤碱

核酸中的嘌呤类物质主要为腺嘌呤（A）和鸟嘌呤（G）两种，其结构如图 3-2 所示。

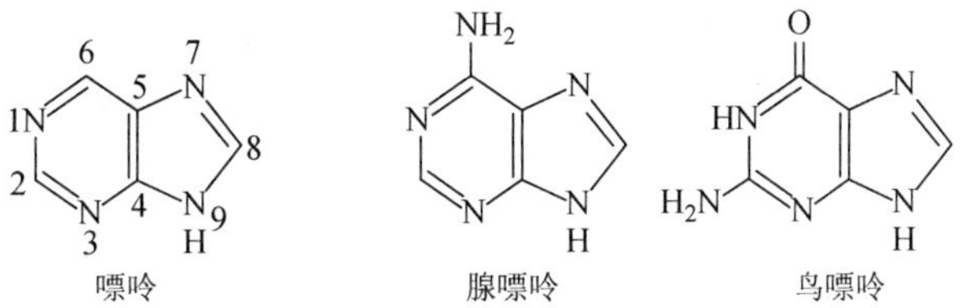

图 3-2 嘌呤碱基的结构

②嘧啶碱

核酸中的嘧啶碱主要有胞嘧啶（C）、尿嘧啶（U）、胸腺嘧啶（T）三种，其结构如图 3-3 所示。

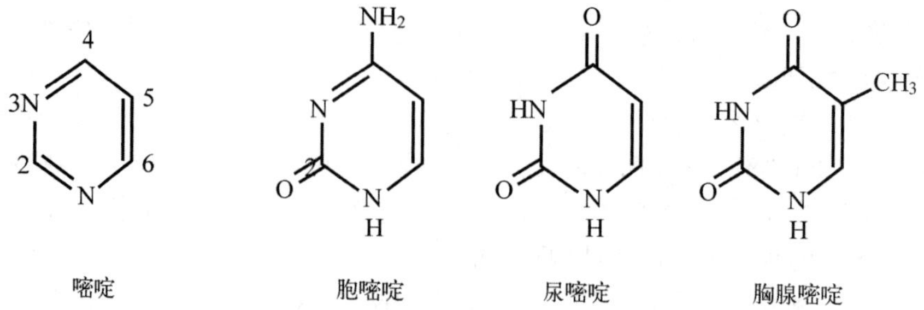

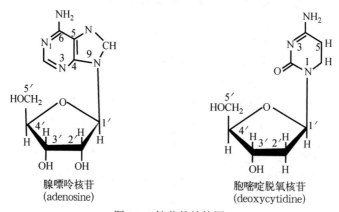

嘧啶　　　　　　胞嘧啶　　　　　　尿嘧啶　　　　　　胸腺嘧啶

图 3-3　嘧啶碱基的结构

在一些核酸中还存在少量其他修饰碱基。由于含量很少，故又称微量碱基或稀有碱基。核酸中含氮碱基均为无色固体，熔点高，大多在 200℃～300℃，在有机溶剂中溶解度很小，在水中溶解度也不大，不被稀酸、稀碱破坏，与苦味酸结合可结晶为晶体。嘌呤碱可被银盐沉淀，这一特性可以用于嘌呤碱和嘧啶碱的分离和鉴定。

（3）磷酸

核酸是含磷的生物大分子，任何核酸都含有磷酸，所以核酸呈酸性，可以与 Na^+、多胺组蛋白结合。核酸中的磷酸参与形成 3',5'-磷酸二酯键，使核酸连成多核苷酸链。

（4）核苷

核苷是核糖或脱氧核糖与嘌呤或嘧啶生成的糖苷。糖环上的 C1′与嘧啶碱的 N1 或与嘌呤碱的 N9 相连接。所以糖与碱基之间的连键是 N-C 键，称为 N-糖苷键。核苷可以分成核糖核苷与脱氧核糖核苷两大类。

生物体内的核糖核苷主要有腺嘌呤核糖核苷（简称腺苷，A）、鸟嘌呤核糖核苷（简称鸟苷，G）、胞嘧啶核糖核苷（简称胞苷，C）和尿嘧啶核糖核苷（简称尿苷，U）。生物体内的脱氧核糖核苷主要有腺嘌呤脱氧核糖核苷（简称脱氧腺苷，dA）、鸟嘌呤脱氧核糖核苷（简称脱氧鸟苷，dG）、胞嘧啶脱氧核糖核苷（简称脱氧胞苷，dC）和胸腺嘧啶脱氧核糖核苷（简称脱氧胸苷 dT）。腺嘌呤核苷（简称腺苷）、胞嘧啶脱氧核苷（脱氧胞苷）的结构如图 3-4 所示。

腺嘌呤核苷
(adenosine)

胞嘧啶脱氧核苷
(deoxycytidine)

图 3-4　核苷的结构图

（5）核苷酸

核苷酸是核苷的磷酸酯，它是由核苷中的戊糖羟基被磷酸酯化形成的。根据核苷酸组成中戊糖的不同，可以将核苷酸分为两大类：核糖核苷酸和脱氧核糖核苷酸。各种核苷酸在文献中通常用英文缩写表示，如腺苷酸为 AMP，鸟苷酸为 GMP。脱氧核苷酸则在英文缩写前加小写，如 dAMP，dGMP 等。以 RNA 的腺苷酸为例：当磷酸与核糖 5 位碳原子上羟基缩合时为 5′-腺苷酸，用 5′-AMP 表示；当磷酸基连接在核糖 3 位或 2 位碳原子上时，分别为 3′-AMP 和 2′-AMP。在生物体内存在的核苷酸主要是由核苷分子戊糖上的 5′-OH 与磷酸酯化而生成的。核苷酸的结构式见图 3-5 所示。

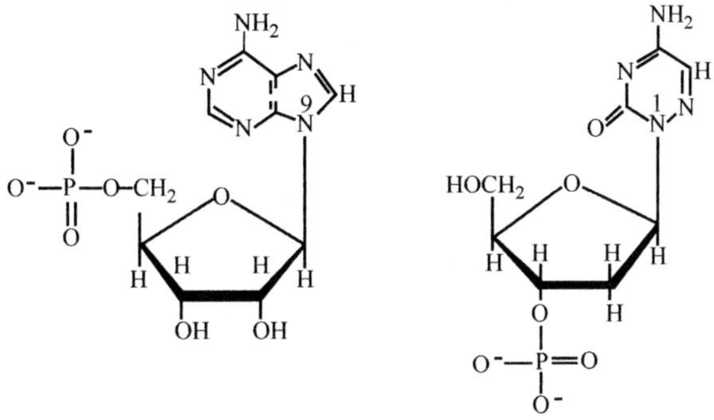

6′-腺嘌呤核苷酸　　　　3′-胞嘧啶脱氧核苷
（AMP）　　　　　　　（3′-DCMP）

图 3-5　核苷酸的结构

3. 细胞内重要的核苷酸

（1）多磷酸核苷

5′-腺苷酸进一步磷酸化可以形成腺苷二磷酸和腺苷三磷酸，分别以 ADP 和 ATP 表示。ADP 是在 AMP 接上一分子磷酸而成，ATP 是由 AMP 接上一分子焦磷酸（PPi）而成，生物细胞内除了 ATP 和 ADP 外，还有其他的 5′-核苷二磷酸和三磷酸，如 GDP、CDP、UDP 和 GTP、CTP、UTP；5′-脱氧核苷二磷酸和三磷酸，如 dADP、dGDP、dTDP、dCDP 和 dATP、dCTP、dGTP、dTTP，它们都是通过 ATP 的磷酸基转移转化来的，因此 ATP 是各种高能磷酸基的主要来源。除 ATP 外，由其他有机碱构成的核苷酸也有重要的生物学功能，如鸟苷三磷酸（GTP）是蛋白质合成过程中所需要的，鸟苷三磷酸（UTP）参与糖原的合成，胞苷三磷酸（CTP）是脂肪和磷脂的合成所必需的。还有 4 种脱氧核糖核苷的三磷酸酯，即 dATP、dCTP、dGTP、dTTP，是 DNA 合成所必需的原材料。

（2）环状核苷酸

核苷酸可以在环化酶的催化下生成环式的一磷酸核苷。其中以 3′,5′-环状腺苷酸（以 cAMP）研究最多，它是由腺苷酸上磷酸与核糖 3′,5′ 碳原子酯化而形成的。

3.1.2　核酸的结构

1. 核酸的一级结构

（1）连接方式

核酸分子是由核苷酸单体通过 3′,5′-磷酸二酯键聚合而成的多核苷酸长链。核苷酸单体之间是通过脱水缩合而成为聚合物的，这点与蛋白质的肽链形成很相似。核酸的一级结构是指各种核苷酸在核酸分子中的排列顺序和连接方式。如果用不同酶来水解多核苷酸链，得到的是 3′-核苷酸或 5′-核苷酸。这证明多核苷酸链是有方向的，一端叫 3′-末端，一端叫 5′-末端。所谓 3′-末端是指多核苷酸链的戊糖上具有 3′-磷酸基（或羟基）的末端，而具有 5′-磷酸基（或羟基）的末端则称为 5′-末端。虽然构成 DNA 或 RNA 的核苷酸主要有四种，但由于核苷酸的数量巨大，且按一定的顺序相互连接，因此 DNA 和 RNA 的种类繁多。

（2）表示方法

为了进一步简化书写，常用线条式表示核酸的一级结构，即用垂直线表示戊糖的碳链，A、G、C、T、U 等表示不同的碱基，P 表示磷酸基，由 P 引出的斜线一端与 C3′ 相连，另一端与 C5′ 相连，表示两个核苷酸残基之间的 3′,5′-磷酸二酯键。

有时也用 p 表示磷酸基，碱基用单字母符号代替，p 在碱基字母的左边（pB　B 代表碱基）表示 5′-核苷酸；若 p 在碱基字母的右边（Bp　B 代表碱基）表示 3′-核苷酸，即核酸一级结构的文字式（图3-6）。因磷酸基相同，表示磷酸的字母"p"也可以省略。

5′pApCpTpTpGpApApCpG3′DNA

5′pApCpUpUpGpApApCpG3′RNA

5′pACTTGAACG3′

5′pACUUGAACG3′

图3-6　核酸一级结构简写式

2. DNA 的空间结构

DNA 的空间结构是指多核苷酸链之间以及多核苷酸链内部通过氢键和碱基堆积力等作用力作用在空间形成的螺旋、卷曲和折叠的构象。它包括 DNA 的二级结构和超螺旋结构。

（1）DNA 的二级结构

DNA 的二级结构是由科学家 James Watson 和 Francis Crick 于 1953 年提出来的，如图 3-7 所示。双螺旋结构模型的要点如下：

①DNA 分子由两条反向平行的多核苷酸链构成，一条链的方向为 5′→3′，另一条链为 3′→5′。两条链围绕同一中心轴形成右手螺旋，螺旋表面有一条大沟和一条小沟（图3-7）。

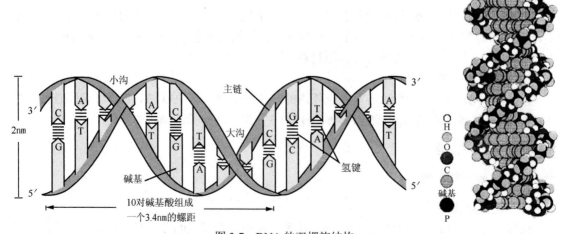

图3-7　DNA 的双螺旋结构

②嘌呤碱和嘧啶碱位于螺旋内侧,磷酸与脱氧核糖在外侧,彼此之间通过 3′,5′-磷酸二酯键连接,形成 DNA 的骨架。碱基平面与纵轴垂直,糖环平面与纵轴平行。

③双螺旋的直径为 2 nm,相邻两个核苷酸之间在纵轴方向上的距离即碱基堆积距离为 0.34 nm,两核苷酸之间的夹角为 36°,沿中心轴每 10 个核苷酸旋转一周。

④DNA 的两条链互补。一条多核苷酸链上的嘌呤碱基与另一条链上的嘧啶碱基以氢键相连,根据碱基结构特征,只能形成嘌呤与嘧啶配对,即 A 与 T 相配对,形成 2 个氢键;G 与 C 相配对,形成 3 个氢键。因此 G 与 C 之间的连接较为稳定。

DNA 双螺旋分子中,有 3 种作用力起到稳定作用。

①两条多核苷酸链间的互补碱基对之间形成的氢键。

②碱基平面间的堆积力。

③磷酸基团上的负电荷与介质中阳离子之间形成的离子键。其中碱基堆积力和氢键是使 DNA 结构稳定的主要因素。

（2）DNA 的超螺旋结构

生物体内有些 DNA 是以双链环状 DNA 形式存在,如有些病毒 DNA、某些噬菌体 DNA、细菌染色体与细菌中质粒 DNA、真核细胞中的线粒体 DNA、叶绿体 DNA 都是环状的。环状 DNA 分子可以是共价闭合环,即环上没有缺口,也可以是缺口环,环上有一个或多个缺口。在 DNA 双螺旋结构基础上,共价闭合环 DNA 可以进一步扭曲形成超螺旋形。根据螺旋的方向可以分为正超螺旋和负超螺旋。正超螺旋使双螺旋结构更紧密,双螺旋圈数增加,而负超螺旋可以减少双螺旋的圈数。几乎所有天然 DNA 中都存在负超螺旋结构。

3. RNA 的空间结构

绝大部分 RNA 分子都是线状单链,但是 RNA 分子的某些区域可以自身回折进行碱基互补配对,形成局部双螺旋。在 RNA 局部双螺旋中 A 与 U 配对、G 与 C 配对,除此以外,还存在非标准配对,如 G 与 U 配对。RNA 分子中的双螺旋与 A 型 DNA 双螺旋相似,而非互补区则膨胀形成凸出（bulge）或者环（loop）,这是 RNA 中最普通的二级结构形式,二级结构进一步折叠形成三级结构,RNA 只有在具有三级结构时才能成为有活性的分子。RNA 也能与蛋白质形成核蛋白复合物。

（1）tRNA 的结构

tRNA 的结构类似三叶草结构,多核苷酸分子内按碱基配对原则形成碱基对,碱基对间可形成氢键,形成氢键的部位称为"臂",不能形成氢键的区段就形成环状突起,称为"突环"。如图 3-8 所示。

（2）mRNA 的结构

原核生物中 mRNA 转录后一般不需加工,直接进行蛋白质翻译。mRNA 转录和翻译不仅发生在同一细胞空间,而且这两个过程几乎是同时

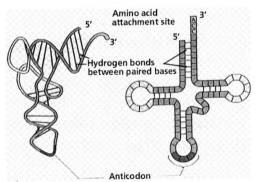

图 3-8　tRNA 的三叶草结构

进行的。真核细胞成熟 mRNA 是由其前体核内不均一 RNA 剪接并经修饰后才能进入细胞质中参与蛋白质合成。所以真核细胞 mRNA 的合成和表达发生在不同的空间和时间。mRNA 的结构在原核生物中和真核生物中差别很大。

（3）rRNA 的结构

所有生物的核糖体都是由大小不同的两个亚基所组成，大小亚基分别由几种 rRNA 和数十种蛋白质组成。由于分子质量的不同，使其沉降常数也不同，如原核细胞的核糖体的沉降常数为 70S，而真核细胞核糖体的沉降常数为 80S。

实验证明，核糖体是一种核酶，其组成中的 rRNA 可以催化肽键的合成，蛋白质只是维持 rRNA 的空间构象，它是蛋白质合成的场所。

3.1.3 核酸的性质

1. 物理性质

核酸为大分子物质，DNA 的相对分子质量一般在 $1.6×10^6 \sim 2.2×10^9$ 之间，为白色类似石棉的纤维状固体。RNA 的纯品呈白色粉末或结晶，其分子大小不同，一般 tRNA 分子最小为 10^4 左右，mRNA 分子质量约为 $0.5×10^6$ 或更大些，rRNA 分子质量则为 $0.6×10^6$。

不论 DNA 和 RNA，由于其分子含有许多极性基团（如羟基、磷酸基等）而形成不同程度的极性，因此微溶于水，而不溶于乙醇、乙醚、氯仿、戊醇和三氯乙酸等一般有机溶剂。利用核酸的这种性质可以用乙醇把核酸从水溶液中沉淀出来。当乙醇浓度达到 50% 时，DNA 便沉淀析出。当乙醇浓度增高至 75% 时，RNA 也沉淀出来。常利用两者在有机溶剂中溶解度的差别将 DNA 和 RNA 分离。

大多数 DNA 为线形分子，无分支，其长度可以达到几厘米，而分子的直径只有 2 nm，因此 DNA 溶液的黏度极高。RNA 溶液的黏度比 DNA 溶液黏度要小得多。

2. 化学性质

（1）核酸的两性性质

核酸分子中既含有酸性的磷酸基团又含有碱性的碱基，它们既具有酸性又具有碱性，在一定条件下可以解离而带电荷，故它们都是两性电解质，其等电点随核酸种类的不同而不同，如 DNA 的等电点为 4.0～4.5，RNA 的等电点为 2.0～2.5。

（2）核酸的水解

①酸水解。在酸性条件下，糖苷键比磷酸键更易水解，而且嘌呤碱的糖苷键比嘧啶碱的糖苷键对酸更不稳定。因此 DNA 在 pH 值为 1.6 时，于 37℃对水透析即可完全除去嘌呤碱而成为无嘌呤酸。若要水解嘧啶糖苷酸，常需要较高的温度，如用三氟乙酸密封加热至 155℃，保温 60～80 min，可使 DNA 或 RNA 完全水解而产生嘌呤碱和嘧啶碱。

②碱水解。在室温条件下，RNA 易被稀碱水解成核苷酸而 DNA 对碱稳定。可以利用此性质测定 RNA 的碱基组成，也可以将核酸混合物中的 RNA 除去。

③酶水解。水解核酸的酶种类很多。非特异性水解磷酸二酯键的酶为磷酸二酯酶，如蛇毒磷酸二酯酶和牛脾磷酸二酯酶，专一水解核酸的磷酸二酯酶称为核酸酶。

（3）核酸的紫外吸收性质

核酸分子中的嘌呤碱与嘧啶碱都具有共轭双键，使碱基、核苷、核苷酸和核酸在 240～290 nm 的紫外波段有一强烈的吸收峰，最大吸收值在 260 nm 左右，可以利用紫外吸收特性定性和定量地检测核酸和核苷酸。

（4）核酸的变性

核酸的变性是指通过加热、强酸、强碱或射线等因素的作用，使核酸双螺旋结构解体，氢键断裂，空间结构被破坏，形成单链无规则线团状态，其物理化性质发生改变、生物活性丧失的过程。核酸变性的本质是维持双螺旋结构的氢键和碱基堆积力受到破坏。

（5）核酸的杂交与复性

变性后的 DNA 在适当去除变性因素并处于适当的条件下，彼此分离的双链又可以重新结合成为双螺旋结构，其原有性质可以得到部分恢复，这一过程称为复性。

DNA 分子复性后，其一系列的理化性质随即恢复。如黏度增加、浮力密度降低，在波长 260 nm 处的紫外吸收值下降（减色效应），生物活性也得以部分恢复。

3.2 核酸的分离和测定

对核酸进行研究，首先要进行核酸的分离和测定。核酸制备的过程中应注意的关键问题是防止核酸的降解和变性，采用的方法因所用生物材料的不同而有较大差异，但无论采用何种方法，都应尽量遵循以下原则：

（1）尽可能保持其天然状态。

（2）条件温和，防止操作条件过酸、过碱。

（3）避免剧烈搅拌，抑制核酸酶的作用。

3.2.1 DNA 的分离纯化

真核生物中的 DNA 以核蛋白（DNP）形式存在于核内。DNP 溶于水或浓盐溶液（1 mol/L NaCl），但不溶于生理盐溶液（0.14 mol/L NaCl）中，利用此性质可以将真核细胞破碎后用浓盐酸溶液提取 DNP，然后用水稀释至 0.14 mol/L NaCl 盐溶液，使 DNP 纤维沉淀出来，如此反复多次的溶解和沉淀，可以进行 DNP 的纯化。

由于苯酚是很强的蛋白质变性剂，因此可以用水饱和的苯酚与 DNP 一起振荡、冷冻离心，DNA 溶于上层水相，而不溶性变性的蛋白质残留物位于中间界面和苯酚相中，如此反复操作多次可以除去蛋白质，将水相合并，在有盐存在条件下加 2 倍体积的冷乙醇，可以将 DNA 沉淀出来，再用乙醚和乙醇洗，即可得到纯的 DNA 样品。另外也可以用氯仿—异戊醇（辛醇）去除蛋白质，操作与苯酚法相似。

为了得到大分子的 DNA，避免核酸酶和机械振荡对 DNA 的降解，在细胞悬浮液中直接加入 2 倍体积含 1%十二烷基硫酸钠（SDS）的缓冲溶液，并加入广谱蛋白酶（浓度最后可达 100 μg/mL），在 65℃保温 4 小时，使细胞蛋白质全部降解，然后用苯酚法提取。

苯酚抽提法：苯酚作为蛋白变性剂,同时抑制了 DNase 的降解作用,用苯酚处理匀浆液时，由于蛋白与 DNA 联结键已断，蛋白分子表面又含有很多极性基团与苯酚相似相溶。蛋白分子溶于酚相，而 DNA 溶于水相。离心分层后取出水层，多次重复操作，再合并含 DNA 的水相，利用核酸不溶于醇的性质，用乙醇沉淀 DNA。此时 DNA 是十分黏稠的物质，可用玻璃漫漫绕成一团，取出。此法的特点是使提取的 DNA 保持天然状态。

3.2.2 RNA 的分离纯化

RNA 比 DNA 更不稳定，而且核糖核酸分解酶广泛存在，因此分离、纯化 RNA 更加困难。目前常用的制备方法有如下两种。

1. 酸性胍盐—苯酚—氯仿提取法

异硫氰酸胍是极强烈的蛋白质变性剂，它几乎可使所有的蛋白质变性，从而可以使核糖核酸分解酶失活，然后用苯酚和氯仿多次去除蛋白质，可制备纯的 RNA。

2. 胍盐—氯化铯梯度离心法

用胍盐可使核糖核酸分解酶失活，防止 RNA 被降解，然后用氯化铯溶液进行提取，最后进行密度梯度离心。由于蛋白质密度 $<1.33 \text{ g/cm}^3$，DNA 密度在 1.71 g/cm^3 左右，而 RNA 的密度 $>1.89 \text{ g/cm}^3$，因此 RNA 沉在离心管的底部，可以用注射针头从管壁侧面刺入进行抽取纯 RNA。

3.2.3 核酸含量的测定

1. 定磷法

测定无机磷最常用的方法是钼蓝比色法。先用浓硫酸或过氯酸将样品消化，使核酸中的磷转变成无机磷，然后使消化液与钼酸铵定磷试剂作用产生钼蓝，其最大光吸收峰在 660 nm 处，在一定范围内溶液光密度与磷含量成正比，据此可以计算出核酸含量。

核酸样品中有时含有无机磷杂质，因此要先除去样品中的无机磷或先测定未经消化的样品中的磷含量，并将其结果从消化样品的磷含量中去除。

2. 定糖法

二苯胺法是定糖法测定 DNA 含量的常用方法，DNA 在酸性溶液中与二苯胺共热，其脱氧核糖可参与反应生成蓝色化合物，其最大吸收峰在 595 nm 处。而当 RNA 与盐酸共热时核糖可转变为糠醛，糠醛可与甲基苯二酚（地衣酚）反应，生成鲜绿色化合物，其最大吸收峰在 670 nm 处，反应需要三氯化铁作催化剂。

3.3 实训项目

3.3.1 核酸含量的测定

1. 实训目的

（1）掌握核酸含量测定的原理和方法。
（2）熟练掌握分光光度计的操作。

2. 实训原理

用浓硫酸将核酸消化，使其有机磷氧化成无机磷，无机磷再与定磷试剂中的钼酸铵反应生成磷钼酸铵，在一定酸度下遇到还原剂时，其中高价钼被还原成低价钼，生成深蓝色的钼蓝。该物质在 660 nm 处有最大吸收值，在一定的磷浓度范围内，吸收程度与磷含量正比。

为消除核酸样品中原有无机磷的影响，应同时测定样品中的无机磷，并从总磷中减去无机磷，既得核酸中的磷，再换算可以得核酸含量。

3. 试剂与器材

（1）定磷试剂：3 mol/L 浓硫酸:2.5%钼氨酸:水:10%维生素 C=1:1:2:1(体积比)。棕色瓶避光于冰箱内保存，现用现配。

（2）催化剂：$CuSO_4 \cdot 5H_2O$:K_2SO_4=1:4（质量比）。

（3）消化管。

（4）试管。

（5）可见光分光光度计。

（6）恒温水浴锅。

4. 实训方法

（1）消化：取 1mL 样品液（约含 2.5～5 mg 核酸）置于消化管中，加入 1 mL 18 mol/L 浓硫酸及约 50 mg 的催化剂，在消化炉上小火加热至发生白烟，样品由黑色逐渐成淡黄色，取下稍冷，小心地滴加 30 %H_2O_2 溶液以促进氧化，继续加热至溶液呈无色或浅蓝色为止，稍冷，加 1 mL 水，在 100℃加热 10 分钟，以分解消化过程中形成的焦磷酸，冷却至室温（空白对照不加样品同时消化）。消化液和空白对照均用蒸馏水定容至 50 mL。

（2）测定：取 2 支试管，一支加稀释的消化液 1 mL、蒸馏水 2 mL；另一支加入空白对照的稀释液 1 mL、蒸馏水 2 mL。各加定磷试剂 3 mL，摇匀，在 45℃保温 20 分钟，测 660 nm 波长的吸光值。与标准磷溶液（KH_2PO_4 0.438 9%，相当于 5μg 磷/mL）对照，求出样品总磷量。

（3）样品中无机磷的测定：取上述未经消化的样品溶液 1 mL 或固体样品（含 2.5～5 mg 核酸）定容至 50 mL。取 1 mL，加蒸馏水 2 mL，加定磷试剂 3 mL，摇匀，在 45℃保温 20 分钟，测 660 nm 波长的吸光值（空白对照以水代样品）。与标准溶液（KH_2PO_4 0.438 9%，相当于 5 μg 磷/mL）对照，求出样品无机磷量。

5. 实训结果

样品中核酸（包括核苷酸）含量为：
$$\rho = 11 \times (\rho_1 - \rho_2) \times 50$$
式中：ρ——核酸含量，μg/mL；

ρ_1——总磷量，μg/mL；

ρ_2——无机磷量，μg/mL；

50——稀释倍数；

11——有机磷含量与核酸含量的换算系数。

6. 问题讨论

定磷法测定核酸为什么要将样品消化?

3.3.2 酵母蛋白质和RNA的制备（稀碱法）

1. 实训目的

（1）掌握从酵母细胞中分离制备蛋白质和 RNA 的原理和方法。

（2）学习普通离心机的使用方法。

2. 实训原理

酵母细胞富含蛋白质和核酸。用稀碱液（0.2%的氢氧化钠）处理酵母使细胞裂解，离心收集上清液，得到酵母核蛋白抽提液。用盐酸调节提取液的 pH 值至 3.0（核蛋白的等电点），核蛋白溶解度下降大量析出，离心收集沉淀物为酵母蛋白质粗制品。

酵母核蛋白是一种结合蛋白质，是蛋白质与核酸的复合物。酵母核酸主要是 RNA（含量为干菌体的 2.67%～10.0%），DNA 含量较少，仅为 0.03%～0.516%。如设法使酵母核蛋白中的蛋白质与核酸分离并除去蛋白质和 DNA，就可以得到较纯的 RNA 制品。这可以通过以下操作完成：将核蛋白制品溶于含 SDS 的缓冲液中，加等体积的水饱和酚，剧烈振荡后离心，将溶液分成两层，上层为水相含有 RNA，下层为酚相，变性蛋白及 DNA 存在于酚相及两相界面处。吸出水相并加乙醇即可沉淀出酵母 RNA。若用氯仿－异戊醇进一步处理 RNA 制品，可获得纯度更高的 RNA。

3. 试剂及器材

（1）原料
①鲜酵母或干酵母粉。
②pH 值为 0.5～5.0 的精密试纸。
（2）试剂（均为分析纯）
①0.2%NaOH 溶液。
②6 mol/L 盐酸溶液。
③95%乙醇。
④SDS－缓冲液：0.3%SDS(十二烷基硫酸钠)，0.1 mol/L NaCl，0.05 mol/L 乙酸钠，用乙酸调到 pH 值为 5.0。
⑤饱和酚液：重蒸苯酚用 SDS－缓冲溶液饱和。
⑥氯仿－异戊醇液：24:1（V/V）。
⑦含 2%乙酸钾的 95%乙醇溶液。
⑧无水乙醇。
⑨乙醚。
（3）仪器
离心机、干燥箱、恒温水浴、真空干燥器、天平、751 型分光光度计、冰箱、量筒（50 mL）、蒸发皿、烧杯（50 mL、100 mL）、Eppendorf 管（1.5 mL）。

4. 实训方法

（1）母核蛋白的提取
称取鲜酵母 30 g 或干酵母粉 5 g，倒入 100 mL 的烧杯中。加入 40 mL 0.2%NaOH 溶液，在 20～40℃水浴搅拌提取 30～60 分钟后，在 4 000 r/分钟下离心 10 分钟，取上清液于 50 mL 的烧杯中，并置于放有冰块的 250 mL 烧杯中冷却，待冷却至 10℃以下时，用 6 mol/L HCl 小心地调节溶液的 pH 值至 3.0 左右。随着 pH 值的下降，溶液中白色沉淀逐渐增加，到等电点时沉淀最多（注意严格控制 pH 值）。pH 值调好后继续于冰水中静置 10 分钟，使沉淀充分，颗粒变大。将此悬浮液以 3 000 r/分钟离心 20 分钟，倒掉上层清液。将沉淀物转入蒸发皿内，放入干燥箱中干燥之后称重，这就是酵母核蛋白粗品。

（2）苯酚法提取酵母 RNA
取上述核蛋白研碎，加 10mL SDS－缓冲液使成匀浆，洗入各 Eppendorf 管（略少于管容积的一半），室温静置 10 分钟，再加等体积的饱和酚液，室温下剧烈振荡 5 分钟后置冰浴中分层，4 000 r/分钟离心 10 分钟，吸出上层清液，转入新的 Eppendorf 管，加 2 倍体积 95% 乙醇（含 2% 乙酸钾），在冰浴中放置 30 分钟，使 RNA 沉淀。再以 10 000 r/分钟离心 5 分钟，倒掉上清液，沉淀用少许无水乙醇和乙醚各洗一次，迅速离心各 1 min，保留沉淀。倾去乙醚后，减压真空干燥，准确称重，记录（或将沉淀溶于少量 1 mol/L NaCl 溶液中，4℃保存备用）。

5. 注意事项

（1）利用等电点控制核蛋白析出时，应严格控制 pH 值。

（2）用苯酚法制备 RNA 过程中，用乙醇沉淀得到的 RNA 中，除 RNA 外还含有部分多糖，本实验采用 2% 乙酸钾去溶解非解离的多糖以达到纯化 RNA 的目的。

6. 实训结果

（1）计算核蛋白提取率

$$核蛋白提取率（\%）=\frac{核蛋白重量（g）}{酵母重量（g）}\times100$$

（2）RNA 含量测定

将干燥后或保留的沉淀的 RNA 配制成浓度为 10～50μg/mL 的溶液，在 751 型分光光度计上测定其 260 nm 处的吸光度，按下式计算 RNA 含量：

$$RNA含量（\%）=\frac{A_{260}}{0.024\times L}\times\frac{RNA溶液总体积（mL）}{RNA称取量（\mu g）}\times100$$

式中：A_{260} ——260 nm 处吸光度；

　　　L ——为比色杯光径（cm）；

　0.024 ——1 mL 溶液含 1μg RNA 的吸光度。

（3）计算 RNA 提取率

$$RNA提取率（\%）=\frac{RNA含量（\%）\times RNA制品重（g）}{酵母重（g）}\times100$$

7. 问题讨论

（1）为什么用稀碱溶液使酵母细胞裂解？

（2）如何从酵母中提取到较纯的 RNA？

（3）如何鉴定提取到的 RNA 组分？

3.4　本章小结

核酸是一种多聚核苷酸，基本结构是核苷酸。按核酸组成可将核酸分为 DNA 和 RNA 两大类，组成 DNA 的核苷酸主要有 dA、dG、dC、dT 四种脱氧核糖核苷酸，而组成 RNA 的核苷酸主要有 dA、dG、dC、dU 四种核糖核苷酸。

核酸具有一级结构和高级结构。DNA 的一级结构是指核酸链中四种脱氧核糖核苷酸的排列顺序和连接方式。核苷酸的排列顺序决定 DNA 分子的种类，并蕴藏着生物的遗传信息，核苷酸之间是通过 3′，5′-磷酸二酯键连接。DNA 的高级结构主要指其二级结构，DNA 是由两条反向平行的多核苷酸链绕同一中心轴构成双螺旋结构，其碱基按 A-T,G-C 的原则进行配对，因此两条链存在着互补关系。

RNA 主要有 rRNA、tRNA 和 mRNA 三种，RNA 的一级结构是直线型，核苷酸之间也是通过 3′，5′-磷酸二酯键连接。

核酸可被酸、碱和酶水解，并具有两性性质。由于碱基具有共轭双键，因此具有紫外线吸收性质，其最大吸收峰在 260 nm 附近。

3.5　思考题

一、名词解释

磷酸二酯键　　碱基互补规律　　核酸的变性

二、简答

1. 简述 DNA 双螺旋结构的特点。
2. 简述 DNA 和 RNA 在组成上的异同。

第 *4* 章

维生素化学

【教学内容】

　　维生素是维持机体正常生理功能所必需的一类小分子有机化合物,它在体内不能合成或合成量很少,必须由食物供给。维生素在体内既不是构成身体组织的原料,也不是能量的来源,而是一类调节物质。

　　本章主要介绍维生素的概念、分类及主要维生素的结构、性质和生理功能。

【教学目标】

- ☑ 掌握维生素的概念、特点和分类
- ☑ 了解维生素各自的结构、生理功能、性质、主要来源及缺乏症
- ☑ 了解维生素参加组成的重要辅酶或辅基的名称、结构和功能能力目标
- ☑ 学会根据疾病症判断所缺乏的维生素

基础知识

4.1　维生素的概念及特点

4.2　维生素的命名与分类

4.3　水溶性维生素和辅酶

4.4　脂溶性维生素和辅酶

拓展知识

4.5　维生素的历史

课堂实训

4.5.1　维生素 C 的定量测定

4.5.2　维生素 A 的测定方法

4.1　维生素的概念及特点

1. 概念

维生素是指维持机体正常生理功能所必需的一类微量的小分子有机物。它是一类生物体不能合成或只能自行合成一部分，不能满足正常生理活动所需要，大多数需从食物中摄取的小分子有机物。虽然维生素也是一类有机物，但它与蛋白质、脂肪、糖类等营养物质不同，维生素既不能供给机体能量，也不能作为构成组织的主要物质，只能通过构成结合酶类的辅助因子来调节机体代谢。

2. 特点

维生素在生物体内的需要量很少，但对维持机体健康却很需要，它是人体必需的营养素。当机体缺少某种或多种维生素时，就会使物质代谢过程发生紊乱，使生物不能正常生长，导致发生不同类型的维生素缺乏症。维生素作为一类特殊营养物质具有如下特点：

（1）维生素或其前体一般在天然食物中存在，但是没有一种天然食物含有人体所需的全部维生素。

（2）维生素在体内不提供热能，也不是机体的组成成分。

（3）维生素一般不能在体内合成或合成量甚少，不能满足机体需要，必须经常由食物供给。

（4）维生素参与维持机体正常生理功能，需要量极少，通常以毫克甚至微克计算，但却不可缺少，如缺少则会发生相应的维生素缺乏症。

4.2　维生素的命名与分类

目前已经发现的维生素有 30 多种，每一种维生素又包含许多具有同样生物效价的衍生物，同时还存在着能在人及动物体内转化为相应维生素的维生素原（前体）。

1. 维生素的命名规则

维生素的命名一般是按照被发现的先后以拉丁字母顺序命名，如 A、B、C、D 等；也有根据它们的化学结构特点和生理功能命名的，如硫胺素、抗癞皮病维生素等；还有些维生素在发现时以为是一种，后来证明是多种维生素混合存在，便又在拉丁字母下方注明 1、2、3 等数字加以区别，如 B_1、B_2、B_6、B_{12} 等，其间还有的名称相互混淆，如有的将 B_2 称为维生素 G，将泛酸称为 B_1，将叶酸叫维生素 M 或 R，将生物素称为维生素 H。还有人将精氨酸、甘氨酸和半胱氨酸三者混合物称为维生素 B_4，将必需脂肪酸称为维生素 F 等，其实它们中有些并非维生素。这些混淆的名称现在多废弃不用，这就造成目前我们见到的维生素名称无论从拉丁字母及阿拉伯数字顺序来看都是不连贯的。

2. 维生素的分类

维生素在化学上并不是同一类化合物，它包含有胺、酸、醇、醛等物质，因此不能按化学结构进行分类。一般按溶解性质不同可以将维生素分为水溶性维生素和脂溶性维生素两大类。水溶性维生素包括硫胺素（V_{B1}）、核黄素（V_{B2}）、烟酸和烟酰胺（V_{B5} 或 V_{PP}）、吡哆素（V_{B6}）、泛酸（V_{B3}）、生物素（V_H）、叶酸（V_{B11}）、氰钴胺素（V_{B12}）及抗坏血酸（V_C）等，除维生素 C 之外，它们的辅酶功能均已清楚；脂溶性维生素包括维生素 A、D、E、K 等，它们均为油样物质，不溶与水。目前虽然对它们一些重要生理功能和生化机理有所了解，但还不够透彻。

在以上所列维生素中，以维生素 A、D、B_1、B_2、PP 和维生素 C 尤为重要，它们对机体代谢调节起着重要作用。

4.3 水溶性维生素和辅酶

水溶性维生素包括 B 族维生素和维生素 C，它们彼此之间的化学结构差异较大，除氰钴胺素（VB_{12}）外，均可以在植物中合成，而在人体内不积存，因此必须经常由膳食中供应，在吸收时很少有中毒现象发生。

4.3.1 维生素 B_1 和焦磷酸硫胺素

1. 来源

维生素 B_1 在植物中分布广泛。它主要存在于种子的外皮和胚芽中，例如酵母中的维生素 B_1 含量最多，主要以焦磷酸硫胺素的形式存在，其次在米糠和麦麸中也含有丰富的维生素 B_1。此外瘦肉（特别是猪肉）、动物内脏、奶类、蛋类、豆类、土豆、白菜和芹菜中的维生素 B_1 含量也较多。

2. 化学结构

维生素 B_1 又称为抗神经炎维生素，它的化学结构是由一个含硫的噻唑环和一个带氨基的嘧啶环组成的，故又称为硫胺素，其结构式如图 4-1 所示。

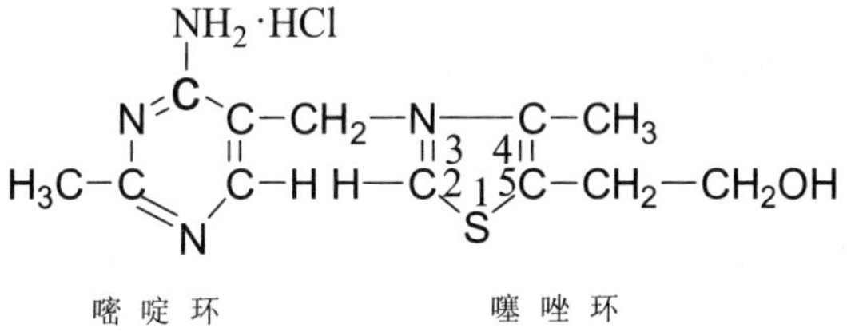

图 4-1　维生素 B_1 的结构

维生素 B_1 在体内经硫胺素激酶催化，与焦磷酸结合生成焦磷酸硫胺素（TPP）后才具有生物活性，其结构如图 4-2 所示。

$$\text{硫氨酸} + \text{ATP} \xrightarrow[\text{硫胺素激酶}]{Mg^{2+}} \text{焦磷酸硫胺素} + \text{AMP}$$

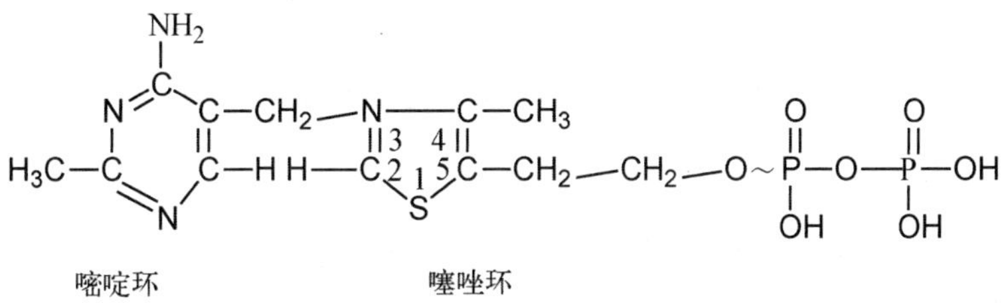

图 4-2　焦磷酸硫胺素（TPP）

一般使用的维生素 B_1 都是化学合成的硫胺素盐酸盐。硫胺素分子用中性亚硫酸钠溶液在室温下处理可以分解为嘧啶和噻唑两部分。

3. 生理功能

硫胺素在体内以焦磷酸硫胺素形式存在，主要作用有：

（1）作为脱羧酶的辅酶，参与一些 α-酮酸（丙酮酸或 α-酮戊二酸）氧化脱羧反应。

（2）作为转酮醇酶的辅酶，参加磷酸戊糖代谢途径的转酮醇反应。

TPP 作为辅酶参加各种代谢反应的作用部位通常在噻唑环上的第二位碳原子上。硫胺素吸收部位主要在小肠近段，最后以其完整形式（乙酸硫胺素）或裂解产物（噻唑和吡啶）的形式排出体外。

4. 理化性质

维生素 B_1 为白色结晶，易溶与水，在酸性条件下较稳定，在中性或碱性条件下易破坏。食品加工过程如在碱性条件下加热及二氧化硫、热烫预煮、面包焙烤、肉、鱼的烹饪等均可引起其大量损失，它是最易被破坏的维生素之一。

5. 缺乏症

当缺乏维生素 B_1 时，体内 TPP 含量会减少，从而使丙酮酸氧化作用受到抑制，糖代谢发生障碍，大量的丙酮酸不能转化存在血液中，使得血浆和组织中的丙酮酸浓度升高。

在正常情况下，神经组织的能源主要由糖氧化供给，当缺乏维生素 B_1 时神经组织能量会供应不足，可能会导致多发性神经炎，表现出食欲不振、肢体麻木、四肢乏力、肌肉萎缩、心力衰竭、身体水肿和神经系统损伤等症状，临床称为脚气病，如不能及时治疗，甚至可能导致死亡。维生素 B_1 无毒性，若摄取过多时，也不会在体内贮存，可以由尿排出。

4.3.2 维生素 B_2 和黄素辅酶

1. 来源

维生素 B_2 在自然界中分布很广，在动物的肝、肾、心中含量最多；其次是在牛奶、干酪、蛋类酵母中。豆类、发芽种子、绿叶蔬菜及水果中的含量也很丰富；某些细菌和霉菌能合成核黄素，维生素 B_2 在人和其他动物体内不能合成，必须由食物供给。

2. 化学结构

维生素 B_2 又称核黄素，是核糖醇与 6，7-二甲基异咯嗪的缩合物。医药上常用的维生素 B_2 为人工合成品。

维生素 B_2 在生物体内是以黄素单核苷酸（FMN）和黄素腺嘌呤二核苷酸（FAD）的形式存在的，可以作为多种氧化还原酶（黄素蛋白）的辅基。它一般与酶蛋白的结合较紧，不易分开。维生素 B_2、FAD、FMN 的结构如图 4-3、图 4-4 和图 4-5 所示。

3. 生理功能

维生素 B_2 可以作为许多氧化还原酶的辅酶，参与生物体内多种氧化还原反应。与 FMN 和 FAD 有关的酶如表 4-1 所示。

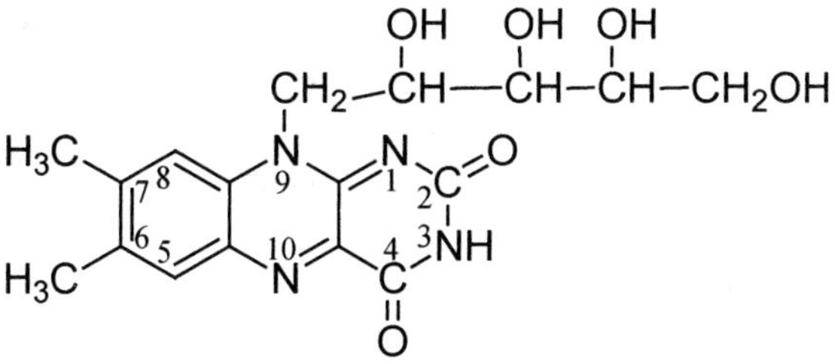

图 4-3　核黄素（维生素 B_2）

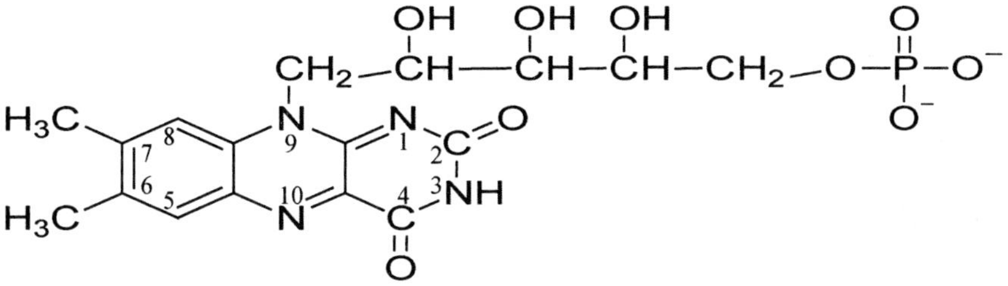

图 4-4　黄素单核苷酸（FMN）

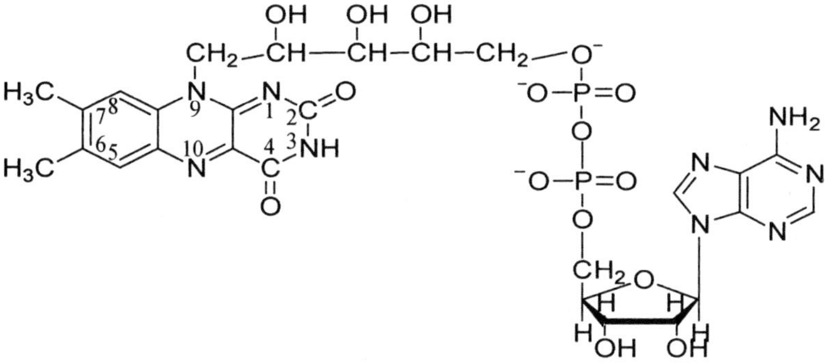

图 4-5　黄素腺嘌呤二核苷酸（FAD）

表 4-1　与 FMN 和 FAD 有关的酶

辅酶	酶	底物	产物
FAD	D-氨基酸氧化酶	D-氨基酸	α-酮酸
FAD	NAD^+细胞色素还原酶	NADH	NAD
FMN	羟基乙酸氧化酶	羟基乙酸	乙醛酸
FAD	琥珀酸脱氢酶	琥珀酸	反丁烯二酸
FAD	α-磷酸甘油脱氢酶	3-磷酸甘油	磷酸二羟丙酮
FAD	酰基辅酶 A 脱氢酶（C_6–C_{12}）	酰基辅酶 A	烯脂酰辅酶 A

　　在维生素 B_2 的异咯嗪环的 N_1 和 N_{10} 之间有一对活泼的共轭双键，很容易发生可逆的加氢或脱氢反应，因此，在生物氧化过程中 FMN 和 FAD 能把氢从底物传递给受体，如图 4-6 所示。

　　维生素 B_2 能促进糖、脂肪特别是蛋白质的代谢。维生素 B_2 对维持皮肤、粘膜和视觉的正常机能有一定的作用。膳食中的维生素 B_2 在小肠近段最容易被机体吸收，最后通过尿液以原形或代谢物形式排出体外。

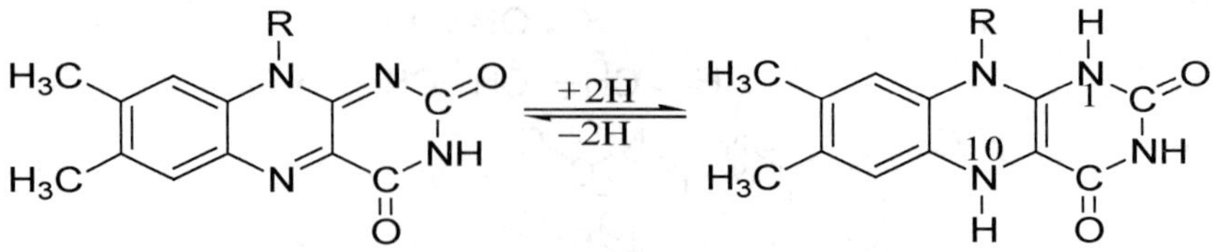

图 4-6 氧化型与还原型转化

$$FMN\ (FAD)+2H \rightleftharpoons FMNH_2\ (FADH_2)\ -2H$$

氧化型   还原型

FMN 和 FAD 的氧化还原反应简写式

4. 理化性质

维生素 B_2 为橙黄色晶体，在 282℃时开始熔化分解，味苦，微溶于水，不溶于乙醚、丙酮、苯及氯仿，易溶于碱性溶液。它的水溶液呈黄绿色荧光，在波长 565nm，pH 值范围在 4～8 之间荧光最大，这个特征可作为定量分析的依据。维生素 B_2 在酸性溶液中稳定，在碱性溶液中易被破坏，对光辐射敏感，对热稳定，但不耐高热。食品中热烫和曝光均可引起维生素 B_2 的大量损失。

5. 缺乏症

缺乏维生素 B_2 时会导致细胞代谢失调，主要症状是唇炎、舌炎、口角炎、结膜炎、脂溢性皮炎、视觉模糊等，严重时能引起组织呼吸能力减弱及整个代谢发生故障。

4.3.3 泛酸和辅酶 A

1. 来源

泛酸广泛存在于动植物组织中，在肝、肾、蛋、瘦肉、小麦、米糠、花生、豆类、甜山芋中含量较丰富，尤其在蜂皇浆中含量最多，同时由于人类肠道中的细菌也能合成泛酸，因此人类极少发生泛酸缺乏症。

2. 化学结构

泛酸（维生素 B_3）在自然界中分布十分广泛，故又称为遍多酸。它是 β-丙氨酸与 α、γ-二羟-β,β-二甲基丁酸通过肽键缩合而成的有机酸。它的分子中有一肽键，其结构如图 4-7 所示。

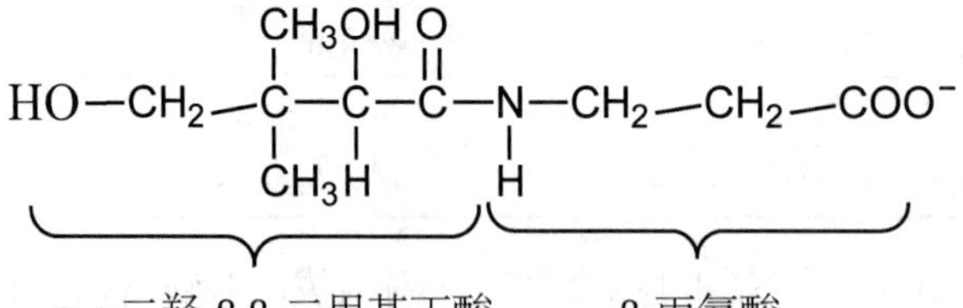

$$HO-CH_2-\underset{\underset{CH_3}{|}}{\overset{\overset{CH_3}{|}}{C}}-\underset{\underset{H}{|}}{\overset{\overset{OH}{|}}{C}}-\overset{\overset{O}{||}}{C}-\underset{\underset{H}{|}}{N}-CH_2-CH_2-COO^-$$

α、γ二羟-β,β-二甲基丁酸   β-丙氨酸

图 4-7 泛酸的结构

由泛酸所形成的辅酶形式是辅酶 A（常写作 CoA 或 CoASH）。辅酶 A 是泛酸的复合核苷

酸，由泛酸、巯基乙胺、焦磷酸与腺嘌呤核苷酸组成，其结构如图 4-8 所示：

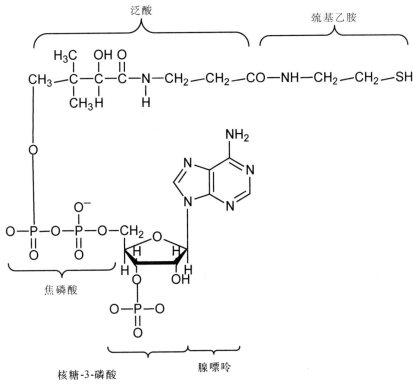

图 4-8　辅酶 A 的结构式

3. 生理功能

在生物组织中，泛酸作为辅酶 A 的组成成分参与物质代谢。其生理功能主要是在代谢中作为酰基的载体，它是体内酰化酶的辅酶，对糖、脂和蛋白质三大物质代谢中的乙酰基转移起重要作用。

4. 理化性质

泛酸为淡黄色粘稠状油状物，易溶于水及醋酸，不溶于氯仿和苯，其钠、钾、钙盐易结晶，微苦，在中性溶液中对热稳定，对氧化剂还原剂也很稳定，但遇酸、碱或干热可分解。

5. 缺乏症

成年人的泛酸需求量每日为 6～8mg，在食品加工过程中损失较小。缺乏辅酶 A 时会表现出厌食、乏力等症状，泛酸被广泛用作多种疾病的重要辅助药物，如白细胞减少症、原发性血小板减少性紫癜、脂肪肝、各种肝炎、功能性低热、冠心病等症。

4.3.4　维生素 PP 和辅酶Ⅰ、辅酶Ⅱ

1. 来源

维生素 PP 广泛存在于自然界中，在酵母、肝脏、乳类、肉类、花生及谷类的麸皮、米糠中含量丰富。在人或其他动物肠道内有的细菌可以利用色氨酸合成烟酰胺，因此人类较少发生维生素 PP 缺乏症。

2. 化学结构

维生素 PP 又称为抗癞皮病维生素，包括烟酸和烟酰胺两种化合物，它们都属于吡啶的衍生物。烟酸为吡啶-3-羧酸，烟酰胺为烟酸的酰胺，维生素 PP 在生物体内主要以烟酰胺的形式存在。其结构如图 4-9 所示。

烟酸

烟酰胺

图 4-9　烟酸和烟酰胺的结构

在体内烟酰胺可和核糖、磷酸及腺嘌呤组成维生素 PP 活性形式烟酰胺核苷酸辅酶。已知可形成的烟酰胺核苷酸类辅酶有两种：一种是烟酰胺腺嘌呤二核苷酸，简称 NAD（又称为辅酶 I），另一种是烟酰胺腺嘌呤二核苷酸磷酸，简称 NADP（又称辅酶 II）。其结构见图 4-10 所示。

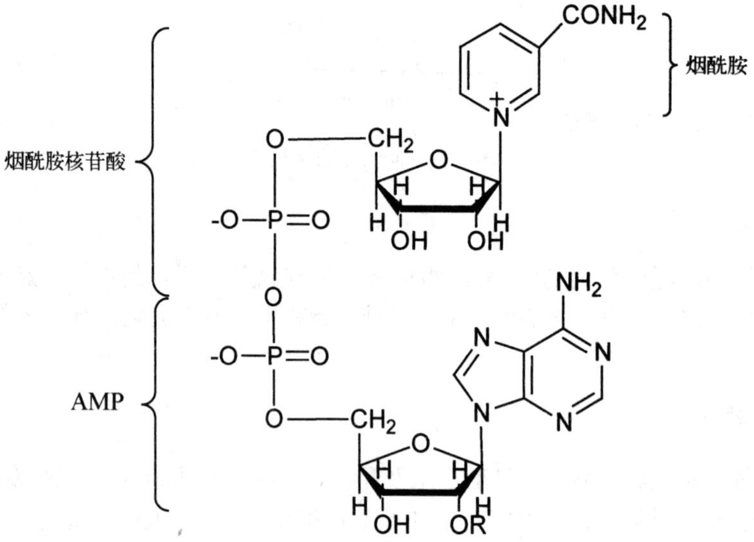

NAD（或 NAD^+）:R=—H

$NADP$（或 $NADP^+$）:R= —PO_3^{2-}

图 4-10　NAD 和 NADP 的结构

3. 生理功能

烟酰胺可以用于合成 NAD 和 NADP，而 NAD 和 NADP 又为多种脱氢酶的辅酶，它与酶蛋白的结合不紧密，容易脱离酶蛋白而单独存在，是生物氧化过程中重要的递氢体，如表 4-2 所示。此外烟酸和烟酰胺还具有维持神经组织健康、促进微生物生长等功能。

表4-2 以 NAD 或 NADP 为辅酶的酶

辅酶	酶	底物	产物
NAD$^+$、NADP$^+$	异柠檬酸脱氢酶	异柠檬酸	α-酮戊二酸、CO_2
NAD$^+$	甘油磷酸脱氢酶	甘油 α-磷酸	二羟丙酮磷酸
NAD$^+$	乳酸脱氢酶	乳酸	丙酮酸
NAD$^+$	甘油醛-3-磷酸脱氢酶	甘油醛-3-磷酸	甘油酸-1,3-二磷酸
NAD$^+$	葡糖-6-磷酸脱氢酶	葡糖-6-磷酸	葡糖酸-6-磷酸
NAD$^+$、NADP$^+$	谷氨酸脱氢酶	L-谷氨酸	α-酮戊二酸，NH_4^+
NAD$^+$	苹果酸脱氢酶	苹果酸	草酰乙酸

由于 NAD 和 NADP 都是吡啶的衍生物，它们的分子中都含有吡啶环，这一结构有利于加氢或脱氢，在代谢反应中起递氢作用，如图 4-11 所示。

图 4-11 NAD 和 NADP 的氧化还原

（NAD$^+$或 NADP$^+$的氧化还原反应中的 R 代表 NAD$^+$或 NADP$^+$分子的其余部分）

4. 理化性质

烟酸与烟酰胺都是无色针状晶体，不易被光、热、碱破坏，在空气中较稳定，是维生素中性质最稳定的一种。维生素 PP 微溶于水和乙醇，可与溴化氢作用产生黄绿色化合物，可以据此作为定量分析的依据。

5. 缺乏症

人体缺乏维生素 PP 时，常在肢体裸露或易摩擦部位出现对称性皮炎，皮炎表现尤为突出，皮肤会变为红铜色、微黑，与晒斑类似，皮肤会变厚，又称癞皮病（或糙皮病）。有的患者会出现腹泻和痴呆等症状，患者一般还伴有神经疾患，末期严重时可能会发展成精神病。通常在服用尼克酸后，一日之内即可见效。

4.3.5 维生素 B₆ 和磷酸吡哆醛

1. 来源

维生素 B₆ 又称吡哆素，有吡哆醛、吡哆胺和吡哆醇 3 种存在形式，它的分布较广，在肉类、鱼类、肝脏、酵母、蛋黄和谷类中含量均很丰富，尤其是粮食中的种皮、果皮都含有丰富的维生素 B₆。在动物组织中多以吡哆醛和吡哆胺形式存在，在植物组织中多以吡哆醛的形式存在。人类肠道细菌可以合成维生素 B₆，故人类一般很少发生缺乏症。

2. 化学结构

维生素 B_6 的 3 种存在形式都是吡啶的衍生物，其结构如图 4-12 所示。

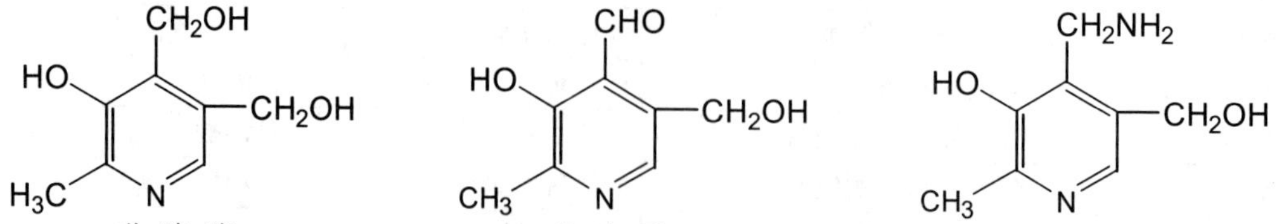

吡哆醇　　吡哆醛　　吡哆胺

图 4-12　维生素 B_6（吡啶的衍生物）

维生素 B_6 可以经磷酸化作用转变为相应的磷酸酯（磷酸吡哆醛和磷酸吡哆胺），这是维生素 B_6 在体内的主要存在形式，它们两者之间也可以相互转变，作为辅酶参与代谢作用。磷酸吡哆醛、磷酸吡哆胺的分子结构如图 4-13 所示。

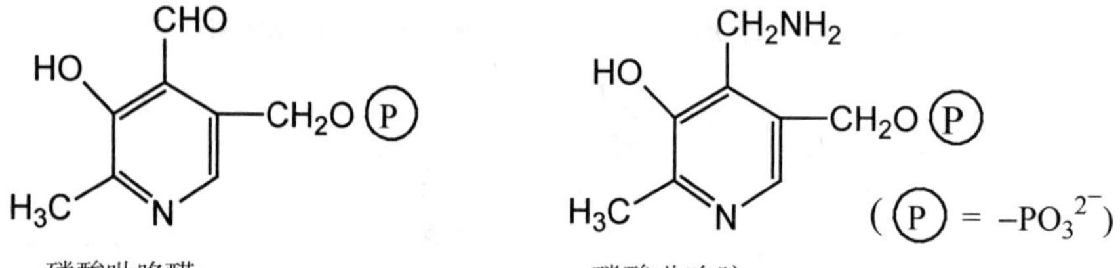

磷酸吡哆醛　　磷酸吡哆胺

图 4-13　维生素 B_6 的辅酶（磷酸吡哆醛、磷酸吡哆胺）

3. 生理功能

磷酸吡哆醛和磷酸吡哆胺的主要功能是作为氨基酸转氨酶和脱羧酶的辅酶，参与氨基酸转氨和脱羧作用。

（1）作为转氨酶的辅酶，参加转氨反应。

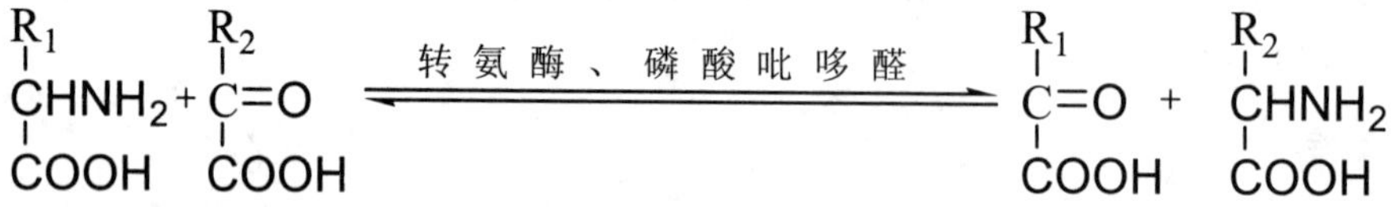

（2）作为脱羧酶的辅酶，参与催化氨基酸脱羧反应。

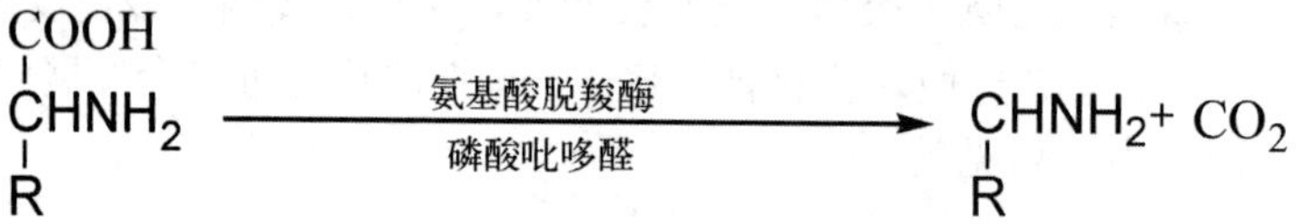

（3）可以作为辅酶参与脂类代谢，进行转一碳基团的反应。

4. 理化性质

维生素 B_6 为无色的晶体，易溶于水和酒精。对光和碱较敏感，但在酸性溶液中稳定，在高温下极易被破坏。吡哆素可以和 $FeCl_3$ 作用呈红色，与重氮化对-氨基苯磺酸作用产生桔红色产物。

5. 缺乏症

维生素 B_6 缺乏症往往会伴随着其他几种维生素的缺乏，很少单独出现。临床上经常表现为癫痫样惊厥、皮炎和贫血，婴儿缺乏时可能会出现神经系统症状和腹痛。维生素 B_6 在医学上具有防治动脉粥样硬化发生、发展的作用，临床上可以用于治疗呕吐。

4.3.6　生物素与羧化酶辅酶

1. 来源

生物素来源很广，如肝、肾、蛋黄、酵母、蔬菜、谷类中都存在，在酵母和肝脏中含量较高，一般利用玉米浆或酵母膏就可满足微生物对生物素的需要。肠道细菌也能合成生物素供人体需要。

2. 化学结构

生物素又叫维生素 B_7，也称维生素 H，它是由带有戊酸侧链的噻吩与尿素结合的双环化合物，其基本结构如图 4-14 所示。

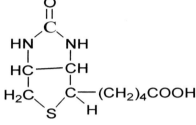

图 4-14　生物素的结构

3. 生理功能

（1）生物素可以作为多种羧化酶的辅酶，参与体内 CO_2 的固定以及羧化反应。与糖、脂肪、蛋白质和核酸的代谢有密切关系，在代谢过程中起 CO_2 载体作用。

（2）生物素对酵母菌、细菌等微生物的生长有较强的促进作用。

4. 理化性质

生物素为无色针状晶体，微溶于水，不溶于乙醇、乙醚及氯仿，在常温下稳定，在酸性溶液中较稳定，碱性溶液中不稳定，高温和氧化剂会使其失活。

5. 缺乏症

自然界中的生物素来源很广泛，人类肠道菌也可合成供人类利用，因此人类一般很少发生生物素缺乏病。只有当长期口服抗生素药物或多吃生鸡蛋清才会导致生物素缺乏症，其症状表现为疲乏、恶心、呕吐、贫血、肌肉痛、毛发脱落及皮肤发炎等。这是因为抗生素会抑制或杀死肠道正常菌群，而生蛋清中有一种抗生物素的碱性蛋白能与生物素结合，成为一种不易被吸收的抗生素蛋白，而煮熟的鸡蛋由于抗生物素蛋白被破坏就不会发生上述现象。

4.3.7　叶酸和叶酸辅酶

1. 来源

叶酸分布较广，在新鲜绿色蔬菜、肝、肾、酵母中叶酸含量丰富。植物和大多数微生物都能合成叶酸，人和动物虽然不能合成叶酸，但人体肠道内的细菌能合成叶酸，因此一般不会发生叶酸缺乏症。

2. 化学结构

叶酸最早是从肝脏中分离出来的，后来发现植物绿叶中含量丰富，故称为叶酸，又称为维生素 B_{11}，它由 2-氨基-4-羟基-6-甲基蝶呤啶、对氨基苯甲酸与 L-谷氨酸组成的，其结构式如图 4-15 所示。

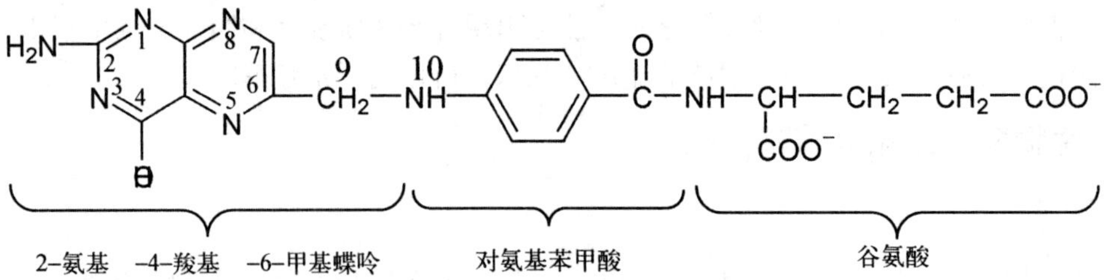

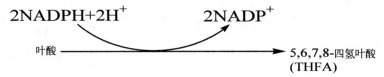

2-氨基　4-羧基　-6-甲基蝶呤　　　　对氨基苯甲酸　　　　　　　谷氨酸

图 4-15　叶酸的结构

3. 生物功能

叶酸在叶酸还原酶的催化作用下加氢还原生成 5，6，7，8-四氢叶酸（FH_4），其转化过程如图 4-16 所示。

$$2NADPH+2H^+ \qquad 2NADP^+$$

叶酸 $\longrightarrow$ 5,6,7,8-四氢叶酸 (THFA)

图 4-16　叶酸转化为四氢叶酸的过程及四氢叶酸的结构

四氢叶酸作为氧化链中传递一碳单位的辅酶，其功能主要表现在如下两个方面：

（1）四氢叶酸是转运一碳单位的辅酶，作为甲酸、甲醛、甲基、亚甲基、甲酰基和羟甲基等的载体，可以将所载运的一碳单位转给其他适当的受体以后合成新的物质。

（2）叶酸是许多微生物所必需的生长因素，某些微生物不能自行合成，需要用现成的叶酸作为生长因子。

4. 理化性质

叶酸是橙黄色粉末结晶，溶于稀酸、稀碱和水，不溶于脂溶剂（如乙醇、丙酮、乙醚等）。对光照敏感，易被光破坏。食物在常温下贮存时会导致叶酸很容易损失。

5. 缺乏症

虽然人体不易发生叶酸缺乏症，但如果发生消化道吸收障碍，或长期服用磺胺药物时，就可能引起肠道细菌的叶酸合成受阻，造成叶酸缺乏，其症状表现为红细胞和血液中叶酸浓度降低，引起造血机能的改变，从而导致贫血症的发生。

4.3.8　维生素 B_{12} 和维生素 B_{12} 辅酶

1. 来源

在自然界中只有某些微生物能合成维生素 B_{12}。人和动物主要靠肠道细菌合成或从食物中摄取维生素 B_{12}，所以一般情况下人体不会缺乏。

2. 化学结构

维生素 B_{12} 又称为钴胺素，它是具有氰钴胺素生物活性的类咕啉物质的总称。分子中含有三价钴的多环系，有氰钴胺素、5'-脱氧腺苷钴胺素、羟钴胺素、甲基钴胺素等形式，其结构式如图 4-17 所示。

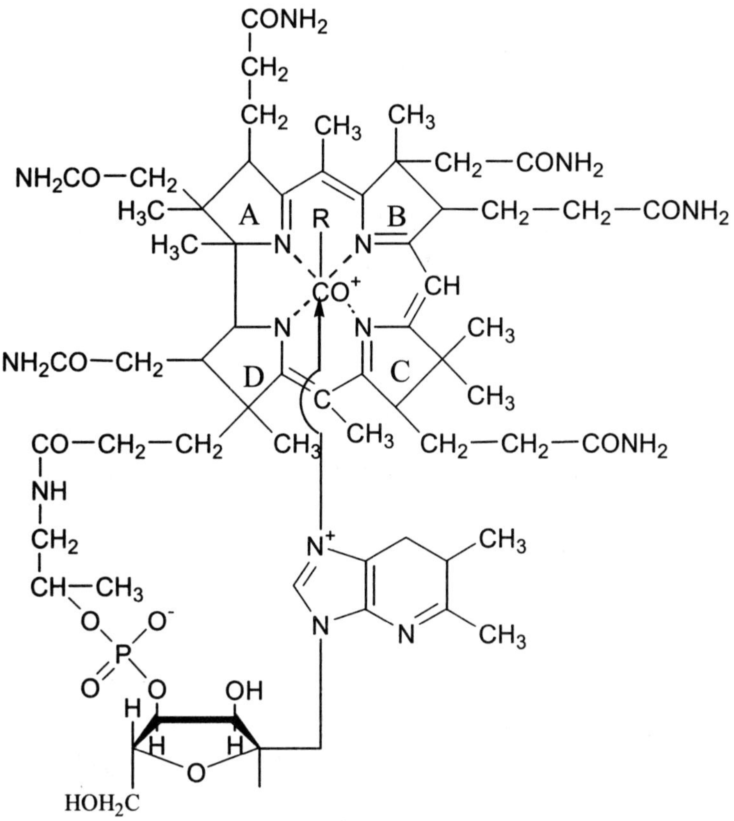

维 生 素 B_{12}

图 4-17 维生素 B_{12} 结构

维生素 B_{12} 作为辅酶的主要结构形式是 5′-脱氧腺苷钴胺素，它是维生素 B_{12} 的-CN 基被 5′-脱氧腺苷取代的产物，称为维生素 B_{12} 辅酶。

3. 生物功能

（1）作为变位酶的辅酶促进异构反应。如在谷氨酸变为甲基天冬氨酸的反应中，作为甲基天冬氨酸变位酶辅酶催化谷氨酸分子中-COOH 的转移，变为甲基天冬氨酸；其所催化的反应如图 4-18 所示。

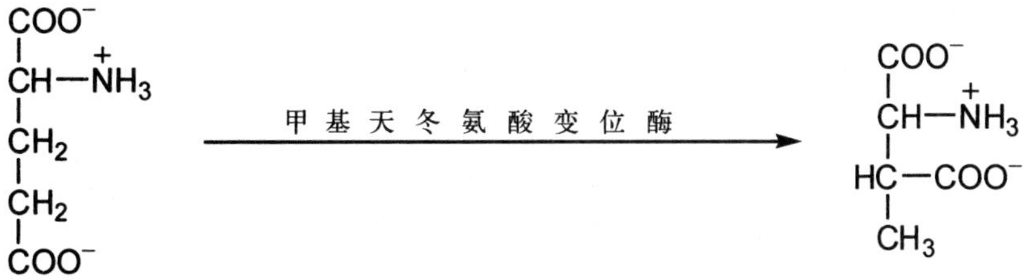

谷 氨 酸　　　　甲 基 天 冬 氨 酸

图 4-18 维生素 B_{12} 催化的异构反应

（2）促进甲基转移作用。维生素 B_{12} 的另一种辅酶形式为甲基钴胺素，主要参与生物合成中的甲基化作用，如在胆碱、甲硫氨酸等化合物的生物合成过程中起着传递甲基的作用。

（3）维持 SH 基的还原态。能促使—S—S—型辅酶 A 向活性 SH 型辅酶 A 转化。

（4）促进某些氨基酸的合成，维持正常的造血机能。

4. 理化性质

维生素 B_{12} 是红色结晶，熔点较高（300℃以上）、无臭、无味、能溶于水、乙醇及丙酮，结晶的维生素 B_{12} 及其水溶液较稳定，在中性溶液中耐热，日光、酸、碱、氧化剂及还原剂均能引起破坏。

5. 缺乏症

维生素 B_{12} 的缺乏主要是由于胃粘膜不能分泌或分泌不足一种维生素 B_{12} 的载体糖蛋白而引起的。维生素 B_{12} 的缺乏的症状表现为手足麻木、肌肉动作不协调、忧郁易怒、恶性贫血和婴幼儿发育不良等。

4.3.9 维生素 C（抗坏血酸）

1. 来源

植物、微生物和很多种动物都能够合成维生素 C，但人体不能自身合成，必须从食物中供给。维生素 C 广泛存在于新鲜水果和蔬菜中，柑桔、红枣、山楂、番茄、辣椒、猕猴桃和豆芽中含量丰富。工业上可以利用青霉菌或细菌以葡萄糖为原料进行发酵生产。

2. 化学结构

维生素 C 又称为抗坏血酸，是一种酸性已糖衍生物。有 L-和 D-两种构型，其中只有 L-型有生理功效。

维生素 C 在体内以还原型和氧化型两种形式存在，都具有生理活性，两者间可以进行可逆转化，在生物氧化还原体系中起重要作用，如图 4-19 所示。

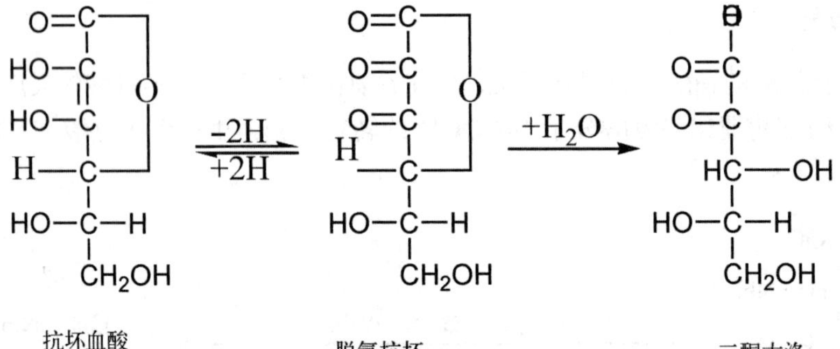

图 4-19　维生素 C 的氧化和还原型转化

3. 生物功能

（1）促进细胞间质的合成。能促进细胞间质中胶原蛋白和氨基多糖的合成，维持结缔组织和细胞间质的完整性，促进骨基的生长，可以维持骨骼和牙齿的正常生长。

（2）参与体内的氧化还原反应。由于维生素 C 能够可逆的脱氢和加氢，因此在许多重要的氧化还原反应中发挥作用。如在谷胱甘肽还原酶的催化下，维生素 C 可以使氧化型谷胱甘肽变为还原型谷胱甘肽（G-SH），从而保证了 G-SH 的许多重要生理功能。

$$维生素\ C（还原型）+ G-S-S-G \xrightleftharpoons{谷\ 胱\ 甘\ 肽\ 还\ 原\ 酶} 维生素\ C（氧化型）+2G-SH$$

（氧化型谷胱甘肽）　　　　　　　　　　　　　　　　（还原型谷胱甘肽）

（3）维生素 C 具有解毒功效。重金属化合物、苯及细菌病毒进入人体内时，若给予大量的维生素 C 可以缓解其毒性。其作用机理是由于重金属离子能与体内含巯基的酶类分子上的 -SH 基结合，使其失活，以致代谢发生障碍而中毒，而维生素 C 可以使氧化型谷胱甘肽（G-S-S-G）还原成还原型谷胱甘肽（G-SH），后者可与金属离子结合排出体外，达到解毒效果。

（4）抗氧化作用。由于维生素 C 具有极强的还原性，因此常作为抗氧化剂使用。

4. 理化性质

维生素 C 是无色、无臭的片状晶体，有酸味，易溶于水及乙醇，具有很强的还原性，不稳定，不耐热。在中性或碱性溶液中易氧化被破坏，遇光或金属离子如 Ca^{2+}、Fe^{2+} 更能促进维生素 C 被氧化破坏，在酸性溶液中较稳定。

5. 缺乏症

维生素 C 缺乏时会引起坏血病。其症状表现为创口溃疡不易愈合，骨骼和牙齿易于折断或脱落，毛细血管通透性增大，角化的毛囊四周出血，严重时皮下、粘膜、肌肉出血等。

4.3.10　硫辛酸

1. 来源

硫辛酸存在于人体肝脏及酵母细胞中，是微生物和原生动物生长所必需的，人体能够合成，一般不会发生硫辛酸缺乏症。

2. 化学结构

硫辛酸是一个含硫的八碳酸，在 6 位碳上和 8 位碳上含有巯基（6、8—二硫辛酸），可脱氢氧化成二硫键。硫辛酸有氧化型（闭环）和还原型（开链）两种形式，其结构如图 4-20 所示。

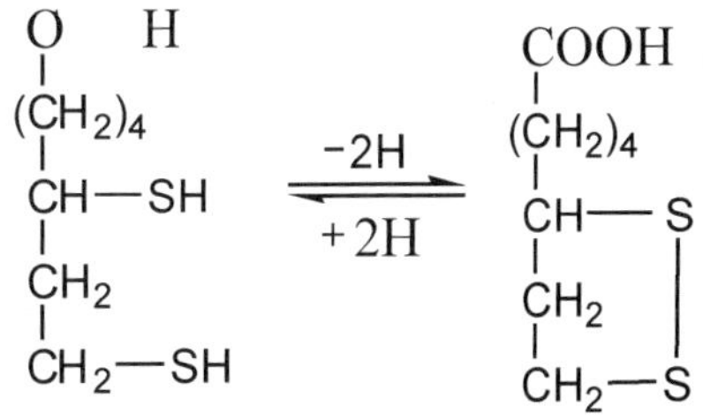

图 4-20　6、8—二硫辛酸的氧化型和还原型转化

3. 生物功能

硫辛酸是 α 酮酸氧化脱氢酶系中的一种辅酶，也作为酰基载体和氢载体（如在丙酮酸氧化成乙酰辅酶 A 的反应中），在生化反应中起传递氢的作用。

4. 理化性质

硫辛酸具有氧化型（α2lipoic acid ,LA）和还原型（dihy2drolipoic acid ,DHLA），相对分子质量比水溶性抗坏血酸（ascor2bate ,AsA）大，但比脂溶性生育酚（α2tocopherol ,VE）小，因此它既具水溶性又具脂溶性；其分子终端的羧基使其比脂溶性生育酚更具水溶性，同时，它比水溶性抗坏血酸含有更多的碳原子，因而更易溶于膜脂。硫辛酸还含硫、碳原子的单链结构化合物，比如氧化型谷胱甘肽（GSSG）、氧化型抗坏血酸（DHA）、胱氨酸等不具备抗氧化性，但氧化型具有硫、碳原子构成的封闭环状分子结构，电子密度很高，因此它具有抗氧化性。

5. 缺乏症

硫辛酸的缺乏会导致能量产生量不足，从而诱发一系列的疾病。

4.4 脂溶性维生素和辅酶

维生素 A、D、E、K 可溶于脂肪及脂类溶剂而不溶于水，故被称为脂溶性维生素。脂溶性维生素都是亲脂性的非极性分子或者衍生物，在食物中多与脂质共同存在，可伴随脂类吸收，可以在体内大量积存。如果发生吸收障碍会出现缺乏症，体内积存过多时也会有副作用，产生中毒影响。

4.4.1 维生素 A

1. 来源

维生素 A 主要存在于动物性食物中。在动物肝脏、鱼肝油、乳制品和蛋黄中含量丰富。维生素 A 包括维生素 A_1 和维生素 A_2 两种，其中维生素 A_1 在哺乳动物及咸水鱼的肝脏中含量丰富，而维生素 A_2 在淡水鱼的肝脏中维生素丰富。植物性食物中一般不含维生素 A，但在胡萝卜、番茄、菠菜、枸杞子等都有丰富的胡萝卜素，在人和动物体内可转化为维生素 A，因此胡萝卜素又称为维生素 A 原。

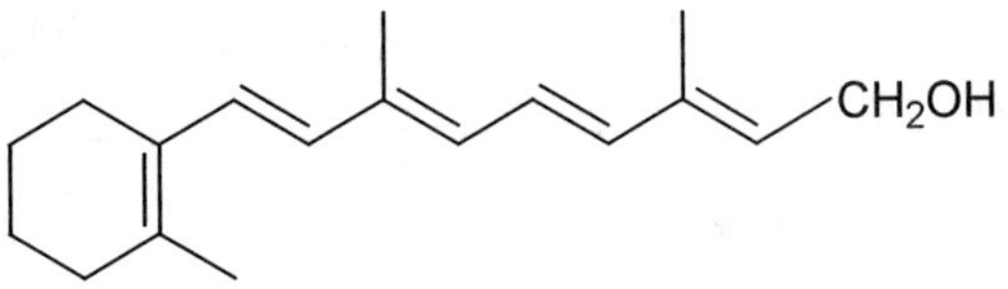

2. 化学结构

维生素 A 也叫抗干眼病维生素，是不饱和的一元醇，有维生素 A_1（视黄醇）和维生素 A_2（3-脱氢视黄醇）两种，如图 4-21 所示。在结构上，维生素 A_2 比维生素 A_1 在多一个双键，而 A_1 生理效力，要高 A_2 两倍多。

视黄素（维生素A₁）

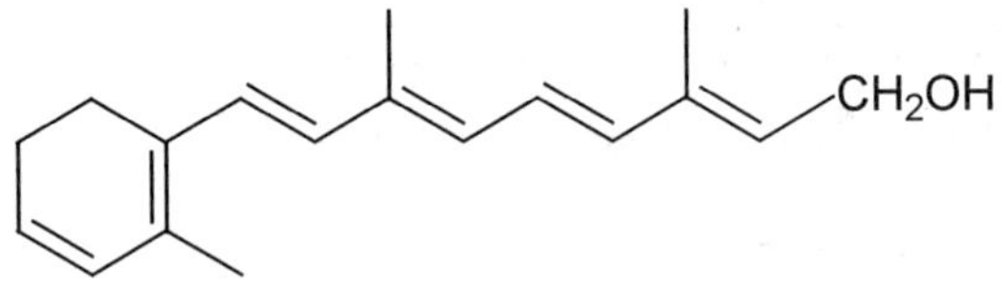

3-脱氢视黄醇（维生素A2）

图 4-21　维生素 A_1 和 A_2 结构

3. 生理功能

维生素 A 能维持机体上皮组织健康、正常视觉和感光，促进骨的形成和生长，起到抗氧化剂的作用，可以提高机体免疫功能。

4. 理化性质

维生素 A 是一种淡黄色粘稠液体，不溶于水，而溶于脂溶剂或脂肪。由于高度不饱和，化学性质活泼，因而易被空气、氧化剂氧化。在无氧条件下，维生素 A 耐热性强，在碱性环境中稳定，但紫外线和金属均可促进其氧化破坏。当食物中含有磷脂、维生素 E 与维生素 C 或其他抗氧化物时，有助于维生素 A 与胡萝卜素的稳定性。

5. 缺乏症

维生素 A 缺乏时可引起夜盲症、干眼症、角膜软化症及病菌抵抗能力下降等症状。

4.4.2 维生素D

1. 来源

维生素 D 主要存在于动物性食品中，在动物的肝、肾、脑、皮肤和蛋黄、牛奶、鱼肝油中含量较丰富。在动植物组织中的固醇类物质经紫外线(日光)照射后可转变成维生素 D，然后被运往肝、肾转化为具有生理活性的形式后发挥作用，此类物质又称为维生素 D 原。

2. 化学结构

维生素 D 又称为抗佝偻病维生素，是固醇类物质，有几种不同的衍生物，其中以维生素 D_2 和维生素 D_3 较为重要。在结构上，维生素 D_2 比维生素 D_3 仅多一个甲基和一个双键，其结构及转化过程如图 4-22 所示。

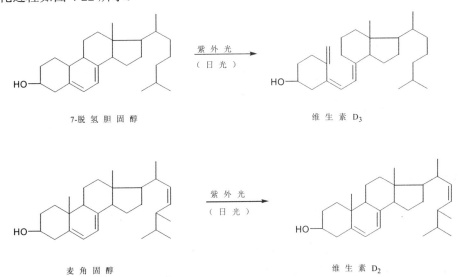

7-脱氢胆固醇　　紫外光（日光）→　维生素 D_3

麦角固醇　　紫外光（日光）→　维生素 D_2

图 4-22　维生素 D_2 和 D_3 结构及转化过程

3. 生理功能

维生素 D 的主要功能是具有抗佝偻病和软骨病的作用。可调节钙、磷的代谢作用，维持血液钙、无机磷浓度正常，促进小肠对钙和无机磷的吸收和运转，促进骨组织中沉钙成骨的作用，使牙齿骨骼发育完全。

4. 理化性质

维生素 D_2 和维生素 D_3 都是无色结晶，耐热，对氧化剂、酸及碱均较稳定，不易被破坏，加热至 170℃ 才被破坏，易溶于多数有机溶剂，不溶于水。

5. 缺乏症

维生素 D 摄入不足时不能维持钙平衡，小儿会造成发育停止，甚至产生佝偻病，成人则可能发生软骨病或骨质疏松症等。过多摄入维生素 D 也会产生副作用，会造成骨化过度，严重者会引起肾功能、肺功能受损。

4.4.3 维生素E

1. 来源

维生素 E 分布广泛，主要存在于植物组织中，尤其是麦胚油、玉米油、花生油中含量较多。此外豆类、绿叶蔬菜、乳类、蛋黄中的含量也较丰富，而人体又能合成。因为食物中维生素 E 来源充足，所以一般不易缺乏。

2. 化学结构

维生素 E 又称生育酚，为二氢呋喃的衍生物。已知具有维生素 E 作用的物质有 8 种，其中 4 种（α、β、γ、δ）较为重要，以 α-生育酚活性最高。通常说的维生素 E 即指 α-生育酚，其结构如图 4-23 所示。

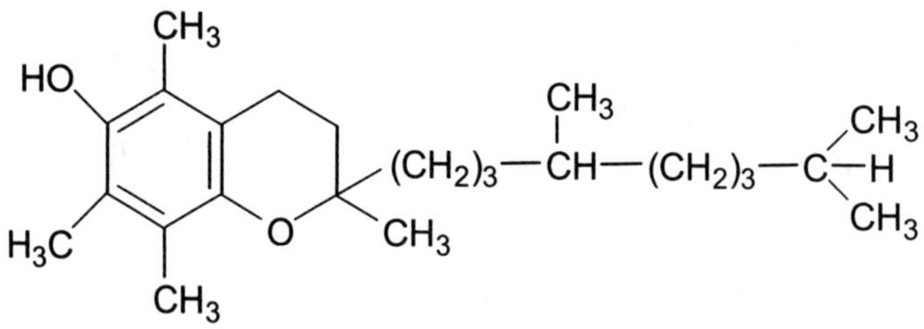

图 4-23　α-生育酚的结构

3. 生理功能

（1）具有抗氧化作用，可以捕捉氧自由基，使细胞膜上不饱和脂肪酸不至于因被氧化而被破坏。

（2）可以保护巯基不被氧化，而保护某些酶的活性。

（3）维生素 E 有抗不育和预防流产的作用，还有延缓衰老、预防冠心病和癌症的作用。

4. 理化性质

维生素 E 为黄色无嗅、无味的油状物，不溶于水而溶于有机溶剂。不易被酸、碱、高温破坏。维生素 E 对氧十分敏感，极易被氧化，故可保护其他同时存在的易被氧化的物质不被氧化破坏，在食品加工中作为一种有效的抗氧化剂而得到广泛的应用。

5. 缺乏症

一般情况下不会发生维生素 E 缺乏。如缺乏会影响正常的生育，此外还有肌肉萎缩、肾脏损害、身体各部渗出液聚积等。

4.4.4 维生素K

1. 来源

维生素 K 广泛存在于绿色植物中，在绿色蔬菜、动物肝脏和鱼肉中含有丰富的维生素 K，其次是牛奶、麦麸、大豆等食物。人和动物肠道内的细菌也能合成维生素 K。

2. 化学结构

维生素 K 是一类能促进血液凝固的萘醌衍生物，又称为凝血维生素。自然界中发现的维生素 K 有维生素 K_1 和维生素 K_2 两种，维生素 K_1 存在于绿色植物中，维生素 K_2 是人体肠道细菌的产物。其结构式见图 4-24 所示。

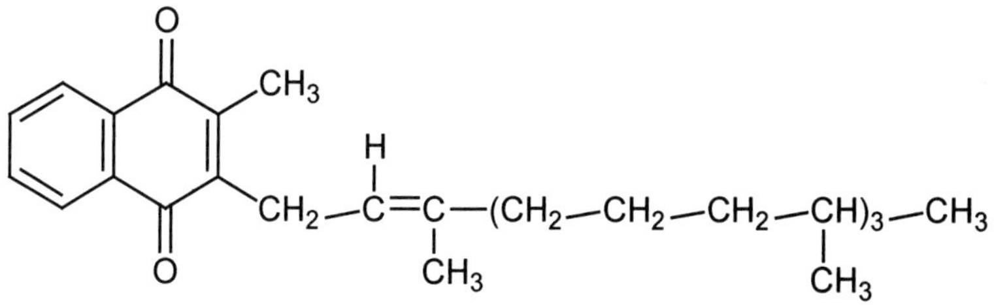

维生素　K_1

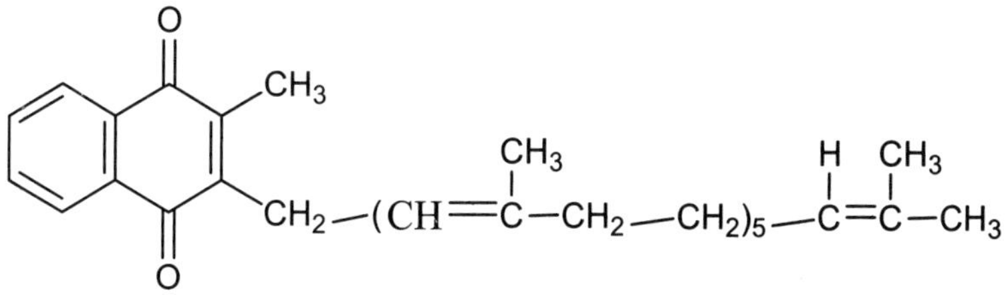

维生素　K_2

图 4-24　维生素 K_1 和 K_2 的化学结构

3. 生理功能

维生素 K 具有促进凝血的生理功能，可以促进凝血酶原的生物合成，调节凝血因子的合成；此外，维生素 K 还可以作为电子传递体系的一部分，参与氧化磷酸化过程。

4. 理化性质

维生素 K_1 为黄色油状物，维生素 K_2 为淡黄色晶体，溶于有机溶剂和油脂。维生素 K_1 和维生素 K_2 对热较稳定，但易受光及碱破坏，可以被空气中的氧缓慢地氧化而分解，故应避光保存。

5. 缺乏症

缺乏维生素 K 时，凝血因子活性降低，凝血时间延长，严重时皮下、肌肉及胃肠道内常常容易出血。若食物中缺乏绿色蔬菜或长期服用抗生素影响了肠道微生物生长，可能会造成维生素 K 缺乏，此时应适量服用维生素 K 予以治疗，但服用过量也会对身体有害。

4.5　维生素的历史

维生素也称维他命，是人体不可缺少的一种营养素，它是由波兰的科学家丰克为它命名的，丰克称它为"维持生命的营养素"。人体中如果缺少维生素就会患各种疾病。因为维生素跟酶类一起参与着肌体的新陈代谢，能使肌体的机能得到有效的调节。那么维生素是怎么被人们发现的呢？在这个过程中人类付出了多少代价？维生素的发现有一个漫长的历程。

人类对维生素的认识始于 3000 多年前。当时古埃及人发现夜盲症可以被一些食物治愈，虽然他们并不清楚食物中什么物质起了医疗作用，这是人类对维生素最朦胧的认识。

1519 年，葡萄牙航海家麦哲伦率领的远洋船队从南美洲东岸向太平洋进发。三个月后，有的船员牙床破了，有的船员流鼻血，有的船员浑身无力，待船到达目的地时，原来的 200 多人，活下来的只有 35 人，人们对此找不出原因。

1734 年，在开往格陵兰的海船上，有一个船员得了严重的坏血病，当时这种病无法医治，其他船员只好把他抛弃在一个荒岛上。待他苏醒过来，用野草充饥，几天后他的坏血病竟不治而愈了。

诸如此类的坏血病，曾夺去了几十万英国水手的生命。1747 年英国海军军医林德总结了前人的经验，建议海军和远征船队的船员在远航时要多吃些柠檬，他的意见被采纳，从此未曾发生过坏血病。但那时还不知柠檬中的什么物质对坏血病有抵抗作用。

1912 年，波兰科学家丰克经过千百次的试验，终于从米糠中提取出一种能够治疗脚气病的白色物质。这种物质被丰克称为"维持生命的营养素"，简称 Vitamin（维他命），也称维生素。

随着时间的推移，越来越多的维生素种类被人们认识和发现，维生素成了一个大家族。人们把它们排列起来以便于记忆，维生素按 A、B、C 一直排列到 L、P、U 等几十种。 现代科学进一步肯定了维生素对人体的抗衰老、防止心脏病、抗癌方面的功能。

人类最早认识维生素（维生素 C）从 200 多年前就开始了，最后一种维生素（维生素 D）被发现到现在也已经 40 余年了，但是科学家对维生素的研究从未终止，特别是在刚刚过去的上个世纪的最后 20 年里，人们对维生素的认识发生了深刻变化，一些非常重要的发现改变了医学界关于维生素的传统观点,更为重要的是,维生素正在越来越多地被应用于大众日常保健,维生素与健康的密切关系已经成为学术界和时尚界的共同热点。

4.6　实训项目

4.6.1　维生素 C 的定量测定

1. 实训目的

（1）学习定量测定维生素 C 的原理和方法。
（2）熟练掌握滴定管的操作。

2. 实训原理

维生素 C 又称抗坏血酸，在自然界中存在的维生素 C 有还原型和氧化型两种，前者含量较高，在一般的蔬菜和水果中占 90% 以上，且生物活性较高，易被氧化型的 2,6-二氯酚靛酚（染料）氧化成氧化型维生素 C。因为 2,6-二氯酚靛酚不仅是氧化剂而且是一种指示剂，在中性和碱性溶液中呈蓝色，在酸性溶液中呈红色。而还原型的 2,6-二氯酚靛酚却为无色。因此可以根据滴定时样品液颜色的改变来判断终点。通常以每 100 g 样品所含抗坏血酸的毫克数表示被测样品的抗坏血酸（维生素 C）含量。在无杂质干扰时，滴定所消耗 2,6-二氯酚靛酚的量与样品中所含维生素 C 的量成正比。

3. 试剂及器材

（1）原料

橘子、绿叶蔬菜。

（2）试剂

①质量分数为2%草酸溶液：溶解20 g草酸于700 mL蒸馏水中，然后稀释至1000 mL。

②质量分数为1%草酸溶液：取上述草酸溶液500 mL，用蒸馏水稀释至1000 mL。

③维生素C标准溶液：准确称量分析纯维生素C粉状结晶100 mg，溶于少量1%草酸溶液中，移入500 mL容量瓶中定容。置冰箱中保存或临用前配制。

④2,6-二氯酚靛酚溶液：称取50 mg 2,6-二氯酚靛酚，溶于200 mL含有52 mg NaHCO₃的沸水中，冷却后，定容至250 mL，装入棕色瓶中，置冰箱中保存。每周至少标定一次。

标定方法：取5 mL已知浓度的维生素C标准液，加入1%草酸溶液5 mL摇匀，用上述配制的2,6-二氯酚靛酚溶液滴定至粉红色于15秒不褪色为止。用下式计算：

2,6-二氯酚靛酚溶液相当于维生素C的毫升数（mL）$= C \times V_1 / V_2$

式中：C—维生素C标准溶液的浓度，mg / ML；

V_1—维生素C标准溶液的体积，mL；

V_2—消耗2,6-二氯酚靛酚溶液的体积，mL。

（3）仪器

三角瓶、刻度吸管、容量瓶、微量滴定管、漏斗、滤纸。

4. 实训方法

（1）用分析天平准确称取样品1～3 g，放入研钵中，放入质量分数为2%草酸溶液3～5 mL进行研磨成糊状后加入质量分数为1%草酸溶液10～15 mL浸提片刻，将浸提液滤入50 mL容量瓶中，如此共抽提2～3次。最后用质量分数为1%草酸溶液定容至50 mL。

（2）用吸管准确吸取样液5 mL，放入50 mL三角瓶中，再加入质量分数为1%草酸溶液5 mL，以2,6-二氯酚靛酚溶液滴定至粉红色于15 s不褪色为止。记录消耗2,6-二氯酚靛酚溶液量。如此共做三次平行实验。

（3）另取5 mL质量分数为1%草酸溶液2份，按上法做空白滴定，记录消耗的2,6-二氯酚靛酚溶液量。

5. 实训结果

（1）数据记录

将实训结果记录在表4-3中。

表4-3　实训数据

滴定管号	1	2	3	空白
消耗2,6-二氯酚靛酚溶液体积 / mL				

（2）数据处理

样品中维生素C含量（mg/100g）$= \dfrac{(V_1 - V_2) \times m_1 \times 100}{m}$

式中：V_1—滴定样液消耗的2,6-二氯酚靛酚溶液体积，mL；

V_2—滴定空白消耗的2,6-二氯酚靛酚溶液体积，mL；

m_1——1 mL2,6-二氯酚靛酚溶液能氧化维生素 C 的毫克数；

m——5 mL 样液含样品的克数。

6. 注意事项

（1）整个操作过程要迅速，尤其在滴定时，一般不要超过 2 分钟，滴定所消耗 2,6-二氯酚靛酚溶液应在 1～4 mL，过高或过低时应酌情增减样液。

（2）若样液有色影响滴定终点判断，可以对维生素 C 无吸附作用的优质白陶瓷土脱色后再用。

7. 问题讨论

（1）为什么整个操作过程要迅速？

（2）滴定管使用前有哪些注意事项？

4.6.2 维生素 A 的测定方法

1. 实训目的

（1）学习定量测定维生素 A 的原理和方法。

（2）学会比色法测定维生素 A 的方法。

（3）熟练掌握分光光度计的操作。

2. 实训原理

维生素 A 在三氯甲烷中与三氯化锑相互作用，产生蓝色物质，其深浅与溶液中所含维生素 A 的含量成正比。该蓝色物质虽不稳定，但在一定时间内可用分光光度计于 620 nm 波长处测定其吸光度。

3. 试剂及器材

1）材料：动物肝脏。

2）试剂。

本实验所用试剂皆为分析纯，所用水皆为蒸馏水。

（1）无水硫酸钠 Na_2SO_4。

（2）乙酸酐。

（3）乙醚：不含有过氧化物。

（4）无水乙醇：不含有醛类物质。

（5）三氯甲烷：应不含分解物，否则会破坏维生素 A。

①检查方法：三氯甲烷不稳定，放置后易受空气中氧的作用生成氯化氢和光气。检查时可取少量三氯甲烷置试管中加水振摇，使氯化氢溶到水层。加入几滴硝酸银溶液，如有白色沉淀即说明三氯甲烷中有分解产物。

②处理方法：试剂应先检测是否含有分解产物，如有，则应于分液漏斗中加水洗数次，加无水硫酸钠或氯化钙使之脱水，然后蒸馏。

（6）25%三氯化锑-三氯甲烷溶液：用三氯甲烷配制 25%三氯化锑溶液，储于棕色瓶中（注意避免吸收水分）。

（7）80%氢氧化钾溶液（KOH）。

（8）维生素A或视黄醇乙酸酯标准液：视黄醇（纯度85%）或视黄醇乙酸酯（纯度90%）经皂化处理后使用。用脱醛乙醇溶解维生素A标准品，使其浓度大约为1mL相当于1mg视黄醇。临用前用紫外分光光度法标定其准确浓度。

（9）酚酞指示剂 用95%乙醇配制1%溶液。

3）仪器分光光度计、索氏抽提器、恒温水浴、均浆器、刻度吸管（1mL、2mL、5mL、10mL）、球形冷凝器、分液漏斗（250mm）回流冷凝装置。

4. 实训方法

（1）样品处理：维生素A极易被光破坏，实验操作应在微弱光线下进行。根据样品性质，可采用皂化法或研磨法。

①皂化法

皂化：根据样品中维生素A含量的不同，称取0.5～5g样品于三角瓶中，加入20～40mL无水乙醇及10mL 1:1氢氧化钾，于电热板上回流30分钟至皂化完全为止（皂化法适用于维生素A含量不高的样品，可减少脂溶性物质的干扰，但全部实验过程费时，且易导致维生素A损失）。

提取：将皂化瓶内混合物移至分液漏斗中，以30mL水洗皂化瓶，洗液并入分液漏斗。如有渣子，可用脱脂棉漏斗滤入分液漏斗内。用50mL乙醚分两次洗皂化瓶，洗液并入分液漏斗中。振摇并注意放气，静置分层后，水层放入第二个分液漏斗内。皂化瓶再用约30mL乙醚分两次冲洗，洗液倾入第二个分液漏斗中。振摇后，静置分层，水层放入三角瓶中，醚层与第一个分液漏斗合并。重复至水液中无维生素A为止。

洗涤：用约30mL水加入第一个分液漏斗中，轻轻振摇，静置片刻后，放去水层。加15～20mL 0.5mol/L氢氧化钾液于分液漏斗中，轻轻振摇后，弃去下层碱液，除去醚溶性酸皂。继续用水洗涤，每次用水约30mL，直至洗涤液与酚酞指示剂呈无色为止（大约洗涤3次）。醚层液静置10～20分钟，小心放出析出的水。

浓缩：将醚层液经过无水硫酸钠滤入三角瓶中，再用约25mL乙醚冲洗分液漏斗和硫酸钠两次，洗液并入三角瓶内。置水浴上蒸馏，回收乙醚。待瓶中剩约5mL乙醚时取下，用减压抽气法至干，立即加入一定量的三氯甲烷使溶液中维生素A含量在适宜浓度范围内。

②研磨法

研磨：精确称2～5g样品，放入盛有3～5倍样品重量的无水硫酸钠研钵中，研磨至样品中水分完全被吸收，并均质化。（研磨法适用于每克样品维生素A含量大于5～10μg样品的测定，如肝样品的分析。步骤简单，省时，结果准确）

提取：小心地将全部均质化样品移入带盖的三角瓶内，准确加入50～100mL乙醚。紧压盖子，用力振摇2分钟，使样品中维生素A溶于乙醚中。使其自行澄清（大约需1～2h），或离心澄清（因乙醚易挥发，气温高时应在冷水浴中操作。装乙醚的试剂瓶也应事先置于冷水浴中）。

浓缩：取澄清提取乙醚液2～5mL，放入比色管中，在70～80℃水浴上抽气蒸干。立即加入1mL三氯甲烷溶解残渣。

（2）测定步骤

①标准曲线的制备:准确取一定量的维生素A标准液于4～5个容量瓶中,以三氯甲烷配制标准系列。再取相同数量比色管顺次取1mL三氯甲烷和标准系列使用液1mL,各管加入乙酸

酐 1 滴，制成标准比色列。于 620nm 波长处，以三氯甲烷调节吸光度至零点，将其标准比色列按顺序移入光路前，迅速加入 9mL 三氯化锑-三氯甲烷溶液。于 6 秒内测定吸光度，将吸光度为纵坐标，以维生素 A 含量为横坐标绘制标准曲线图。

②样品测定：在一个比色管中加入 10mL 三氯甲烷，加入一滴乙酸酐为空白液。另一个比色管中加入 1mL 三氯甲烷，其余比色管中分别加入 1mL 样品溶液及 1 滴乙酸酐。其余步骤同标准曲线的制备。

5. 注意事项

（1）维生素 A 极易被光线破坏，实验操作应在微弱光线下进行。

（2）定量测定维生素 A 所用的试剂和器材必须绝对干燥。微弱水分可使三氯化锑不再与维生素 A 反应，并出现浑浊。在试管中加入 1～2 滴醋酸酐可除去微量吸入的水分。

6. 实训结果

（1）数据记录

将实训结果记录在表 4-4 和表 4-5 中。

表 4-4　维生素 A 标准曲线制作

管号	1μg/mL 维生素 A 标准液/mL	氯仿/mL	维生素 A 的浓度（μg/mL）	吸光值 OD620/nm
1	0	10	0	
2	1.0	9.0	0.1	
3	2.0	8.0	0.2	
4	3.0	7.0	0.3	
5	4.0	6.0	0.4	
6	5.0	5.0	0.5	

表 4-5　测定样品的吸光值

样品	样品 1	样品 2	样品 3
吸光值			
标准曲线上查得的浓度 c_A/(μg/mL)			
样品的平均浓度			

（2）数据处理

$$X = C/m \times V \times 100/1000;$$

式中：X —样品中含维生素 A 的量，mg/100g（如按国际单位，每 1 国际单位 = 0.3μg 维生素 A）；

C —由标准曲线上查得样品中含维生素 A 的含量，μg/mL；

m —样品质量，g；

V —提取后加三氯甲烷定量之体积，mL；

100 —以每百克样品计。

4.7　本章小结

维生素是指维持机体正常生理功能所必需的一类微量的、生物体不能合成或只能自行合成一部分，不能满足机体正常生理活动所需要，大多数需从食物中摄取的小分子有机物。从功能上看，它既不能作为构成各种组织的主要原料，也不能用作体内能量的来源，其主要生理功能是调节机体的新陈代谢、维持机体正常生理功能。

机体缺乏维生素将引起代谢过程发生障碍，导致各种特有的缺乏症。维生素之所以有如此重要的作用，是因为除少数维生素的贮存状态存在于某些组织外，大多数维生素（特别是 B 族）是构成酶的辅酶或辅基的主要部分，或其本身就是辅酶或辅基，参与生物体内的代谢过程。

维生素的种类很多，理化性质不同，维生素的命名时主要根据发现的次序以拉丁字母表示，也常以其生理功能或抗某种缺乏病命名。在化学上，维生素并不是同一类化合物，有的是胺，有的是酸、有的是醇或醛。因此在分类时不能按其化学结构进行分类，一般是按其溶解性质将维生素分为水溶性维生素和脂溶性维生素两大类：水溶性维生素包括：硫胺素（V_{B1}）、核黄素（V_{B2}）、烟酸和烟酰胺（V_{B5} 或 VPP）、吡哆素（V_{B6}）、泛酸（V_{B3}）、生物素（V_H）、叶酸（V_{B11}）、氰钴胺素（V_{B12}）及抗坏血酸（V_C）等，脂溶性维生素包括：维生素 A、D、E、K 等。

一般情况下，维生素在体内不能合成或合成量不足，而在天然食物中广泛存在，因此机体可从食物中摄取维生素。

4.8　思考题

一、名词解释

维生素、维生素缺乏症、脂溶性维生素、水溶性维生素、维生素原

二、问答题

1. 为什么维生素 B_1 缺乏会患脚气病？
2. 试总结维生素与辅酶的关系。
3. 简述维生素 C 的生理功能。
4. 试述维生素 E 的生理功能。
5. 长期食用生鸡蛋清会引起哪种维生素缺乏？为什么？
6. NAD^+、$NADP^+$ 是何种维生素的衍生物？作为何种酶类的辅酶？在催化反应中起什么作用？

第 5 章

糖类化学

【教学内容】

糖类是生物界最重要的有机化合物之一,广泛分布于动物、植物和微生物细胞中,特别是在植物细胞中含量最为丰富,一般占植物体干重的 80%左右、微生物干重的 10%~30%、动物干重的 2%。

本章主要介绍了糖的分类、结构、性质及食品中主要的糖在工业生产中的应用。

【教学目标】

☑ 了解糖类的概念、分类、化学组成和来源

☑ 掌握单糖、双糖和多糖的主要性质

☑ 了解食品中主要的糖及其在工业生产中的应用

基础知识

5.1 概述

5.2 糖类的结构及性质

拓展知识

5.3 食品中其他常见的糖类

课堂实训

5.4.1 总糖和还原糖含量的测定

5.4.2 面粉中淀粉含量的测定

5.1 概述

糖类是指由碳、氢、氧三种元素组成的多羟基醛或酮及其聚合物和某些衍生物的总称。自然界中糖的种类很多，为了学习和研究的方便，常根据糖类的聚合程度的不同，将糖类分为单糖、寡糖、多糖及其衍生物三大类。其中单糖是最简单的碳水化合物，不能再水解成更小单位。易溶于水，可直接被人体吸收利用；寡糖（又称低聚糖）指聚合度小于或等于 10 的糖类，按水解后所生成的单糖分子的数目，寡糖可分为二糖、三糖、四糖、五糖等，其中以二糖最为重要；多糖又称多聚糖，是由许多单糖分子结合而成的高分子化合物，聚合度大于 10。一般无甜味，不溶于水。

糖类化合物是生物活动重要的营养物质，其生物学意义为：（1）糖类是一切生物体维持生命活动所需能量的主要来源；（2）糖类是生物体合成其他化合物的基本原料；（3）充当结构性物质；（4）糖链是高密度的信息载体，是参与神经活动的基本物质；（5）糖类是细胞膜上受体分子的重要组成成分，是细胞识别和信息传递等功能的参与者。

5.2 糖类的结构及性质

5.2.1 单糖

单糖是构成低聚糖和多糖的基本单位，按化学结构不同，属于多羟基醛的称为醛糖，属于多羟基酮的称为酮糖；按分子中所含碳原子的数目又可分为丙糖、丁糖、戊糖和己糖等，其中最常见的单糖有葡萄糖、果糖和半乳糖。

1. 单糖的构型及结构

由于单糖分子中含有多个手性碳原子，可以形成多种立体异构体，并有 D-型和 L-型两种，而在自然界中的单糖都是以 D-型结构存在的。一般来说，含有不对称碳原子的化合物都有旋光性，能使偏振光平面发生顺时针旋转者，称为右旋，用"+"表示；发生逆时针旋转者，称为左旋，用"-"表示。

单糖结构的表示方法有直链结构式、环状结构式等形式，现以葡萄糖的结构为例来进行讨论。

（1）葡萄糖的直链结构式

葡萄糖的分子式为 $C_6H_{12}O_6$，它的分子中存在多个不对称碳原子，可以形成多种异构体。以甘油醛分子作为基准进行构型划分，可以将其构型划分为互为镜像关系的 D-型和 L-型两大类，其直链式结构如图 5-1 所示。

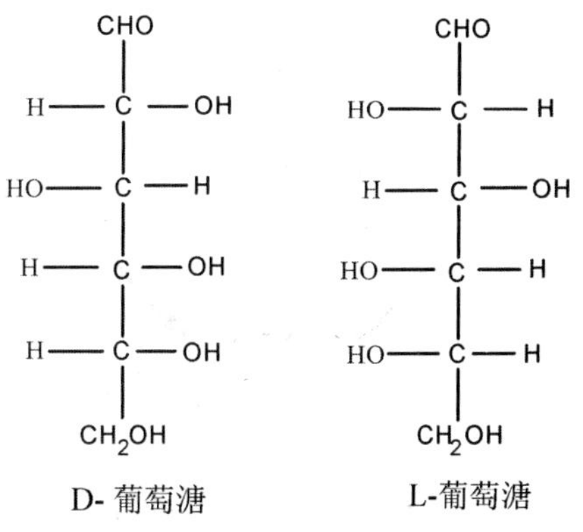

（2）葡萄糖的环式结构

通过对葡萄糖性质的研究发现，葡萄糖的一些理化性质与其链式分子结构不符，如葡萄糖不具备醛类的某些典型反应。因此 1926 年 Haworth 提出了用透视式表

D- 葡萄溏　　　　　L-葡萄溏

图 5-1　葡萄糖直链接结构式[1]

达葡萄糖环状结构，称为哈沃斯式或透视式。他认为葡萄糖的醛基与分子中的羟基（–OH）可发生加成反应，分子环化为环状半缩醛结构式。醛基与 C_4–OH 成氧桥结合，形成五元环，也

可与 C_5-OH 结合形成六元环。五元环和六元环分别与呋喃环和吡喃环相似，因此 D-葡萄糖有呋喃糖和吡喃糖之分，但由于六元环比五元环稳定，天然葡萄糖分子主要以吡喃环结构存在，如图 5-2 所示。

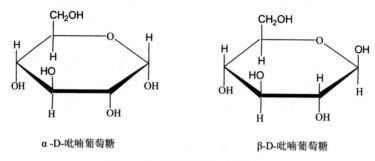

α-D-吡喃葡萄糖   β-D-吡喃葡萄糖

图 5-2　D-葡萄糖的呋喃型结构式

葡萄糖分子内形成了半缩醛后，半缩醛羟基有两种不同的排列方式，即 D-糖的羰基碳原子上的羟基如位于环平面下方，称为 α-型；羰基碳原子上的羟基如位于环平面上方，称为 β-型。由此产生了 α-型和 β-型两种异构体。

葡萄糖在水溶液中的存在形式主要以 α-型和 β-型环状结构为主，它们与链式之间的平衡关系如图 5-3 所示。

2. 单糖的理化性质

（1）单糖的物理性质

①溶解度。单糖分子含有许多亲水基团，易溶于水，不溶于乙醚、丙酮等有机溶剂。

②甜度。各种糖的甜度不同，通常用感官品评的方法规定蔗糖的甜度为 1，以此为基准，在同样条件下进行各种糖液的比较品评。

③旋光度和比旋光度。单糖分子都有不对称碳原子，其溶液具有旋光性，在一定条件下测定一定浓度蔗糖溶液的旋光度，可以计算它的比旋光度。每种糖都有特征性的比旋光度，据此可以鉴别糖的纯度。也可以在已知比旋光度的情况下，测定样品溶液的旋光度，计算求出纯溶质的浓度。

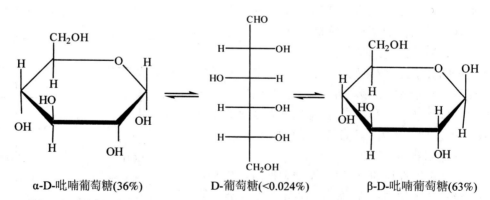

α-D-吡喃葡萄糖(36%)   D-葡萄糖(<0.024%)   β-D-吡喃葡萄糖(63%)

图 5-3　葡萄糖在水溶液中的存在状态

（2）单糖的重要化学性质

①氧化反应。单糖分子中的醛基和酮基均具有还原性。在不同氧化剂作用的条件下生成不

同的酸。以葡萄糖为例，在弱氧化剂（Br_2+H_2O）作用下，醛基被氧化为葡萄糖酸，而酮基不被氧化；在较强氧化剂（稀硝酸）作用下，醛基和伯醇基同时被氧化为葡萄糖二酸，而酮糖在强氧化剂作用下，自酮基处断裂生成两种酸；若在生物体内专一性酶作用下，伯醇基会被氧化而生成葡萄糖醛酸，如图 5-4 所示。

在碱性条件下，单糖的醛基或酮基转化为有活性的烯醇式结构，具有还原性，可以使金属离子（如 Cu^{2+}、Hg^{2+}等）还原，本身则被氧化成糖酸及其他产物，具有这种性质的糖称为还原糖。此反应常被用作糖类定性、定量分析的依据。

②还原反应。单糖分子中的游离羰基易被还原成多元醇。例如在钠汞齐及硼氢化钠类还原剂作用下，葡萄糖被还原为山梨醇，如图 5-5 所示。

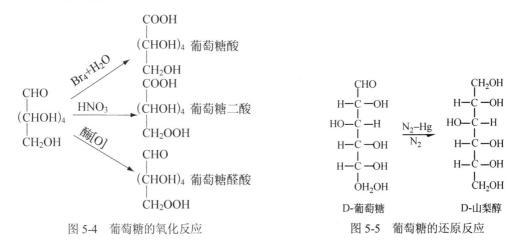

图 5-4　葡萄糖的氧化反应　　　　图 5-5　葡萄糖的还原反应

③酯化反应。单糖半缩醛羟基和醇羟基都可与各种酸反应，生成相应的酯类化合物。

④成苷反应。单糖的半缩醛羟基与醇或酚中的羟基脱水形成缩醛结构物质，称为糖苷，此类反应被称成苷反应。糖苷由糖和非糖部分组成，糖部分称为糖苷基，非糖部分称为**糖配基**，两者之间的连接的化学键称为糖苷键。

5.2.2　寡糖

寡糖是由 2～10 个单糖通过糖苷键连接而成的缩合物，自然界中最重要的寡糖为双糖，它是由两分子单糖脱去一分子水缩合而成的糖，易溶于水。它需要分解成单糖才能被身体吸收。最常见的双糖是蔗糖、麦芽糖和乳糖。

1. 蔗糖

蔗糖是由一分子 α-D-葡萄糖与一分子 β-D-果糖通过 α,β-1,2–糖苷键连接而成的，是我们日常生活中最常食用的糖。白糖、红糖、砂糖都是蔗糖。其结构如图 5-6 所示。

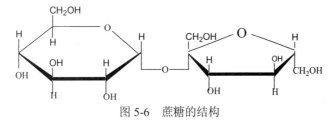

图 5-6　蔗糖的结构

从图 5-6 中可以看出，蔗糖分子中无自由的半缩醛羟基，故无还原性，称为非还原性糖。蔗糖具有右旋光性，$[\alpha]_D^{20}$=+66.5°，水解后可产生等分子的 D-葡萄糖和 D-果糖，其旋光度分别为+52.2°和−92.4°，两相抵消，水解液呈现左旋，与原来的蔗糖不同，故将蔗糖水解物称为转化糖。

蔗糖广泛地分布在各种植物中，甘蔗中约含 26%，甜菜中含 20%故又称甜菜糖，各种植物的果实中几乎都含有蔗糖。平时食用的白糖就是蔗糖，它是由甘蔗或甜菜提取而来。我国是世界上用甘蔗制糖最早的国家。蔗糖易结晶，易溶于水，而难溶于乙醇，熔点为 186℃，加热至 200℃可产生褐色焦糖。

2. 麦芽糖

麦芽糖因存在于麦芽中而得此俗名。麦芽糖由两分子 α-D-葡萄糖缩水而成，其连接键为 α-1,4-糖苷键，其结构如图 5-7 所示。

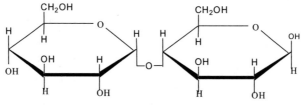
图 5-7 麦芽糖的结构

麦芽糖是无色晶体且易溶于水，通常含一分子结晶水，熔点为 102℃。由于分子中含有自由的半缩醛羟基，故属还原性双糖，它具有旋光性，其比旋光度为+136°，并易被酵母发酵利用。在工业生产中，淀粉在淀粉酶的作用下可产生大量的麦芽糖，这就是发芽的麦粒中有在大量麦芽糖的原因。

3. 乳糖

乳糖是由一分子 α-D-葡萄糖与一分子 β-D-半乳糖通过 β-1,4-糖苷键连接而成的双糖，其结构如图 5-8 所示。

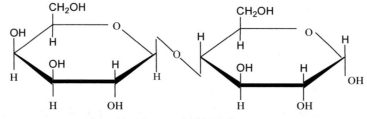
图 5-8 乳糖的结构

乳糖存在于哺乳动物的乳汁中，人乳中含 5%～8%，牛乳中含 4%～6%，有些水果中也含有乳糖。乳糖是含一分子结晶水的白色结晶性粉末，熔点为 202℃，比旋光度为+53.5°，甜度低。分子中含有自由的半缩醛羟基，属还原性双糖。绝大多数酵母不能发酵乳糖，但在 β-半乳糖苷酶的作用下可水解产生两分子单糖后被吸收利用。

5.2.3 多糖

多糖是多个单糖以糖苷键连接而成的高聚物，在自然界中分布较广。常见的多糖有淀粉、纤维素、果胶等，按多糖分子组成特点可以分为纯多糖和杂多糖两大类，纯多糖是指由一种单糖组成的多糖，如淀粉、纤维素、糖原等；杂多糖是指由一种以上的单糖及其衍生物残基组成的多糖，如各种形式的粘多糖、阿拉伯胶等。

多糖多数为无定型粉末，相对分子质量较大，无甜味，基本上无还原性，不溶于水，个别能与水形成胶体溶液，在酶的作用下可逐步水解，其水解终产物为单糖。

1. 淀粉

淀粉是植物中主要的食用贮藏物，是供给人类能量的主要营养素，主要存在于植物的根茎和种子中，它是一种贮存多糖。

（1）淀粉的组成及结构。淀粉是以淀粉颗粒的形式存在的。淀粉颗粒表层是由蛋白质、脂类等物质组成的膜，具有保护淀粉颗粒的功能，膜上有"轮纹"，不同作物的淀粉粒形状、大小和轮纹都不相同。淀粉膜内部包裹的是淀粉，天然淀粉有直链淀粉和支链淀粉两种，由于两种淀粉的结构不同，在淀粉颗粒内部，直链淀粉可以形成排列有序的晶质区，而支链淀粉可以形成无序排列的非晶质区。直链与支链淀粉之比一般约为（15～25）：（75～85），视植物种类与品种、生长时期的不同而异。

①直链淀粉。由 α-D-吡喃葡萄糖基以 α-1,4-糖苷键连接而成的线性大分子，链长约为 250～300 个葡萄糖单位，其分子空间构象呈左手螺旋，每一回转为 6 个葡萄糖残基，残基上的游离羟基大都处于螺旋圈的内部，其结构如图 5-9 所示。

②支链淀粉。由 α-D-吡喃葡萄糖基以 α-1,4-糖苷键和 α-1,6-糖苷键连接而成的有分支结构的大分子，相对分子量可达 50 万～100 万。支链淀粉主链上每隔 8～9 个葡萄糖残基就有一个分支，α-1,6-糖苷键处于分支点上，每一分支平均约含 20～30 个葡萄糖残基，且都是卷曲的螺旋状，其结构如图 5-9 所示。

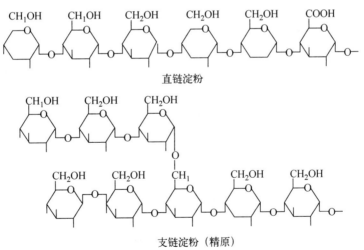

图 5-9　直链淀粉和支链淀粉的结构

（2）淀粉的性质

①淀粉的糊化。淀粉不溶于冷水，在搅拌的情况下，淀粉颗粒以悬浮液的形式分散于冷水中，形成"淀粉乳"。淀粉乳在适当的温度下，淀粉颗粒不断吸水膨胀，直至淀粉膜破裂，结晶区消失，淀粉分子溶解于水中，形成均匀糊状溶液的现象，称为淀粉的糊化。糊化作用的本

质是淀粉颗粒中有序及无序态的淀粉分子间氢键断裂，分散在水中成为胶体溶液。

②淀粉的老化。淀粉溶液经缓慢冷却或经长期放置，会变为透明甚至产生沉淀的现象，称为淀粉的老化。其本质是淀粉分子，尤其是直链淀粉又恢复排列有序、高度结晶化的不溶解淀粉分子束状态。

③淀粉与碘的反应。淀粉与碘的反应呈蓝色是因为淀粉可吸附碘分子进入淀粉螺旋圈的内部，形成淀粉-碘包合物而呈一定的颜色。螺旋数目不同，吸附的碘分子数也不同，显出的颜色也不同。如淀粉在水解过程中产生水解程度不同的糊精，在分别与碘反应后可呈红色、紫色和无色等，因此在工业生产中常用碘液法与无水酒精法检测淀粉的水解程度。

④淀粉的水解反应。淀粉分子很大，不能直接透过细胞膜进入细胞内。某些能利用淀粉的微生物可以向细胞外分泌淀粉酶，把淀粉水解成葡萄糖后才被吸入细胞内作进一步降解。而另一些不能分泌淀粉酶的微生物则必须用酸或其他来源的淀粉酶水解淀粉成葡萄糖后，再被细胞吸收利用，其水解过程如图 5-10 所示。

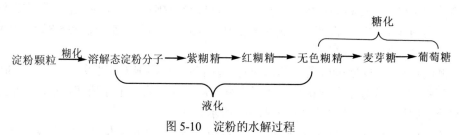

图 5-10　淀粉的水解过程

在工业生产中，淀粉的糖化要经过糊化溶解、液化降黏度和糖化生糖三个阶段。首先淀粉乳经高温（105℃～110℃）糊化，使淀粉溶解；然后在酸或 α-淀粉酶（液化酶）的作用下，其连接键断裂而发生逐步水解，生成中间产物——各种小分子量的糊精，如图 5-10 所示。此时，溶液黏度明显下降，此过程称为淀粉的液化；最后在糖化酶的作用下，使小分子的糊精继续水解，最终产生葡萄糖的过程称为淀粉的糖化过程。

2. 糖原和糖原的降解

（1）糖原。糖原又称动物淀粉，贮存在肌肉和肝脏中。糖原也是由 D-葡萄糖组成的，结构上与支链淀粉相似，只是分子量要大得多，且分支密度比支链淀粉大。

糖原具有旋光性，无还原性，与红色糊精相似，溶于热水，遇碘呈红色。糖原的最终水解产物是 D-葡萄糖。在生物体内水解可产生 1-磷酸葡萄糖，异构成 6-磷酸葡萄糖后进入糖的酵解途径。

（2）糖原降解。生物体内的磷酸化酶可作用于糖原分子中的 α-1,4-糖苷键，而不能作用 α-1,6-糖苷键，从直链部分的非还原端开始逐个进行磷酸解，生成 1-磷酸葡萄糖和糖原磷酸化酶极限糊精。糖原磷酸化酶极限糊精可在脱支酶的作用下，水解 α-1,6-糖苷键生成葡萄糖和另一直链糊精，该糊精又可为糖原磷酸化酶继续水解。

3. 纤维素与半纤维素

纤维素是自然界最丰富的有机化合物，是一种线性的由 D-吡喃葡萄糖基借 β-(1,4)糖苷键连接的没有分支的同多糖。微晶束相当牢固。

半纤维素是指除纤维素以外的全部糖类（果胶质与淀粉除外）。

5.3 食品中其他常见的糖类

5.3.1 木糖醇

木糖醇(Xylitol)是一种常见的多元糖醇，其分子式为 $C_5H_{12}O_5$，它是人体葡萄糖代谢过程中的正常中间产物，在各种水果、蔬菜中也有少量存在。

木糖醇是一种无味的白色结晶粉末状物质，甜度与蔗糖一样，能量值比蔗糖低，极易溶于水，微溶于乙醇和甲醇。它在体内的吸收途径主要是：（1）哺乳动物体内直接代谢已吸收的木糖醇，代谢主要在肝脏中进行；（2）肠道微生物通过发酵降解作用间接代谢木糖醇。

其中除间接吸收途径外，部分从胃肠吸收来而又没有发生任何变化的木糖醇，可以通过葡萄糖醛酸-戊糖磷酸酯支路，进入直接的代谢途径。

因为机体对木糖醇的吸收较慢，假若一次性摄入过多，会引起胃肠不适或腹泻，因此必须控制每天的食用量。正常人初次食用量为 30 g/d，当消化系统适应后，最大允许食用量为 200～300 g/天。糖尿病患者成人每天的最大食用量为 50 g。

5.3.2 山梨糖醇

山梨糖醇为无色、无味的针状结晶，相对密度为 1.48，熔点为 96℃～97℃。甜度是蔗糖的 60%。可溶于水，微溶于甲醇、乙醇和乙酸等。它具有很大的吸湿性，在水溶液中不易结晶析出。

由于其分子中没有还原性基团，在通常情况下化学性质稳定，不与酸、碱作用，不易受空气氧化，也不易与可溶性氨基化合物发生美拉德反应。山梨糖醇对热稳定性好，比相应的糖高很多，对微生物的抵抗力也较相应的糖强，浓度在 60%以上就不易受微生物侵蚀。山梨糖醇具有良好的吸湿和保湿性，所以可应用于食品中防止食品干燥、老化，延长产品货架期，但它不适宜用于脆、酥食品中。

5.3.3 低聚果糖

低聚果糖又称蔗果低聚糖或果寡糖。其组成主要是蔗果三糖、蔗果四糖、蔗果五糖的混合糖浆。它是以蔗糖为原料，通过现代生物工程技术—果糖基转移酶转化、精制而成。并以其低热值，无龋齿、促进双歧杆菌增殖、降血糖，改善血清脂质，促进微量元素吸收等优良生理功能被广泛用于食品加工、医药等方面。

5.3.4 微晶纤维素

微晶纤维素（Microcrystalline Cellulos，MCC）是由天然纤维素经稀无机酸水解达到极限聚合度的固体产物。

微晶纤维素作为食品添加剂已经取得联合国粮农组织和世界卫生组织所属食品添加剂联合鉴定委员会的确认，而且已获得中国食品添加剂委员会的批准。因为微晶纤维素与人们日常摄入的纤维素组分相同，所以是一种安全可靠的食品添加剂。

微晶纤维素有两种主要形式：细粉末和胶体状。前者用于吸附剂或粘合剂，后者作为液体中的分散剂。粉末状微晶纤维素的应用范围是作为抗结块剂，它有防结块和帮助流动的作用。另外，微晶纤维素还是食品中的非营养部分，用作健康食品中的食用纤维。作为功能食用纤维，微晶纤维素可以起到诸多保健作用，如加强肠蠕动，防止便秘；结合胆固醇，预防动脉硬化；吸附肠内毒素；促进肠内好气性细菌群增殖，减少腐败的产生，预防大肠癌等。它的热量低，外观形态似奶油，用于奶制品和面包的代用品，有利减肥。微晶纤维素有吸油特性，所以粉末化的微晶纤维素还被用作香精和香料油的载体。另外，它常被用于某些挤出食品作助流剂。胶体状微晶纤维素的多功能性表现在：乳化和泡沫稳定性；高温下稳定性；非营养性填充物和增稠剂；液体的稳定和胶化剂；改善食品结构；悬浮剂；冷冻甜食中控制冰晶形成。因此，MCC是一种很有前景的纤维素改性产品，值得研究和开发。

5.4 实训项目

5.4.1 总糖和还原糖含量的测定

1. 实训目的

学习掌握生产实践中常用的快速测定还原糖或总糖的方法。

2. 实训原理

还原糖在碱性溶液中能将金属离子(如 Cu^{2+}、Hg^{2+}、Ag^+)还原，而糖被氧化成糖酸，利用这一特性可以对还原糖进行定量测定，本实验采用费林试剂热滴定法。费林试剂是含 Cu^{2+} 的氧化剂，由甲、乙两种溶液组成，费林甲液中的硫酸铜主要用于定量地供给 Cu^{2+}，费林乙液中的酒石酸钾钠主要作用是使 Cu^{2+} 形成络离子，不发生沉淀，氢氧化钠是用来满足溶液碱化的需要。还原糖与费林试剂热滴定时发生如下反应：

$$HC\!=\!O\ (HCOH)_4\ CH_2OH\ (糖) + 酒石酸钾钠铜络离子(费林试剂) + 2H_2O \longrightarrow Cu_2O\downarrow(氧化亚铜, 红色沉淀) + (HCOH)_4\ CH_2OH(糖酸) + 酒石酸钾钠$$

$$Cu_2O + K_4[Fe(CN)_6] + H_2O \longrightarrow K_2Cu_2Fe(CN)_6 + 2KOH$$

本实验以次甲基蓝为指示剂，因二价铜比次甲基蓝易于还原，因此，当二价铜离子被还原后，才使次甲基蓝还原为无色，滴定以此为滴定终点。

3. 试剂及器材

（1）仪器：酸式滴定管(25 mL×1)、容量瓶(100 mL×3)、烧杯(150 mL×1，100 mL×1)、吸管(5 mL×4，10 mL×2)、三角瓶(250 mL×6)、电炉(300 W×1)、天平。

（2）试剂

①费林甲液：称取 15 g 硫酸铜（$CuSO_4 \cdot 5H_2O$）和 0.05 g 次甲基蓝，溶于 1 000 mL 蒸馏水中。

②费林乙液：称取 50 g 酒石酸钾钠（$KNaC_4H_4O_6 \cdot 4H_2O$）、54 g 氢氧化钠和 4 g 亚铁氰化钾，溶于 1 000 mL 水中。

③标准葡萄糖溶液：准确称取干燥恒重的葡萄糖 1.00 g，用少量蒸馏水溶解后加入 8 mL 浓盐酸（防止微生物生长），再用蒸馏水定容至 1 000 mL。

④6 mol/L 盐酸和 6 mol/L 氢氧化钠。

⑤广谱 pH 值试纸。

⑥次甲基蓝溶液。

⑦乙酸锌溶液：称取 219 g 乙酸锌，加入 30 mL 冰乙酸，加水溶解并稀释至 1 000 mL。

⑧106 g/L 亚铁氰化钾溶液：称取 106 g 亚铁氰化钾，加水溶解并稀释至 1 000 mL。

3. 材料：全脂加糖乳粉。

4. 实训方法

（1）还原糖的提取。称取 2.5～5 g 全脂加糖乳粉，精确至 0.001 g，先在小烧杯中用少量水调成糊状，然后置于 250 mL 容量瓶中，加入 150 mL 蒸馏水，稀释混匀，50℃保温 15 分钟，慢慢加入 5 mL 乙酸锌及 5 mL 亚铁氰化钾溶液，加蒸馏水至刻度，摇匀静置 25～30 分钟，用干燥滤纸过滤，取滤液进行还原糖测定。

（2）总糖的水解。吸取 50 mL 滤液于 150 mL 容量瓶中，加入 6 mol/L 5 mL 盐酸，在 68℃～70℃恒温水浴中保温 15 分钟，立刻取出冷却至 35℃以下，加两滴甲基红指示剂，加 NaOH 溶液中和至中性（即溶液由红色变为橙色）加水至刻度，即为转化液。

（3）糖的测定。在 150 mL 三角瓶中按下表准确加入费林甲、乙液后，加水 10 mL，加玻璃珠 2 粒。为了保证处于沸腾状态下快速滴定（整个滴定在 3 分钟内完成），先从滴定管中加入比预测体积少 1 mL 的葡萄糖标液，然后在沸腾状态下以 4～5 秒 一滴的速度，继续自滴定管中加入葡萄糖液，直至蓝色消失停止滴定。由于还原型次甲基蓝遇到空气后又能转为氧化型而恢复蓝色，因此，当滴定到蓝色刚消失出现黄色时，应立即停止滴定，如果再出现蓝色则停止滴定。

5. 注意事项

（1）加入乙酸锌及亚铁氰化钾目的为沉淀蛋白质，滤出。

（2）转化时，温度不易太高，同时，时间不易太长，原因在于，糖液的转化属于水解反应，蔗糖分解为果糖和葡萄糖，果糖不稳定，若温度过高，或时间过长，果糖会分解为 CO_2 和水，影响滴定结果。

（3）滴定时必须在沸腾状态下进行。

（4）滴定时所发生的反应属氧化—还原反应，反应速度慢且需要能量。

（5）O_2 具有氧化性，若反应速度慢会使酒石酸铜溶液与 O_2 发生氧化—还原反应。当沸腾时，蒸气将瓶口气封隔绝空气的进入，防止还原型次甲基蓝被氧化。

6. 实训结果

将所测值填入表葡萄糖滴定总量一栏中，根据所测数据，依如下公式进行计算：

瓶号	费林试剂		还原糖提取液（mL）	总糖提取液（mL）	0.1%葡萄糖初滴量（mL）	状态	0.1%葡萄糖滴定总量（mL）
	甲（mL）	乙（mL）					
1	5	5	—	—	7	沸腾	
2	5	5	—	—	7		
3	5	5	5	—	—		
4	5	5	5	—	—		
5	5	5	—	5	—		
6	5	5	—	5	—		

$$还原糖或总糖 = \frac{(V_1 - V_2) \times 标准葡萄糖浓度 \ (g/mL) \times 稀释倍数}{待测样的 mL 数 \times 样品量 \ (g)} \times 100$$

式中：V_1——空白样所耗葡萄糖毫升数。

V_2——样品所耗葡萄糖毫升数。

7. 问题讨论

（1）滴定终点如何确定？

（2）蔗糖如何测定？

（3）为什么要加乙酸锌亚铁氰化钾？

5.4.2　面粉中淀粉含量的测定

1. 实训目的

（1）了解食品中淀粉含量的分析原理及分析方法。

（2）掌握用酸水解法测定淀粉的方法。

2. 实训原理

面粉经除去蛋白质、脂肪及可溶性糖类后，其中淀粉用淀粉酶水解成双糖，再用盐酸将双糖水解成单糖，最后按还原糖测定，并折算成淀粉（酶-酸水解法）。

3. 试剂及器材

（1）仪器：分析天平 1 台、恒温水浴锅 1 台、电炉 1 台、碱式滴定管 1 支、容量瓶（250 mL和 100 mL 各 1 个）、250 mL 锥形瓶若干、大小烧杯若干、不同容量的移液管若干和洗耳球等。

（2）试剂（除特殊说明外，实验用水为蒸馏水，试剂为分析纯。）

①干燥面粉。

②乙醚、85%乙醇、甲基红指示剂。

③0.5%淀粉酶溶液：称取淀粉酶（Sigma 公司，E.C3.2.1.1）0.5 g，加 100 mL 水溶解，加入数滴甲苯或三氯甲烷，防止长霉，贮于冰箱中。（注：配成溶液的淀粉酶破坏很快，最好现用现配）。

④碘溶液：称取 3.6 g 碘化钾溶于 20 mL 水中，加入 1.3 g 碘，溶解后加水稀释至 100 mL。

⑤6 mol/L 盐酸、5 mol/L 氢氧化钠溶液、0.1 mol/L 氢氧化钠溶液。

⑥斐林试剂：称取 15 g 硫酸铜及 0.05 g 次甲基蓝溶于水中，并稀释至 1 000 mL 得斐林甲液；称取 50 g 酒石酸钾钠及 75 g 氢氧化钠溶于水中，再加 4 g 亚铁氰化钾，待完全溶解后，用水稀释至 1 000 mL 得斐林乙液。

⑦乙酸锌溶液：称取 219 g 乙酸锌，加入 30 mL 冰乙酸，加水溶解并稀释至 1 000 mL。

⑧10.6%亚铁氰化钾溶液。

⑨葡萄糖标准溶液：用分析天平精密称取 1.000 g 经 98℃～100℃干燥至恒重的纯葡萄糖，加水溶解后，加入 5 mL 盐酸，并以水稀释至 1 000 mL，此液每毫升相当于 1 mg 葡萄糖（C%=0.1%）。

4. 实训方法

（1）样品溶液的制备

称取面粉 2.5 g 左右置于烧杯中，加水 50 mL 于烧杯内，将烧杯置沸水浴上加热 15 分钟，使淀粉糊化，放冷至 60℃以下，加 20 mL 淀粉酶溶液，再 55℃～60℃保温 1 小时，并时时搅拌（注：温度过高，淀粉酶的活性破坏）。然后取 1 滴此液加 1 滴碘溶液，应不现蓝色，若显蓝色，再加热糊化并加 20 mL 淀粉酶溶液，继续保温，直至加碘不显蓝色为止。加热至沸，冷后移入 250 mL 容量瓶中，并加水至刻度，（样品内如含较多蛋白质、脂肪、色素和胶体等可加乙酸锌溶液直至沉淀完全为止，再加入亚铁氰化钾溶液至不再产生沉淀为止），加水至刻度，摇匀，过滤（注：此时淀粉已水解成双糖，过滤可去除残渣及其他沉淀物质）。弃去初滤液，取 50 mL 滤液，置于 250 mL 锥形瓶中，加 5 mL 的 6 mol/L 盐酸，在 60℃～70℃水浴中水解 20 分钟左右，冷后加 2 滴甲基红指示剂，再加 5 mol/L 氢氧化钠溶液至无色，再加一滴盐酸进行回滴变红即可，并加 0.1 mol/L 氢氧化钠溶液至溶液无色即得中性溶液，溶液转入 100 mL 容量瓶中，洗涤锥形瓶，洗液并入 100 mL 容量瓶中，加水至刻度，混匀备用（淀粉在沸水浴条件下糊化是淀粉水解的第一步反应，然后在淀粉酶的作用下，分解成短链淀粉、糊精、麦芽糖等低聚合的糖，所以在淀粉酶解后需用酸进一步水解得到葡萄糖）。

（2）斐林试剂的标定

吸取已配置好的斐林试剂甲、乙各 5 mL 并加 10 mL 水和洁净玻璃珠 2 颗于锥形瓶中并在石棉网上加热至沸腾，用标准的葡萄糖溶液进行预滴定，先快后慢滴定至溶液蓝色褪去，记录用量；正式滴定时，先加入比预滴定少 0.5～1.0 mL 的标准葡萄糖溶液，2 分钟内煮沸，用葡萄糖溶液滴定到蓝色褪去（1 分钟内完成），记录消耗葡萄糖溶液的量，再做一个平行实验取两次记录量的平均值 V_1。

（3）样品溶液的滴定

吸取已配置好的斐林试剂甲、乙各 5 mL 并加 10 mL 水和洁净玻璃珠 2 颗于锥形瓶中并在石棉网上加热至沸腾，用处理好的样品进行预滴定，先快后慢滴定至蓝色褪去，记录样液用量；正式滴定时，先加入比预滴定少 0.5～1.0 mL 的标准葡萄糖溶液，2 分钟内煮沸，用葡萄糖溶液滴定到蓝色褪去（1 分钟内完成），记录消耗样品溶液的量，再做一个平行实验取两次记录量的平均值 V_2。同时量取 50 mL 水及与样品处理时相同量的淀粉酶溶液，按同一方法做试剂空白双试验取记录量的平均值 V_3。

5. 注意事项

（1）试样去除脂肪和可溶性糖分离要彻底。

（2）酸解时酸的浓度、加入量、水解温度和时间要准确。

（3）水解条件要严格控制。加热时间要适当，既要保证淀粉水解完全，又要避免加热时间过长，因为加热时间过长，葡萄糖会形成糠醛聚合体，失去还原性，影响测定结果的准确性。

（4）样品中加入乙醇溶液后，混合液中的乙醇含量应在 80%以上，以防止糊精随可溶性糖类一起被洗掉。如要求测定结果不包括糊精，则用 10%乙醇洗涤。

6. 实训结果

面粉中淀粉含量（质量分数）计算：
由实验中消耗的斐林试剂相等可得方程：

$$(X_1/N_1) \times V_2 = V_1 \times C\% = (X_2/N_2) \times V_3$$

那么样品中总的淀粉含量（以葡萄糖计）为 $X_1 \times 250$ g，空白样中总的淀粉含量（以葡萄

糖计）为 $X_2 \times 250\,\mathrm{g}$，故面粉中淀粉含量（质量分数）为

$$X=[（X_1 \times 250\,\mathrm{g} - X_2 \times 250\,\mathrm{g}）/\mathrm{mL}\ 0.9 \times 100\%$$

式中：V_1——斐林试剂标定所消耗的标准葡萄糖溶液，mL；

$\quad\quad V_2$——样品滴定时消耗的样品溶液，mL；

$\quad\quad V_3$——空白样滴定时消耗的空白溶液，mL；

$\quad\quad X_1$——样品溶液中淀粉的含量（以还原糖葡萄糖计），%；

$\quad\quad N_1$——样品溶液稀释倍数（本测定中 N_1=100 mL/50 mL=2）；

$\quad\quad X_2$——空白样中淀粉的含量（以还原糖葡萄糖计），%；

$\quad\quad N_2$——样品溶液稀释倍数（本测定中 N_2=100 mL/50 mL=2）；

$\quad C\%$——标准葡萄糖单位溶液中所含葡萄糖克数（本测定中 C=0.1，即 100 mL 标准葡萄糖溶液中含葡萄糖 0.1 g）；

$\quad\quad X$——面粉中淀粉的质量分数，%；

$\quad 0.9$——还原糖（以葡萄糖计）换算成淀粉的换算系数；

$\quad\quad m$——称取干燥面粉样品质量，g。

7. 问题讨论

（1）名词解释：还原糖、可溶性糖、总糖。

（2）说明检测结果，根据检测结果和产品质量标准，对试样质量作出评价。

5.5　本章小结

　　糖类是自然界中分布最广的一类有机物，是构成动植物机体，维持正常生命活动的重要物质。

　　糖类按聚合度的大小，可分为单糖、寡糖和多糖三大类。自然界中的单糖，以己糖、戊糖最为重要，由于具有手性 C 原子，有 L/D 两种构型，并有旋光性，其结构有链式和环式之分，具有重要的理化性质。寡糖中最常见的双糖有蔗糖、乳糖、麦芽糖，其中蔗糖是非还原性糖，麦芽糖和乳糖是还原性糖。多糖是由单糖通过糖苷键连接而成的大分子物质，是发酵行业的重要原材料，其中最常见的为淀粉。

5.6　思考题

一、名词解释

糖　　淀粉的糊化　　还原糖　　低聚糖

二、简答题

1. 单糖的重要理化性质有哪些?并举例说明其实际用途。

2. 何谓还原性糖、非还原性糖？它们在遇到费林试剂时分别会产生什么现象？

3. 请查阅资料回答：化学法测定还原糖有几种方法？

4. 如何区别葡萄糖和果糖？

5. 纤维素是什么，人体可否利用纤维素？

第 **6** 章

脂类化学

【教学内容】

　　脂类是脂肪和类脂的总称，它是由脂肪酸与醇作用生成的酯及其衍生物，统称为脂质或脂类，是动物和植物体的重要组成成分。脂类是广泛存在于自然界的一大类物质，它们的化学组成、结构、理化性质以及生物学功能存在很大差异，但它们都具有能溶于有机溶剂的特性，即脂溶性。因此，利用有机溶剂可从细胞和组织中将其提取出来。

　　本章主要介绍脂类化合物的概念、分类、脂肪的结构及主要的理化性质。

【教学目标】

☑ 了解脂类化合物的特征及其分类

☑ 掌握脂肪的化学结构和主要理化性质

☑ 了解脂肪氧化机理、影响脂肪氧化的因素及其抗氧化的措施

基础知识

6.1 脂类的概念、分类及功能

6.2 脂肪

拓展知识

6.3 食品中常见的类脂

课堂实训

6.4.1 油脂酸价的测定

6.1 脂类的概念、分类及功能

1. 脂类的概念

脂类是生物体的重要组成成分，在自然界中分布较广，种类繁多，结构各异，但都具有相似的溶解性，因此把生物体中所有能够溶于有机溶剂（如苯、乙醚、氯仿、酒精等）而不溶于水的有机化合物统称为脂类。它们在代谢和生理功能上存在着密切的联系。

2. 脂类的分类

根据化学结构和组成的不同，可以将脂类分为单纯脂质、复合脂质和异戊二烯系的脂质 3 大类。

（1）单纯脂质。由脂肪酸与醇所组成的酯类，包括脂肪、蜡等。

（2）复合脂质。复合脂又称为类脂，是含有磷酸等非脂成分的脂类。复合脂含有极性基团，是极性脂。磷脂是主要的复合脂。

（3）非皂化脂。包括类固醇、萜类和前列腺素类。

（4）衍生脂。指上述物质的衍生产物，如甘油、脂肪酸及其氧化产物、乙酰辅酶 A。

（5）结合脂类。脂与糖或蛋白质结合形成糖脂和脂蛋白。

3. 脂类的生物学功能

各种脂类的结构差异较大，其生理功能也不尽相同。甘油三酯作为生物体重要的能源和碳源储备，同时动物体内的储存的脂肪还具备润滑组织、保持体温等功能。食物中的油脂能提供人体必需脂肪酸，帮助脂溶性维生素吸收；甘油磷脂是构成生物膜的主要成分；神经磷脂是高等动物神经鞘膜的基本结构物质。糖脂、类固醇也参与生物膜的组建；萜类、固醇作为维生素和激素等生理活性物质，具有调节代谢、促进细胞分化和生理发育等功能。

6.2 脂肪

6.2.1 脂肪的组成

脂肪也称三酰甘油，是由三个脂肪酸分别与甘油的三个醇羟基缩合脱水所成的酯，其结构如图 6-1 所示，其中 R_1、R_2、R_3 为各种脂肪酸的烃基，如果脂肪酸的烃基相同，称为单纯甘油三脂；如果不同则称为混合甘油酯。

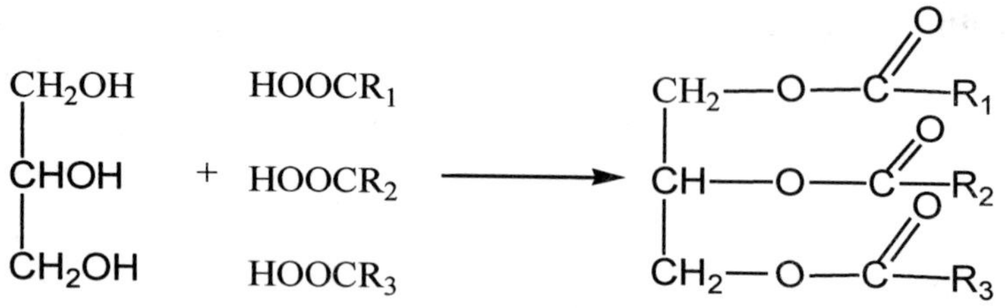

$$
\begin{array}{l}
CH_2OH \\
CHOH \\
CH_2OH
\end{array}
+
\begin{array}{l}
HOOCR_1 \\
HOOCR_2 \\
HOOCR_3
\end{array}
\longrightarrow
\begin{array}{l}
CH_2-O-\overset{O}{\underset{}{C}}-R_1 \\
CH-O-\overset{O}{\underset{}{C}}-R_2 \\
CH_2-O-\overset{O}{\underset{}{C}}-R_3
\end{array}
$$

图 6-1 脂肪结构式

天然油脂都是由不同的脂肪酸参与组成的，很难分离纯化。植物脂肪如花生油、豆油等中含有较多不饱和脂肪酸，熔点较低，常温时为液态，统称为油；动物脂肪中不饱和脂肪酸含量低，熔点较高，常温下呈固态，一般称为脂。

6.2.2 脂肪酸

从动物、植物、微生物中分离到的天然脂肪酸有 100 多种，它们之间的差别主要在于碳氢链的长度、饱和与否以及双键的数目与位置。天然饱和脂肪酸含有一个长的饱和的碳氢链，一端带有羧基；不饱和脂肪酸包括含有一个双键的单烯不饱和脂肪酸和多个双键的多烯不饱和脂肪酸。

脂类中的饱和脂肪酸主要是十六烷酸（也叫棕榈酸或软脂酸）和十八烷酸（硬脂酸）。不饱和脂肪酸以十八碳烯酸为主，是人体的必需脂肪酸，包括亚油酸、亚麻酸和生四烯酸。

6.2.3 脂肪的理化性质

1. 物理性质

纯净的脂肪是无色、无味的，而天然脂肪往往带有一定的颜色和风味，这是由于色素物质和某些非脂成分的存在所致。脂肪不溶于水而溶于有机溶剂，但甘油单脂和甘油二酯由于有游离羟基，倾向于高度分散状态，形成微团。一般情况下，脂肪酸的密度小于 1，并与其相对分子质量成反比。不饱和脂肪酸的甘油酯熔点较低，一般为 $-20\sim-1\,℃$，而饱和脂肪酸的甘油酯熔点较高，一般为 $30\sim40\,℃$，随着碳原子数增加，熔点升高。

2. 水解与皂化

当脂肪与酸或者碱共煮或经脂酶作用可以发生水解。酸水解可逆，碱水解不可逆。当碱水解脂肪时，由于产物之一为脂肪酸盐类，即肥皂，因此称为皂化反应。

完全皂化 1 g 脂肪所消耗的氢氧化钾的毫克数称为皂化价，它反映组成脂肪的脂肪酸分子量的大小。

3. 加成

含不饱和脂肪酸的油脂的分子中的碳—碳双键可以与氢、卤素等进行加成反应。

（1）氢化。在高温、高压和金属镍催化下，碳–碳双键与氢发生加成反应，转化为饱和脂肪酸。氢化的结果使液态的油变成半固态的脂，所以常称为"油脂的硬化"。

人造黄油的主要成分就是氢化的植物油。某些高级糕点的松脆油也是适当加氢硬化的植物油。棉籽油氢化后形成奶油。

（2）卤化。卤素中的溴、碘可与双键加成生成饱和的卤化脂，这种作用称为卤化。通常把 100 g 油脂所能吸收的碘的克数称为碘值。碘值大，表示油脂中不饱和脂肪酸含量高，即不饱和程度高。

4. 酸败

油脂在空气中放置过久就会腐败产生难闻的臭味，这种变化称为酸败。酸败是由空气中的氧、水分或霉菌的作用而引起的。酸败的化学本质是油脂水解放出游离的脂肪酸，不饱和脂肪酸氧化产生过氧化物，再裂解成小分子的醛或酮。脂肪酸 β-氧化时产生短链的 β-酮酸，再脱酸也可生成酮类物质。低分子量的脂肪酸（如丁酸）、醛和酮常有刺激性酸臭味。

酸败程度的大小用酸价（酸值）表示。酸价就是中和 1 g 油脂中的游离脂肪酸所需的 KOH 毫克数。酸价是衡量油脂质量的指标之一。

5. 乳化作用

脂肪不溶于水，若加入另外一种物质（如肥皂、蛋白质、磷脂、胶质等），则可以使脂肪以脂肪滴的形式均匀分散于水中或水以水滴的形式均匀分散于脂肪中形成均一、稳定的乳浊液，此过程称为乳化作用，加入的物质称为乳化剂。它是一种表面活性物质，能降低水/油两相界面的表面张力或增如水相的黏度使乳浊液稳定。乳化作用有水包油（O/W）和油包水（W/O）两种类型。

乳化剂之所以能起乳化作用，主要是分子中既具有亲水基又具有疏水基。例如，肥皂是高级脂肪酸的钠盐或钾盐（RCOONa 或 RCOOK），R 基为疏水基，–COONa 为亲水基，因此当肥皂与脂肪和水两相作用时，在脂肪小滴上形成一个肥皂分子的薄膜，分子的疏水基一端朝向脂肪内，亲水基一端则朝向水中。由于每个脂肪滴表面具有这样一层薄膜，降低了油/水间的界面张力，使乳浊液中的各个小滴不直接相接触，因而不能相互融合分层，而使乳浊液保持稳定。

6.3 食品中常见的类脂

6.3.1 甘油磷脂

甘油磷脂又称为磷酸甘油酯，它是磷脂酸的衍生物。甘油磷脂中最常见的是卵磷脂和脑磷脂。动物的心、脑、肾、肝、骨髓以及禽蛋的卵黄中的含量都很丰富。大豆磷脂是卵磷脂、脑磷脂和心磷脂等的混合物。

α–卵磷脂分子中与磷脂酸相连的是胆碱，所以称为磷脂酰胆碱。可以控制肝脏脂肪代谢，防止脂肪肝的形成，卵磷脂的结构如图 6-2 所示。

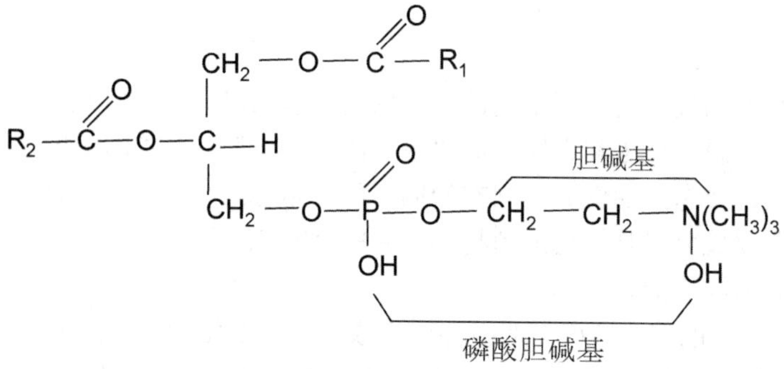

图 6-2 卵磷脂结构

脑磷脂最早是从脑和神经组织中提取出来的，所以称为脑磷脂。它是一种磷脂酰乙醇胺。脑磷脂的结构与卵磷脂相似，只是 X 基不同，与凝血有关。脑磷脂的结构如图 6-3 所示。

磷脂中的脂肪酸常见的是软脂酸、硬脂酸、油酸以及少量不饱和程度高的脂肪酸。通常 α–位的脂肪酸是饱和脂肪酸，β-位的是不饱和脂肪酸。天然磷脂常是含不同脂肪酸的几种磷脂的混合物。

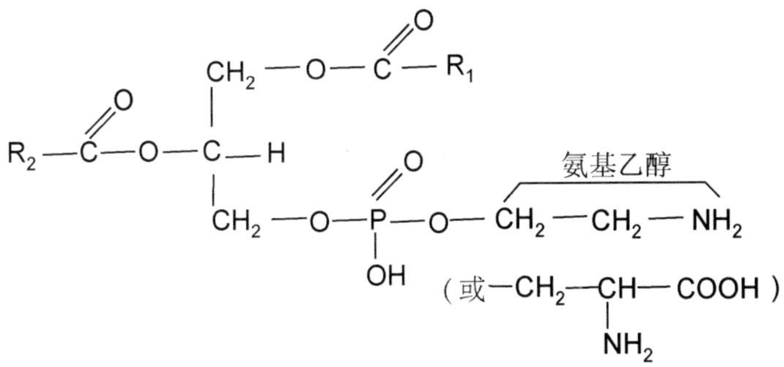

图 6-3　脑磷脂结构

卵磷脂和脑磷脂的性质相似，都不溶于水而溶于有机溶剂，但卵磷脂可以溶于乙醇而脑磷脂不溶，因此可用乙醇将两者分离。两者的新鲜制品都是无色的蜡状物，有吸水性，在空气中放置易变为黄色进而变成褐色，这是由于分子中不饱和脂肪酸受氧化所致。卵磷脂和脑磷脂可以从动物的新鲜大脑及大豆中提取。

磷脂是兼性离子，有多个可解离基团。在弱碱下可水解，生成脂肪酸盐，其余部分不水解。在强碱下则水解成脂肪酸、磷酸甘油和有机碱。磷脂中的不饱和脂肪酸在空气中易氧化。

6.3.2　固醇类

固醇是环状高分子一元醇，分布很广，可以游离存在或与脂肪酸结合成酯。主要有以下 3 种。

1. 动物固醇

动物固醇多以酯的形式存在。胆固醇（Cholesterol）是脊椎动物细胞的重要成分，在神经组织和肾上腺中含量特别丰富，约占脑固体物质的 17%。胆石几乎全是由胆固醇构成的。胆固醇的结构如图 6-4 所示。

胆固醇易溶于有机溶剂，不能皂化。它是高等动物生物膜的重要成分，占质膜脂类的 20% 以上，占细胞器膜的 5%。其分子形状与其他膜脂不同，极性头是 3 位羟基，疏

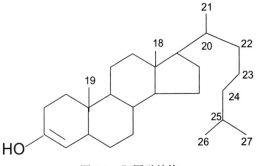

图 6-4　胆固醇结构

水尾是 4 个环和 3 个侧链。它对调节生物膜的流动性有一定意义。温度高时，它能阻止双分子层的无序化；温度低时又可干扰其有序化，阻止液晶的形成，保持其流动性。

胆固醇还是一些活性物质的前体，类固醇激素、维生素 D_3、胆汁酸等都是胆固醇的衍生物。维生素 D_3 是由 7-脱氢胆固醇经日光中紫外线照射转变而来的。

2. 植物固醇

植物固醇是植物细胞的重要成分，不能被动物吸收利用。主要有豆固醇、麦固醇等。植物固醇的结构如图 6-5 所示。

3. 酵母固醇

酵母固醇存在于酵母菌、真菌中，以麦角固醇最多，经日光照射可转化为维生素 D_2。酵

母固醇的结构如图 6-6 所示。

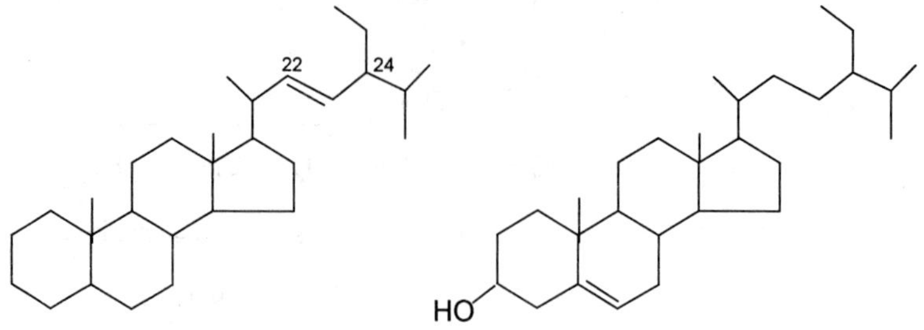

豆 固 醇　　　　　　　　　　　麦 固 醇

图 6-5　植物固醇结构

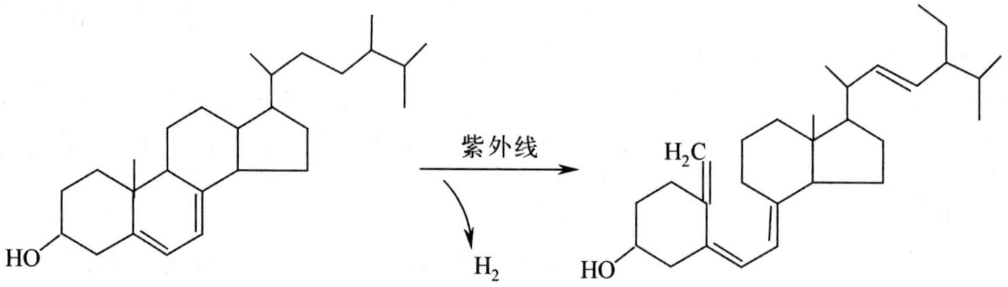

紫外线

H₂

麦 角 固 醇　　　　　　　　　　　　VD₂

图 6-6　酵母固醇结构

6.3.3　蜡

　　蜡是由高分子一元醇与长链脂肪酸形成的酯质，在化学结构上不同于脂肪，也不同于石蜡和人工合成的聚醚蜡，故亦称为酯蜡。蜡是不溶于水的固体，温度稍高时变软，温度下降时变硬。其生物功能是作为生物体对外界环境的保护层，存在于皮肤、毛皮、羽毛、植物叶片、果实以及许多昆虫的外骨骼的表面。

　　高分子一元醇的长链脂肪酸酯称为真蜡，如蜂蜡的主要组分是长链一元醇（C₂₆～C₃₆）的棕榈酸酯，羊毛蜡是很复杂的混合物，含有酯蜡、醇和脂肪酸。纯化后称为羊毛脂，是羊毛固醇的脂肪酸酯。巴西棕榈蜡是一种重要的植物蜡，为酯蜡的混合物。

　　蜡的凝固点都比较高，约在 38～90℃之间。碘值较低（1～15）说明不饱和度低于中性脂肪。蜡通常在狭义上是指脂肪酸、一价或二价的脂醇和熔点较高的油状物质；广义上通常是指具有某些类似性状的油脂等物质。在不同的场合下对于"蜡"的定义也有所区别。但在广义上，蜡通常是在指植物、动物或者矿物等所产生的某种常温下为固体、加热后容易液化或者气化、容易燃烧、不溶于水、具有一定的润滑作用的物质。

6.4　实训项目——油脂酸价的测定

1. 实训目的

学习商品植物油脂酸价测定的方法。

2. 实训原理

油脂暴露于空气中一段时间后，在脂肪水解酶或微生物繁殖所产生的酶作用下，部分甘油酯会分解产生游离的脂肪酸，使油脂变质酸败。通过测定油脂中游离脂肪酸含量反映油脂新鲜程度。游离脂肪酸的含量可以用中和 1 g 油脂所需的氢氧化钾量（mg），即酸价来表示。通过测定酸价的高低来检验油脂的质量。

3. 试剂及器材

（1）仪器
①滴定管。
②锥形瓶：250 mL。
③试剂瓶。
④容量瓶、移液管、称量瓶等。
⑤天平：感量 0.001 g。
（2）试剂
①0.1 N 氢氧化钾（或氢氧化钠）标准溶液。
②中性乙醚-乙醇（2:1）混合溶剂：临用前用 0.1 N 碱液滴定至中性。
③指示剂：1%酚酞乙醇溶液。

4. 实训方法

（1）称取均匀的油样 4 g，注入锥形瓶中；另取一个锥形瓶不加油脂作空白。
（2）在两个锥形瓶中加入中性乙醚-乙醇溶液 50 mL，小心旋转摇动，使油样完全溶解成透明溶液。
（3）加 2～3 滴酚酞指示剂，用 0.1 mol/L 碱液滴定至出现微红色并在 30 s 内不消失为终点，记下消耗 0.1 mol/LKOH 的用量。

5. 注意事项

（1）深色油的酸价，可减少试样用量，或适当增加混合溶剂的用量，以酚酞为指示剂，终点变色明显。
（2）测定蓖麻油的酸价时，只用中性乙醇不用混合溶剂。

6. 实训结果

油脂酸价按下列公式计算：

$$酸价（mgKOH/g油）= \frac{V \times N \times 56.1}{W}$$

式中：V——滴定消耗的氢氧化钾溶液体积，mL；
  　N——氢氧化钾溶液当量浓度；
  　56.1——氢氧化钾的毫克当量；
  　W——试样重量，g。
双试验结果允许差不超过 0.2 mg KOH/g 油，求其平均数，即为测定结果，测定结果取小数点后第一位。

7. 问题讨论

（1）影响油脂酸败的主要因素有哪些？

（2）脂肪水解的产物是什么？

6.5　本章小结

脂类化合物是生物体内一大类重要的有机化合物，它们有共同的物理性质。脂类广泛存在于自然界中，是生物体重要的能源物质，脂类物质完全或部分消化产物可在小肠被吸收。

脂肪酸是具有长碳氢链和一个羧基末端的有机化合物的总称，脂肪酸的碳氢链有饱和与不饱和之分。不同脂肪酸之间的区别主要在于碳链长度、双键数目、位置及构型，以及其他取代基团的数目和位置。脂肪酸及由其衍生的脂质的性质与脂肪酸的链长和不饱和程度有密切关系。饱和脂肪酸和不饱和脂肪酸具有不同的构象。必需脂肪酸是指一类维持生命活动所必需的、体内不能合成、必须从外界摄取的脂肪酸。

脂酰甘油为脂肪酸和甘油所形成的酯。三酰甘油又称为甘油三酯，它是脂类中含量最丰富的一类，是植物和动物细胞储脂的主要成分。一般在室温下为固态的称为脂，在室温下为液态的称为油。三脂酰甘油分子，大多是两种或三种不同的脂肪酸参加组成的，称为混合甘油酯；若由同一种脂肪酸组成的三酰甘油称为简单甘油酯。天然甘油三酯都是 L-构型的。通过测定皂化价、酸价、碘价，可以确定某种油脂的特性。

6.6　思考题

一、名词解释

酸价　　必需脂肪酸　　酸败　　油脂氢化

二、简答

1. 何谓脂类？脂类物质有哪些种类？它们的性质、生理功能如何？

2. 植物油和动物油的化学结构和物理性质有何异同？

3. 什么是油脂的酸败，它与哪些因素有关系？

4. 请查阅资料简单了解我国有关油脂的检验有哪些？

第 **7** 章

物质代谢

【教学内容】

生物代谢，也叫新陈代谢，是维持生物体一切生命活动过程中化学变化的总称，它包含生物体同外界环境的物质交换和能量转移以及生物体内部的物质转变和能量转变两个过程。因此，生物代谢就是生命个体的新陈代谢。生物代谢是生命存在的前提，生物代谢一停止，生命就随之停止。生物代谢是生物最基本的特征。

本章主要介绍生物氧化的概念、作用方式及特点，生物体内三大代谢反应过程及其相互联系。

【教学目标】

☑ 掌握生物氧化的特点及方式、呼吸链的组成及作用机理和 ATP 的生成方式

☑ 了解糖分解代谢的主要途径，掌握糖酵解、三羧酸循环的反应过程及生理意义

☑ 了解脂肪的降解与合成过程，掌握脂肪酸的 β-氧化和脂肪酸的合成过程

☑ 了解蛋白质降解的过程，掌握氨基酸分解代谢的主要途径及代谢产物的转化过程

基础知识

7.1 生物氧化

7.2 物质代谢

拓展知识

7.3 糖代谢、脂类代谢和蛋白质代谢的相互关系

课堂实训

7.4.1 糖代谢实训（乳酸发酵）

7.4.2 发酵过程中中间产物的鉴定

7.1 生物氧化

7.1.1 生物氧化概述

1. 生物氧化的概念

在生物体内凡是能通过氧化作用释放能量的反应都称为生物氧化作用。

2. 生物氧化的特点

（1）生物氧化是在酶的催化下进行，反应条件温和。

（2）生物氧化是经一系列连续的化学反应逐步进行，能量也是逐步释放的。这样不会因氧化过程中能量骤然释放而损害机体，同时使释放出的能量得到有效的利用。

（3）生物氧化过程中产生的能量通常都先储存在高能化合物中，主要是腺苷三磷酸（ATP）中，通过 ATP 再供给机体生命活动的需要。

7.1.2 生物氧化体系

对于不同的生物来说，由于所含氧化还原酶的种类不同，在生物氧化过程中脱氢、递氢和受氢的方式不同，这样就构成了不同的生物氧化体系。

1. 有氧氧化体系

也称为有氧呼吸，是指在生物氧化过程中以分子态氧为氢的最终受体，生成 CO_2 和 H_2O，并释放大量能量的过程。

有氧氧化体系中代谢物脱下的氢，经一系列传递体传递，最终传给分子氧生成 CO_2 和 H_2O 的过程称为呼吸链。由于氢原子的传递实质也是电子的传递，因此呼吸链也称为电子传递链。

在细胞的线粒体中，根据代谢物上脱下的氢的最初受体不同，可以将呼吸链分为 NADH 呼吸链和 $FADH_2$ 呼吸链两种类型。

（1）NADH 呼吸链。这类呼吸链在生物中应用最广，糖类、脂类和蛋白质三大物质的分解代谢中的脱氢氧化绝大部分都通过这类呼吸链完成。

（2）$FADH_2$ 呼吸链。两条链的传递过程如图 7-1 所示。

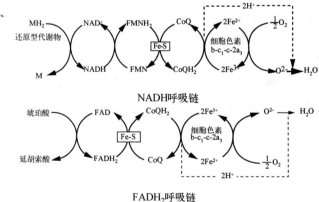

图 7-1　呼吸链的传递过程

参与呼吸链的酶主要有以下几类：

①烟酰胺脱氢酶类。该酶可以催化代谢物脱氢，辅酶 NAD^+ 或 $NADP^+$ 接受代谢物氧化脱下的氢而被还原为 $NADH + H^+$ 或 $NADPH + H^+$。

②黄素脱氢酶类。该酶可以催化代谢物脱氢，辅酶 FMN 或 FAD 接受代谢物氧化脱下的氢而被还原为 $FMNH_2$ 或 $FADH_2$。

③辅酶 Q（CoQ）。是脂溶性的醌类化合物，因为广泛分布于自然界，所以又称为泛醌。辅酶 Q 分子中的苯醌结构能可逆地加氢和脱氢，也属于递氢体。

④细胞色素。是一类含有血红素辅基的电子传递蛋白质的总称，包括细胞色素 b、c_1、c、a 和 a_3 等。细胞色素以铁卟啉为辅基，铁卟啉中的铁原子以共价键和配位键与卟啉环和蛋白质结合。细胞色素中的铁原子可以进行价态的变化，从而使细胞色素起着传递电子的作用。

⑤铁硫蛋白。铁硫蛋白分子中含有辅基铁硫中心，借 Fe^{2+} 和 Fe^{3+} 之间的价位互变传递电子。

2. 无氧氧化体系

指在无氧情况下，以有机物或无机物为最终受氢体的生物氧化，按氢的最终受体不同，可以分为以下两类。

（1）以有机物为最终受体的无氧氧化体系。在此氧化体系中，通常是把从代谢物上脱下的氢转移给 NADP，使之还原为 $NADPH_2$，再由 $NADPH_2$ 将氢转交给在代谢物分解过程中产生的一种新有机物，使这种新有机物还原，这一过程也称为"发酵作用"。

（2）以无机物为最终受体的无氧氧化体系。此体系以 NO_3^-、NO_2^-、SO_4^{2-} 等无机物为最终电子（氢）受体。根据最终电子（氢）受体的不同，传递体组成也有所不同。

7.1.3 生物氧化中能量的转化

1. 高能化合物

生物氧化所放出的能量除小部分被吸热反应利用或以热的形式释放外，大部分以化学键能的形式储存于高能化合物中，供机体必要时使用。

高能化合物是指含转移势能高的基团（即容易转移的基团，如高能磷酸基团和带硫酯键的~S-CoA 基团）的化合物。连接这种高能基团的键通常称为高能键，以符号"～"来表示。含高能键的化合物很多，其中以 ATP 为最重要。

2. ATP 的生成

在生物体内 ATP 的生成需要能量，能量来源有光能及化学能，以代谢物进行生物氧化所产生的能量合成高能化合物（如 ATP）的过程称为氧化磷酸化。根据氧化磷酸化的方式，可将氧化磷酸化分为底物水平磷酸化和电子水平磷酸化。

（1）底物水平磷酸化。底物水平磷酸化是指由于代谢物脱水或脱氢后引起分子内部能量重新分布而生成高能磷酸化合物（ATP）的方式。如糖代谢中 3-磷酸甘油脱氢反应。

底物水平磷酸化是发酵微生物进行生物氧化取得能量的唯一方式，其特点是底物磷酸化与氧的存在与否无关。

（2）电子水平磷酸化。在呼吸链中底物脱下的氢进入电子传递体系，最终传给分子氧的过程中产生能量并进行磷酸化，使 ADP 产生 ATP，这过程称为电子水平磷酸化。这是需氧生物获得 ATP 的主要方式。

电子水平磷酸化过程中氧的消耗和 ATP 生成的个数之间有一定的关系，此关系可以用 P/O 比值来表示，即每消耗 1 mol 氧所消耗无机磷的摩尔数。在 NADH-呼吸链中，每消耗一个氧原子产生三分子 ATP，其 P/O 比值为 3；在 $FADH_2$-呼吸链中，每消耗一个氧原子产生二分子 ATP，其 P/O 比值为 2。

7.2 物质代谢

7.2.1 糖的分解代谢

多糖经降解产生的单糖或双糖进入细胞后，可以进一步被分解成小分子物质，在此过程中一方面为生物生命活动提供能量，另一方面分解过程中的某些中间产物又可以作为合成脂类、蛋白质等生物大分子物质的原料。其分解方式受氧的供应情况的影响，包括无氧分解和有氧分解两部分，如图 7.2 所示。

糖的代谢途径

- 无氧降解：单糖 —EMP 途径→ 丙酮酸 —还原→ 乳酸（或）乙醇 + 能量
- 有氧降解：单糖 —EMP 途径→ 丙酮酸 —TCA 循环→ CO_2+H_2O+能量

图 7-2　糖的分解代谢

糖的无氧分解代谢是指细胞在无氧情况下，将葡萄糖转变为新的有机物（如乳酸、乙醇等）并产生能量物质（ATP）的过程，包括糖的酵解（EMP 途径）生成丙酮酸和丙酮酸的还原成新有机物两部分，其中糖的酵解（EMP 途径）是一切有机体中普遍存在的葡萄糖降解的途径。而有氧分解是将葡萄糖无氧分解生成丙酮酸，在有氧的条件下，彻底氧化分解生成 CO_2 和 H_2O，并释放大量能量的过程。

糖的无氧分解和有氧分解过程是生物体内糖分解代谢的主要途径，但并不是唯一途径，磷酸戊糖途径是另一个重要的糖类降解途径。

1. 糖的无氧降解

（1）糖酵解过程（EMP 途径）

葡萄糖或糖原在细胞液中经无氧分解转变为丙酮酸并生成 ATP 的过程称之为糖酵解，如图 7-3 所示。此过程可以分为 3 个阶段：

①第 1 阶段：葡萄糖经磷酸化生成 1,6-二磷酸果糖；

②第 2 阶段：1,6-二磷酸果糖分裂成两分子丙糖；

③第 3 阶段：3-磷酸甘油醛经氧化还原生成丙酮酸；

（2）丙酮酸被还原生成新有机物的过程

在无氧条件下厌氧微生物或兼性微生物将糖酵解生成的丙酮酸进一步转化为发酵产物。不同的生物酶系不同，得到的发酵产物也不同。常见的有酵母的酒精发酵、乳酸菌的乳酸发酵等。

①酒精发酵

酵母细胞除含有酵解途径的全部酶系外，还具有丙酮酸脱羧酶和乙醇脱氢酶。丙酮酸脱羧酶以焦磷酸硫胺素（TPP）为辅酶，催化丙酮酸脱羧，生成乙醛。乙醛在乙醇脱氢酶的催化下还原生成乙醇。此步反应以酵解途径第 6 步产生的 NADH 为辅酶其反应过程如下：

$$CH_3-C(=O)-COOH \xrightarrow[\text{TPP}]{\text{丙酮酸脱羧酶}} CH_3-HC-O \xrightarrow[\text{NADH+H} \quad \text{NAD}]{\text{醇脱氢酶}} CH_3CH_2OH$$

丙酮酸   乙醛   乙醇

葡萄糖酒精发酵的总反应式如下：

$$C_6H_{12}O_6 + 2ADP + 2Pi + 2NADH + H^+ \xrightarrow{\text{酒精发酵}} 2CH_3CH_2OH + 2ATP + 2NAD^+ + 2CO_2$$

从反应过程看，酒精发酵是酵母菌在无氧条件下分解葡萄糖取得生物能量的代谢方式，每 mol 葡萄糖净生成 2 mol ATP，其余的能量以热能的形式散发，发酵过程中必要时需要采取降温措施。

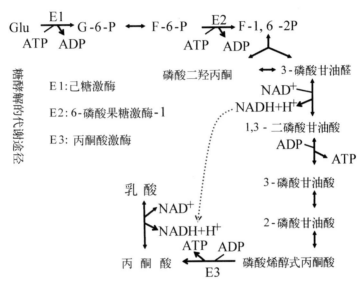

图 7-3   糖的无氧代谢途径

②乳酸发酵

乳酸菌能产生活性很强的乳酸脱氢酶（LDH），在无氧条件下可以利用酵解反应生成的还原型 NADH 还原丙酮酸而得到乳酸，反应式如下：

$$CH_3-C(=O)-COOH + NADH+H^+ \underset{\text{乳酸脱氢酶}}{\rightleftharpoons} CH_3-H-C-OH-COOH + NAD^+$$

乳酸发酵对于微生物的生物学意义在于将还原型辅酶及时转化成氧化型 NAD^+，维持无氧酵解持续进行。哺乳动物和人的骨骼肌中也有乳酸脱氢酶，在缺氧条件下能进行酵解生成乳酸，乳酸可以经过糖异生作用再合成葡萄糖。总反应方程式：

$$C_6H_{12}O_6 + 2ADP + 2H_3PO_4 \longrightarrow 2CH_3CHOHCOOH + 2ATP$$

2. 糖的有氧分解

糖酵解过程产生的丙酮酸有氧分解过程可以分为丙酮酸的氧化脱羧和三羧循环（TCA 循环）两个阶段。

（1）丙酮酸氧化脱羧

糖酵解产生的丙酮酸可以穿过线粒体膜，进入线粒体基质，在丙酮酸脱氢酶系的催化下，脱氢脱羧生成乙酰 CoA，这个反应过程不可逆，其总反应式为：

$$CH_3COCOOH + CoASH + NAD^+ \xrightarrow[\text{丙酮酸脱氢酶系}]{\text{TPP，硫辛酸，}Mg^{2+}} \text{乙酰 CoA} + NADH + H^+ + CO_2$$

（2）三羧酸循环（TCA 循环）

在有氧存在的情况下，丙酮酸氧化脱羧生成的乙酰 CoA 可以进入一个环状的代谢途径，彻底氧化分解生成 CO_2 和 H_2O，这一环状代谢途径中有四个三元酸，故称为三羧酸循环，简称 TCA 循环，其反应过程如图 7-4 所示。

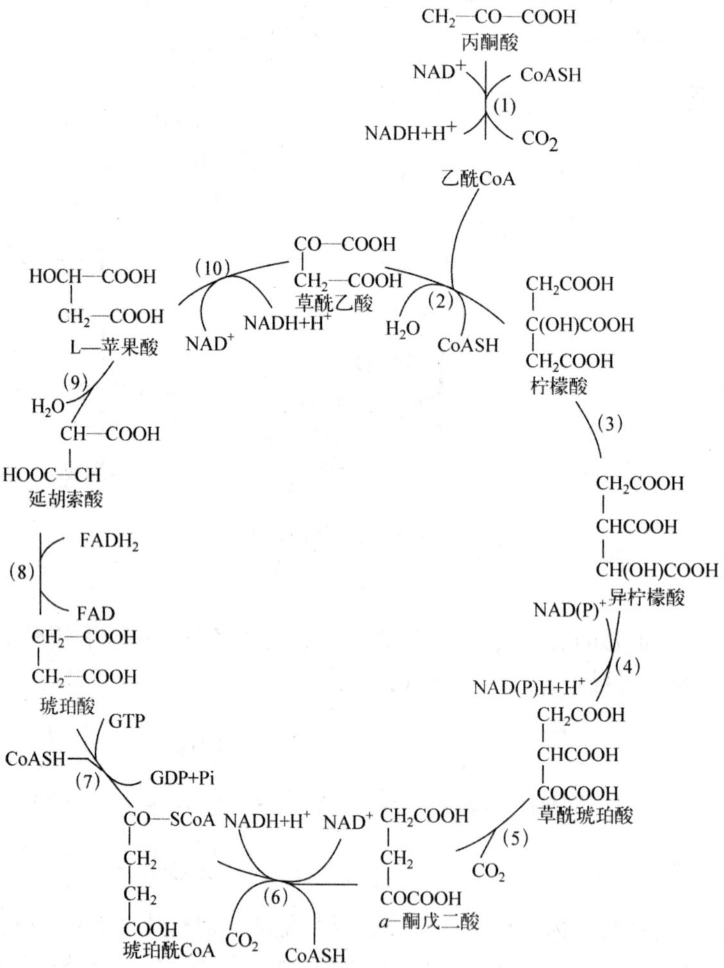

图 7-4 TCA 循环的反应过程

丙酮酸经氧化脱羧生成乙酰 CoA 后，进入 TCA 循环，经上述反应过程生成 CO_2 和 H_2O，

其总反应式如下:

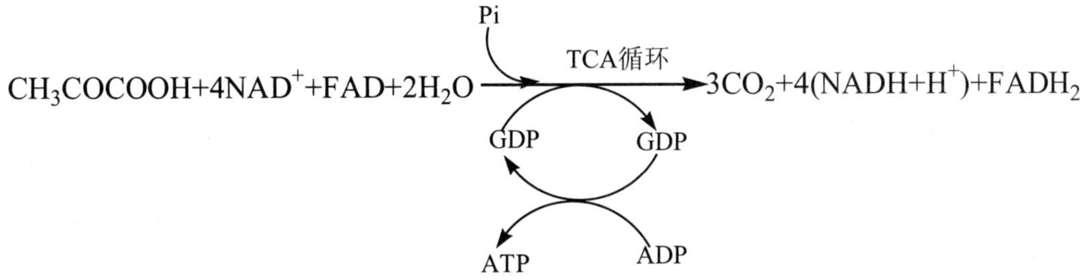

$$CH_3COCOOH+4NAD^++FAD+2H_2O \xrightarrow{\text{TCA循环}} 3CO_2+4(NADH+H^+)+FADH_2$$

（图中：Pi，GDP，GDP，ATP，ADP）

在有氧分解过程中，由于生成的每摩尔 $NADH+H^+$ 和 $FADH_2$ 经不同的呼吸链进行氧化磷酸化分别生成 3 分子或 2 分子 ATP。因此，1 摩尔丙酮酸完全氧化为 H_2O 和 CO_2，净生成的 ATP 总量为 15 分子。若 1 摩尔葡萄糖经 EMP—TCA 循环，完全氧化为 H_2O 和 CO_2，可以生成 38 个 ATP 分子，这是机体利用糖或其他物质氧化获得能量的最佳形式。

TCA 循环一方面是糖、脂肪和氨基酸彻底氧化分解的共同途径，另一方面中间产物草酰乙酸、α-酮戊二酸、柠檬酸、琥珀酰 CoA 和延胡索酸等又是合成糖、脂肪酸、氨基酸和卟啉环等的原料和碳骨架，使之成为各种物质代谢的枢纽。

7.2.2 脂代谢

脂肪的分解代谢首先是经过水解生成甘油和脂肪酸,然后水解产物按不同途径进一步分解或转化。

1. 脂肪的消化和吸收

生物体内脂肪的消化需要在脂肪酶、甘油二酯脂肪酶和甘油单酯脂肪酶的参与进行，并逐步水解三个酯键，最后生成甘油和脂肪酸，其水解过程如图 7-5 所示。

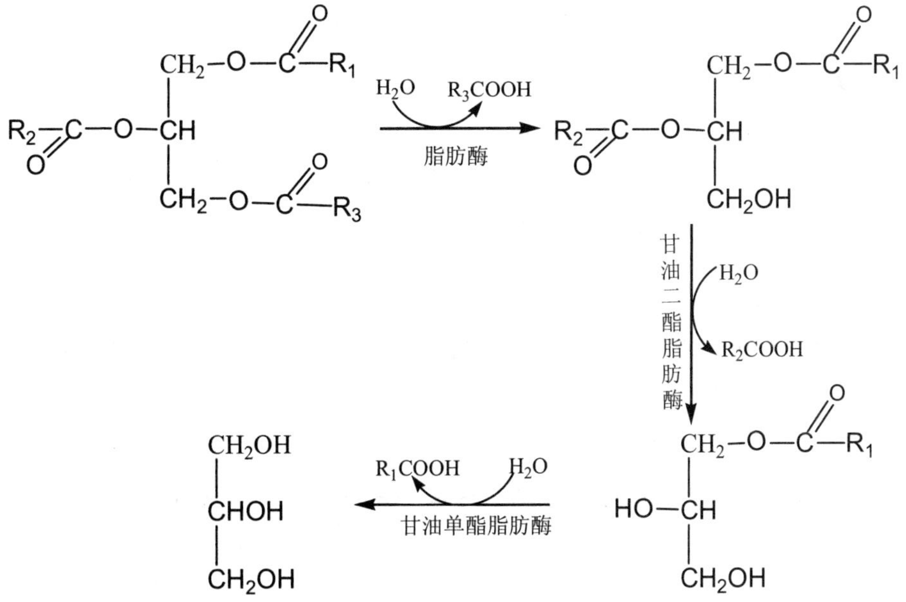

图 7-5　脂肪的水解过程

脂肪的水解产物甘油、脂肪酸和单酰甘油经过扩散作用进入肠粘膜后重新酯化为脂肪，并与磷脂、胆固醇混合在一起形成乳糜微粒，经淋巴系统进入血液，小分子脂肪酸可以直接渗入血液。

2. 甘油的分解代谢

在 ATP 参与下，由甘油激酶催化甘油生成 3-磷酸甘油，再由 3-磷酸甘油脱氢酶催化，生成磷酸二羟丙酮。磷酸二羟丙酮是糖酵解途径的一个中间产物，它基本上可以经 EMP 逆行合成葡萄糖乃至合成多糖，也可以顺行生成乙酰 CoA，再进入 TCA 循环被彻底氧化。甘油的分解代谢过程如图 7-6 所示。

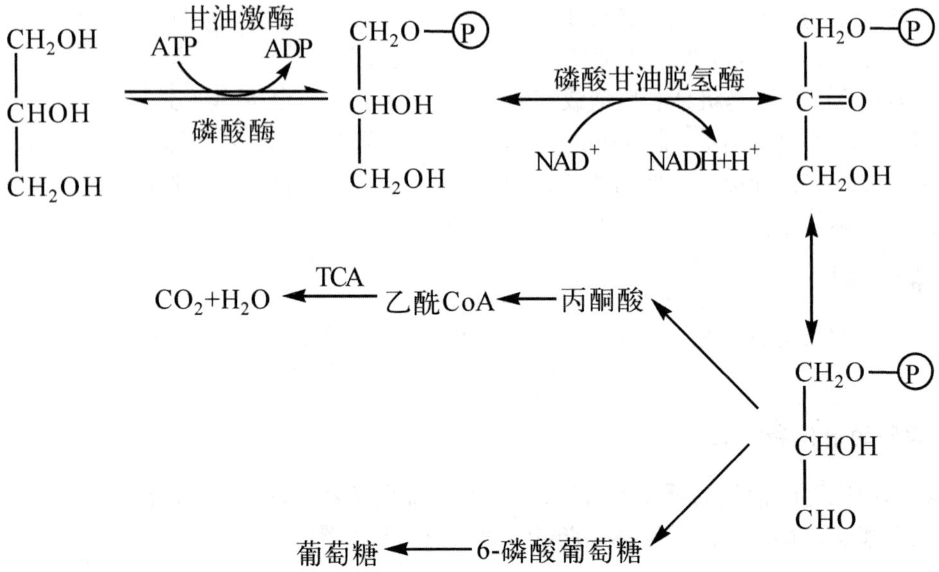

图 7-6　甘油的分解代谢过程

3. 脂肪酸的分解代谢

生物体内的脂肪酸氧化分解的主要方式为 β-氧化作用。脂肪酸的 β-氧化是指在一系列酶催化作用下，α 和 β 碳原子间的化学键断裂，并使 β-碳原子氧化，相应切下两个碳原子，生成乙酰 CoA 和少了两个碳原子的脂肪酸的降解过程，其过程包括脱氢、水化、再脱氢氧化和硫解四步反应。

（1）脂酰 CoA 脱氢

进入线粒体的脂酰 CoA 由脂酰 CoA 脱氢酶催化，脱去 α,β 两个碳原子上的氢,生成 $FADH_2$ 和烯脂酰 CoA，反应式如下：

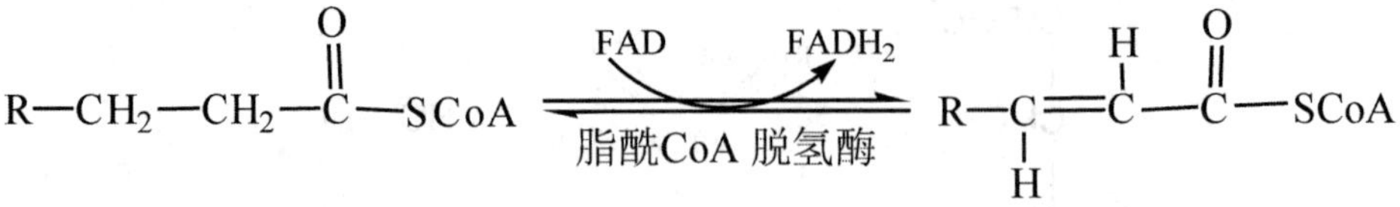

脂酰CoA　　　　　　　　　　　　　　　　　　烯脂酰CoA

（2）烯脂酰 CoA 水化

烯脂酰 CoA 在水化酶催化下，使水分子的 H 加到 α-碳上，OH 加到 β-碳上，生成 β-羟脂酰 CoA，反应式如下：

$$R-\overset{\overset{\displaystyle H}{|}}{C}=\overset{\overset{\displaystyle H}{|}}{C}-\overset{\overset{\displaystyle O}{\|}}{C}-SCoA \xrightarrow[\substack{H_2O \\ \text{烯脂酰CoA水化酶}}]{H_2O} R-\overset{\overset{\displaystyle OH}{|}}{\underset{\underset{\displaystyle H}{|}}{C}}-\overset{\overset{\displaystyle H}{|}}{\underset{\underset{\displaystyle H}{|}}{C}}-\overset{\overset{\displaystyle O}{\|}}{C}-SCoA$$

烯脂酰CoA　　　　　　　　　　　　　　　　β-羟脂酰CoA

（3）羟脂酰 CoA 脱氢

β-羟脂酰 CoA 由 β-脂酰 CoA 脱氢酶催化，脱下 β-碳上的两个 H，生成 β-酮脂酰 CoA，并产生一个分子 NADH+H$^+$，反应式如下：

$$R-\overset{\overset{\displaystyle OH}{|}}{\underset{\underset{\displaystyle H}{|}}{C}}-\overset{\overset{\displaystyle H}{|}}{\underset{\underset{\displaystyle H}{|}}{C}}-\overset{\overset{\displaystyle O}{\|}}{C}-SCoA \xrightarrow[\text{β-羟脂酰CoA脱氢酶}]{NAD^+ \quad NADH+H^+} R-\overset{\overset{\displaystyle O}{\|}}{C}-CH_2-\overset{\overset{\displaystyle O}{\|}}{C}-SCoA$$

β-羟脂酰CoA　　　　　　　　　　　　　　β-酮脂酰CoA

（4）酮脂酰 CoA 硫解

在 β-酮脂酰 CoA 硫解酶催化下，酮脂酰 CoA 被硫解，生成一分子乙酰 CoA 和一分子比第一步少 2 个碳原子的脂酰 CoA，反应式如下：

$$R-\overset{\overset{\displaystyle O}{\|}}{C}-CH_2-\overset{\overset{\displaystyle O}{\|}}{C}-SCoA \xrightarrow[\text{硫解酶}]{HSCoA} R-\overset{\overset{\displaystyle O}{\|}}{C}-SCoA + H_3C-\overset{\overset{\displaystyle O}{\|}}{C}-SCoA$$

β-酮脂酰CoA　　　　　　　　　　脂酰CoA　　　　乙酰CoA

脂肪酸经过上述四步反应，生成一分子乙酰 CoA 和一分子比原脂肪酸少 2 个碳原子的脂酰 CoA，此脂酰 CoA 可以重复上述反应过程，每经过一轮 β-氧化，都可产生一分子乙酰 CoA、一分子 NADH+H$^+$ 和一分子 FADH$_2$，直到完全分解成乙酰 CoA。

4. 脂肪酸 β-氧化意义

（1）为机体提供能量。以十八碳的硬脂酸为例，活化后生成脂酰 CoA，经 8 轮 β-氧化，完全降解为乙酰 CoA，其总反应式如下：

$$CH_3(CH_2)_{15}CoSCoA+8NAD^++CoASH+8H_2O \longrightarrow 9CH_3CoSCoA+8FADH_2+8NADH+8H^+$$

（2）脂肪酸。β-氧化也是脂肪酸的改造过程。人体所需要的脂肪酸链的长短不同，通过 β-氧化可以将长链脂肪酸改造成长度适宜的脂肪酸，供机体代谢所需。

（3）乙酰 CoA 是重要的中间化合物。脂肪酸经 β-氧化产生的乙酰 CoA 除能进入三羧酸循环氧化供能外，还是许多重要化合物合成的原料，如酮体、胆固醇和类固醇化合物。

7.2.3 氨基酸代谢

1. 氨基酸的脱氨基方式

天然氨基酸分子除侧链基团不同外，均含有 α-氨基和羧基。虽然氨基酸在生物体内的分解代谢各有特点，但都有共同代谢途径，如脱氨基作用、转氨作用、联合脱氨基作用和氨基酸的脱羧作用等。

（1）脱氨基作用

根据氨基酸脱氨方式的不同，可以将脱氨基作用分为氧化脱氨基作用和非氧化脱氨基作用两类。氧化脱氨基作用是指氨基酸在酶的催化下，在脱氢（氧化）的同时释放出游离的氨，生成相应的 α-酮酸的过程。氧化脱氨基作用普遍存在于动植物中，其一般反应过程如图 7-7 所示。

在生物体内，催化氧化性脱氨基反应的酶有氨基酸氧化酶和氨基酸脱氢酶两类。氨基酸氧化酶按其底物的构型又可分为 L-氨基酸氧化酶和 D-氨基酸氧化酶，其中 L-氨基酸氧化酶在体内分布不广泛而且活性不高，而 D-氨基酸氧化酶活性较高，但体内缺少 D-氨基酸。因此，在氧化脱氨基反应中起重要作用是 L-谷氨酸脱氢酶，它广泛存在于动植物和微生物体内，属于以 NAD^+ 和 $NADP^+$ 为辅酶的不需氧脱氢酶，具有很高的专一性，它既可以催化 L-谷氨酸脱氢生成 α-酮戊二酸及氨，也可以催化 α-酮戊二酸及氨形成谷氨酸。

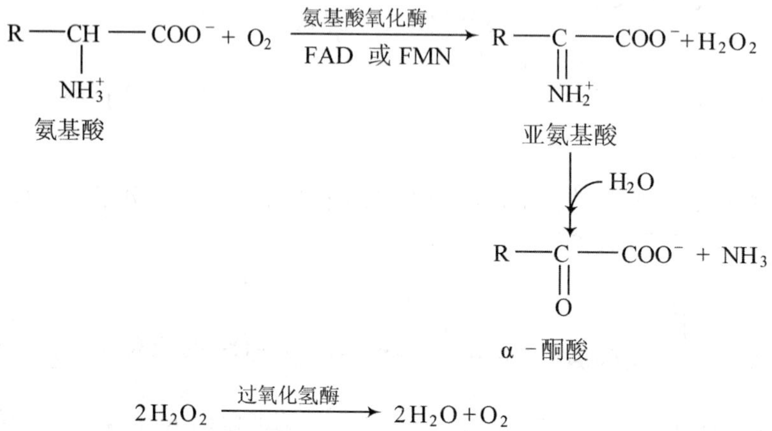

$$R{-}CH{-}COO^- + O_2 \xrightarrow[\text{FAD 或 FMN}]{\text{氨基酸氧化酶}} R{-}C{-}COO^- + H_2O_2$$

$$\underset{\substack{| \\ NH_3^+ \\ \text{氨基酸}}}{} \qquad \underset{\substack{| \\ NH_2^+ \\ \text{亚氨基酸}}}{}$$

$$\downarrow H_2O$$

$$R{-}\underset{\substack{\| \\ O \\ \alpha-\text{酮酸}}}{C}{-}COO^- + NH_3$$

$$2H_2O_2 \xrightarrow{\text{过氧化氢酶}} 2H_2O + O_2$$

图 7-7 氧化脱氨基作用中的脱氢反应和水解反应

非氧化脱氨基作用是指通过还原、水解、脱水、脱巯基等反应方式进行脱氨基作用的一种方式。其脱氨基的方式有还原脱氨基作用、水解脱氨基作用、脱水脱氨基作用、脱巯基脱氨基作用、氧化还原脱氨基作用、脱酰胺基作用六种。

（2）转氨基作用

在转氨酶的催化作用下，一个 α-氨基酸的氨基转移到一个 α-酮酸的酮基位置上，生成与 α-酮酸相应的新的氨基酸，而原来的氨基酸变成相应的 α-酮酸，这就是转氨基作用，又称氨基转换反应。转氨作用是氨基酸脱氨的重要方式，除 Gly、Lys、Thr、Pro 外的氨基酸都能参与转氨基作用。

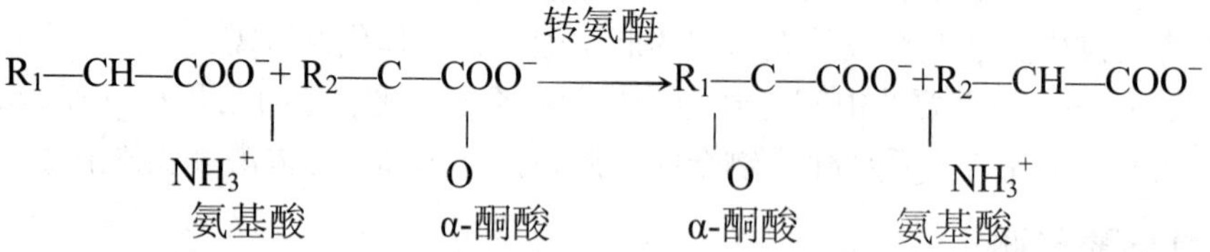

$$R_1{-}\underset{\substack{| \\ NH_3^+ \\ \text{氨基酸}}}{CH}{-}COO^- + R_2{-}\underset{\substack{\| \\ O \\ \alpha-\text{酮酸}}}{C}{-}COO^- \xrightarrow{\text{转氨酶}} R_1{-}\underset{\substack{\| \\ O \\ \alpha-\text{酮酸}}}{C}{-}COO^- + R_2{-}\underset{\substack{| \\ NH_3^+ \\ \text{氨基酸}}}{CH}{-}COO^-$$

转氨基作用由转氨酶催化，其辅酶是维生素 B_6（磷酸吡哆醛、磷酸吡哆胺）。人体内转氨酶种类很多，专一性很强，其中分布最广泛的是天冬氨酸氨基转移酶和丙氨酸氨基转移酶。α-酮戊二酸和丙氨酸在丙氨酸氨基转移酶作用下，生成谷氨酸和丙酮酸，这一反应是可逆的。

转氨基作用可以使糖代谢产生的 α-酮戊二酸、草酰乙酸和丙酮酸转变为氨基酸，它是氨基酸生物合成的重要途径。在正常情况下，人体肝脏中的转氨酶活性最高，而血清中的转氨酶活性很低，当肝脏发生炎症时，由于细胞膜的通透性增加，转氨酶大量进入血液，使血清中谷丙转氨酶的活性转高，所以谷丙转氨酶（GPT）的活性是肝炎病人诊断的重要指标。

（3）联合脱氨基作用

联合脱氨基作用是指将转氨基和脱氨基作用偶联在一起的脱氨方式，它有以下两种形式：

①以谷氨酸脱氢酶为中心的联合脱氨基作用。氨基酸的 α-氨基先转移到 α-酮戊二酸上，生成相应的 α-酮酸和谷氨酸，然后在 L-Glu 脱氨酶催化下，脱氨基生成 α-酮戊二酸，并释放出氨，反应式如下：

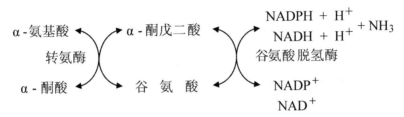

②通过嘌呤核苷酸循环的联合脱氨基作用。次黄嘌呤核苷一磷酸（IMP）与天冬氨酸作用形成腺苷酸代琥珀酸，再通过裂合酶的作用，生成腺嘌呤核苷一磷酸和延胡索酸，腺嘌呤核苷一磷酸水解后产生游离的氨和次黄嘌呤核苷一磷酸。骨骼肌、心肌、肝脏、脑都是以嘌呤核苷酸循环的方式为主。

2. 氨基酸的脱羧作用

生物体内的大部分氨基酸在氨基酸脱羧酶的作用下可以进行脱羧，生成相应的一级胺及 CO_2，反应式如下：

$$R-\underset{\underset{NH_3^+}{|}}{CH}-COO^- \xrightarrow{\text{氨基酸脱羧酶}} R-CH_2-NH_2 + CO_2$$

氨基酸脱羧酶专一性很强，每一种氨基酸都有其相应的脱羧酶，其辅酶都是磷酸吡哆醛。利用脱羧酶的专一性可以对某种氨基酸进行定量测定，从释放的 CO_2 量可以计算出该氨基酸的量。

3. 氨基酸代谢产物的代谢途径

人体内氨基酸经过各种代谢途径可以产生大量 α-酮戊二酸、氨和二氧化碳等物质，由于在正常的生物有机体内，这些物质是不可能大量积聚的，因此它们都可以按各自特定的代谢途径进行分解代谢，最终排出体外。

（1）α-酮戊二酸的代谢

氨基酸经联合脱氨或其他方式脱氨所生成的 α-酮酸在体内可以合成非必需氨基酸、转变成糖和脂类，也可以氧化成二氧化碳和水，释放能量供机体需要。

（2）氨的代谢

在生物体内，氨主要来源于体内营养物的代谢和消化道吸收的由肠道腐败微生物产生的氨，过量的游离氨会对机体产生毒害，人体必须及时将氨转变成无毒或毒性小的物质，然后排出体外，主要是在肝脏合成尿素并随尿排出，其次是可以合成谷氨酰胺和天冬酰胺，也可以合成其他非必需氨基酸；少量的氨可以直接经尿排出体外，尿中排氨有利于排酸。

（3）二氧化碳的去路

氨基酸脱羧生成的 CO_2 大部分直接排到细胞外，小部分可以通过丙酮酸羧化支路被固定，生成草酰乙酸或苹果酸。

7.3 糖代谢、脂类代谢和蛋白质代谢的相互关系

生物体内各类物质代谢途径，相互影响，相互转化。糖、脂类和蛋白质之间可以互相转化，当糖代谢失调时，会立即影响到蛋白质代谢和脂类代谢。现将生物体内糖、脂类和蛋白质代谢途径的相互关系分别叙述如下。

1. 糖代谢与脂类代谢的联系

一般来说，在糖供给充足时，糖可以大量转变为脂肪贮存起来，导致发胖。如果用含糖类很多的饲料喂养家畜，就可以获得肥畜的效果；另外许多微生物可以在含糖的培养基中生长，在细胞内合成各种脂类物质，如某些酵母合成的脂肪可达干重的 40%。

脂肪转化成糖的过程首先是脂肪分解成甘油和脂肪酸，然后两者分别按不同途径向糖转化。甘油经磷酸化生成 α-磷酸甘油，再转变为磷酸二羟丙酮，后者经糖异生作用转化成糖。脂肪酸经 β-氧化作用，生成乙酰辅酶 A。但脂肪酸的氧化作用可以减少机体对糖的需求，这样在糖供应不足时，脂肪可以代替糖提供能量。可见，糖和脂肪不仅可以相互转化，在相互替代供能的关系上也是非常密切的。

2. 糖代谢与蛋白质代谢的相互联系

糖经酵解途径产生的磷酸烯醇式丙酮酸和丙酮酸以及丙酮酸脱羧后经三羧酸循环形成的 α-酮戊二酸、草酰乙酸，它们都可以作为氨基酸的碳架。通过氨基化或转氨基作用形成相应的氨基酸，进而合成蛋白质。此外，由糖分解产生的能量也可以供氨基酸和蛋白质合成之用。

许多氨基酸经脱氨后形成丙酮酸、草酰乙酸、α-酮戊二酸等，这些酮酸可通过三羧酸循环经由草酰乙酸转化为磷酸烯醇式丙酮酸，然后经糖的异生作用合成糖。

3. 脂类代谢与蛋白质代谢的相互联系

生物体中的脂类除构成生物膜外，大多以脂肪的形式储存起来。脂肪分解产生甘油和脂肪酸，甘油可转变为丙酮酸，再转变为草酰乙酸及 α-酮戊二酸，然后接受氨基而转变为丙氨酸、天冬氨酸及谷氨酸。脂肪酸可以通过 β-氧化生成乙酰辅酶 A，乙酰辅酶 A 与草酰乙酸缩合进入三羧酸循环，可以产生 α-酮戊二酸和草酰乙酸，进而通过转氨作用生成相应的谷氨酸和天冬氨酸，从而与氨基酸代谢相联系。

总的来说，糖、脂肪和蛋白质等物质在代谢过程中都是彼此影响、相互转化、密切相关的。糖代谢是各类物质代谢网络的"总枢纽"，通过它将各类物质代谢相互沟通，紧密联系在一起，而磷酸已糖、丙酮酸、乙酰辅酶 A 在代谢网络中是各类物质转化的重要中间产物。糖代谢中产生的 ATP、GTP 和 NADPH 等可以直接用于其他代谢途径。脂类是生物能量的主要储存形

式，脂类的氧化分解最终进入三羧酸循环，并为机体提供更多的能量。各类物质的主要代谢关系如图7-8所示。

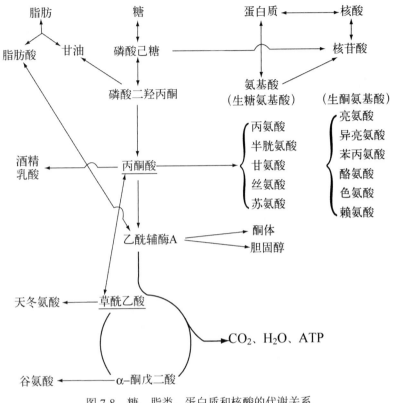

图7-8 糖、脂类、蛋白质和核酸的代谢关系

7.4 实训项目

7.4.1 糖代谢实训（乳酸发酵）

1. 实训目的

学习糖酵解（EMP）的全过程，掌握乳酸发酵的原理、方法和操作条件。

2. 实训原理

牛乳中的乳糖在酸奶菌种（保加利亚乳杆菌:嗜热链球菌=1:1）的乳糖酶的作用下，首先分解为葡萄糖和半乳糖，这两种单糖经乳酸发酵生成乳酸，使牛乳酸度增加，酪蛋白产生沉淀。乳酸发酵的总反应式如下：

$$C_6H_{12}O_6 + 2ADP + 2H_3PO_4 \longrightarrow 2CH_3CHOHCOOH + 2ATP$$

3. 试剂及器材

（1）仪器
①恒温箱。

②电炉。

③天平。

④三角瓶。

⑤冰箱。

⑥温度计。

（2）试剂

①1 mol/L 的 NAOH 溶液。

②酚酞溶液。

③发酵剂。

（3）材料

①鲜牛乳。

②白砂糖。

4. 实训方法

（1）发酵实验

在两个 300 mL 三角瓶中各加入 150 mL 鲜牛乳，按 8% 的比例混入相应数量的白砂糖，并使其完全溶解，然后在电炉上加热杀菌，杀菌条件为 72℃，10～15 分钟（注意防止牛乳溢出），然后冷却至 45℃，按 2.5% 的比例加入准备好的发酵剂并混匀，放入 42℃ 的恒温箱（温度波动为 ±1℃）中保温 2～3 小时，并每隔半小时，用滴定法测一次酸度，填入下表，直至酸度达到 110°T，发酵结束，放入 0～4℃ 的冰箱中保藏后熟 12 小时左右，然后检验并品尝。

（2）滴定酸度的测定

取样 10 mL 发酵乳样，加入 20 mL 蒸馏水稀释，加入酚酞作指示剂，用 0.1mol/L 的 NaOH 溶液进行滴定，到达滴定终点后所消耗的 NaOH 溶液毫升数乘 10 即为发酵乳的滴定酸度 T。

5. 实训结果

（1）隔半小时测定发酵乳的酸度并填入表中，以时间为横坐标，酸度为纵坐标绘出酸度—时间曲线。

项目	0 小时	0.5 小时	1 小时	1.5 小时	2 小时	2.5 小时	3 小时
酸度							

（2）检验品尝后，填写下表：

项目	有、无乳清分离	硬度	口感	酸度
结果				

6. 问题讨论

（1）糖代谢的途径有哪些？乳酸发酵中糖经历的是哪条途径？

（2）总结酸乳生产的工艺过程。

7.4.2　发酵过程中中间产物的鉴定

1. 实训目的

（1）学习在无氧条件下葡萄糖的氧化作用。

（2）掌握检测代谢中间产物存在的方法。

2. 实训原理

在酵母菌中，葡萄糖经 EMP 途径首先产生丙酮酸。丙酮酸在丙酮酸脱羧酶的作用下转变为乙醛，后者接受 $NADH_2$ 中的 2H 而还原为乙醇，即乙醇发酵。

在正常情况下，代谢中间物丙酮酸、乙醛存在的量是不多的，为了证明它们作为反应途径的中间物存在着，可以向反应体系加入一些酶的抑制剂，在研究条件下，抑制催化某一化合物转变的酶，或者改变生理条件，使酶的活性降低；或者加入一种"诱惑剂"，使它与中间代谢物反应后形成一种不能代谢的物质等。

在弱碱性条件下，丙酮酸脱羧酶活性丧失。因此丙酮酸不能进一步代谢而积累下来，它的存在可以通过与 2,4-二硝基苯肼反应来证明。

利用碘乙酸对糖酵解过程中 3-磷酸甘油醛脱氢酶的抑制作用，使 3-磷激甘油醛不再向前变化而积累。硫酸肼作为稳定剂，用来保护 3-磷酸甘油醛使不自发分解。然后用 2,4-二硝基苯肼与 3-磷酸甘油醛在碱性条件下形成 2,4-二硝基苯肼-丙糖的棕色复合物，其棕色程度与 3-磷酸甘油醛含量成正比。

向反应混合物中加入亚硫酸钠，它可以"诱捕"乙醛，加入硝普酸钠和哌啶后，蓝色物质的形成说明有乙醛的存在。

3. 试剂及器材

（1）仪器

①37℃水浴。

②吸量管(5 mL，2 mL，1 mL，0.5 mL)。

③离心管。

④离心机。

⑤试管及试管架。

（2）试剂

①5 mol/L 的磷酸氢二钠。

②磷酸二氢钾溶液（0.5 mol/L）。

③酵母悬浮液：把 1 g 鲜酵母块溶于 10 mL 磷酸氢二钠中（4℃冰箱保存）。

④酵母悬浮液：把 1 g 鲜酵母块溶于 10 mL 水中（4℃冰箱保存）。

⑤酵母悬浮液：把 1 g 鲜酵母块溶于 10 mL 磷酸二氢钾溶液中（4℃冰箱保存）。

⑥10%的葡萄糖溶液（4℃冰箱保存）。

⑦浓氨水。

⑧硫酸铵。

⑨亚硫酸钠。

⑩10%氢氧化钠溶液。

⑪2,4-二硝基苯肼盐酸饱和溶液（以 2 mol/L 的盐酸配制）。

⑫三氯乙酸(5%)。

⑬5%的硝普酸钠（使用前配制）。

⑭5%的三氯乙酸。

⑮硫酸肼。

⑯碘乙酸。

（3）材料

鲜酵母。

4. 实训方法

1）酵母菌的发酵作用

（1）取 2 支干净试管，编号为 1 和 2，注意，试管口应平整。把二支试管放入冰水浴中冷却，向每支试管中加入 3 mL 预冷却的葡萄糖溶液。

（2）向试管 1 中加入 3 mL 以磷酸氢二钠制备的酵母悬浮液，迅速混合后于试管口上放一个载玻片。

（3）向试管 2 中加入 3 mL 以磷酸二氢钾配制的酵母悬浮液，迅速混合后于试管口上放一个载玻片。

（4）把二支试管放于 37℃水浴中精确保温 1 小时，然后向每管中加入 2mL 三氯乙酸，充分混合后，载 3000r/分钟下离心 10 分钟。

（5）吸出上清液，监测丙酮酸的生成。

2）丙酮酸的检测

（1）2,4-二硝基苯肼试验

取一支试管，加入 2 mL 上清液，然后再加入 1 mL 饱和的 2,4-二硝基苯肼，充分混合，另取一支试管，加入 2～5 滴上述混合液，再加入 1 mLNaOH 溶液，然后加水到大约 5 mL，如果有丙酮酸存在，将出现红色。

（2）硝普酸钠试验

①取一支干净试管，加入大约 1 g 硫酸铵，然后加入 2 mL 煮沸过的上清液。

②向试管中加入 2～5 滴新配制的硝普酸钠溶液，充分混合，沿管壁慢慢加入浓氨水使形成两层。

③如果有丙酮酸存在，在两液面交界处将产生绿色的或蓝色的环。由于巯基的存在，蓝色的或绿色的环出现之前，往往有桃红色出现，但存在的时间很短。

3）3-磷酸甘油醛的检测

（1）取小烧杯 3 只，分别加入新鲜酵母 0.3 g，并按下表分别加入各试剂，混匀。

（2）各杯混合物分别倒入编号相同的发酵管内，放入 37℃保温 1.5 小时，观察发酵管产生气泡的量有何不同。

杯号	5%葡萄糖（mL）	10%三氯醋酸（mL）	碘乙酸（mL）	硫酸肼（mL）	发酵时气泡多少
1	10	2	1	1	
2	10	□	1	1	

3	10	□	□	□

（3）把发酵管中的发酵液倾倒入同号小烧杯中并在 2 号和 3 号杯中按下表补加各试剂，摇匀放 10 分钟后和第一只烧杯中内容物一起分别过滤，取滤液放入三支试管中。

杯号	10%三氯醋酸（mL）	碘乙酸（mL）	硫酸肼（mL）
2	2	□	□
3	2	1	1

（4）取三个试管，分别加入上述滤液 0.5 mL，并按下表加入试剂和处理，观察。

管号	滤液（mL）	0.75N NaOH	室温放置10分钟	2,4-二硝基苯肼	38℃水浴保温10分钟	0.75N NaOH	观察结果
1	0.5	0.5		0.5		3.5	
2	0.5	0.5		0.5		3.5	
3	0.5	0.5		0.5		3.5	

4）中间产物乙醛的鉴定

（1）取三支干净试管，编号为 1、2 和 3，把三支试管放入冰浴中冷却。

（2）向管 1 中加入 3 mL 水，向管 2 和管 3 中分别加入 3 mL 葡萄糖溶液，然后再加入以水配制的酵母悬浮液 3 mL。

（3）向管 2 中加入 0.5 g 的亚硫酸钠，充分混匀。

（4）把三支试管放入 37℃水浴中保温 1 小时。

（5）将试管内容物在 3 000 r/分钟下离心 10 分钟，取各管上清液检测乙醛的存在。

（6）另取三支干净试管，编号后分别加入管 1、管 2 和管 3 的上清液 2 mL，再分别加入 0.5 mL 新配制的硝普酸钠及 2 mL 哌啶，混合，若有乙醛存在，将有蓝色化合物产生。

5. 注意事项

（1）酵母悬浮液及葡萄糖溶液应放在 4℃的冰箱中保存。

（2）硝普酸钠和哌啶溶液应是新配制的。

6. 实训结果

项目	丙酮酸的检测	3-磷酸甘油醛的检测	乙醛的检测
主要试剂	NaOH 2,4-二硝基苯肼	碘乙酸 2,4-二硝基苯肼	亚硫酸钠 硝普酸钠 哌啶
结果			

7. 问题讨论

酶的抑制与失活的区别是什么？

7.5 本章小结

在生物体内通过氧化作用释放能量的反应称为生物氧化,它是生物体生命活动过程中所需能量的主要供给途径。根据底物脱氢的去路不同,可将生物氧化体系分为有氧氧化体系和无氧氧化体系。有氧氧化体系是指在生物氧化过程中以分子态氧为氢的最终受体,生成 CO_2 和 H_2O 的过程;无氧氧化体系是指在无氧情况下,以有机物或无机物为氢的最终受体的生物氧化。从代谢物脱下的氢,经过一系列传递体,最终传给分子氧并生成水的全部体系称为呼吸链,又称为电子传递链。典型的呼吸链有 NADH-呼吸链和 $FADH_2$-呼吸链。生物氧化过程中产生的大部分能量都储存在 ATP 中。

糖的分解代谢包括有氧和无氧两种情况,无氧的条件下糖经 EMP 途径生成丙酮酸,再经还原生成乳酸或酒精及能量;有氧降解是糖经 EMP 途径生成丙酮酸,再经 TCA 循环生成 CO_2 和 H_2O 及能量。

脂肪酸主要以 β-氧化作用进行分解,经反复重复脱氢、水化、脱氢和硫解,最终脂酰辅酶 A 全变成乙酰辅酶 A。乙酰辅酶 A 再经 TCA 循环和呼吸链直至代谢完全。

蛋白质的水解是生物体内的蛋白质在酶的催化下,使蛋白质分子中的肽键断裂,最后生成氨基酸的过程。氨基酸分解代谢最主要的途径是氨基脱除,通常包括脱氨基作用、转氨基作用和联合脱氨基作用三种。

机体内各种物质的代谢在功能上虽然各有不同,但各代谢途径之间可通过共同枢纽性中间产物互相联系和转变。糖、脂肪、蛋白质在能量供应上可互相代替,相互制约,但不能完全互相转变。

7.6 思考题

一、名词解释

生物氧化   呼吸链   底物水平磷酸化   β-氧化

二、简答

1. 生物氧化反应的特点是什么?
2. 生物体内主要有哪两条典型的呼吸链?其中应用最广的是哪个?
3. 计算燃烧 1 mol 葡萄糖净产生 ATP 的数量。
4. 什么是转氨基作用?举例说明。

第二部分
微生物学

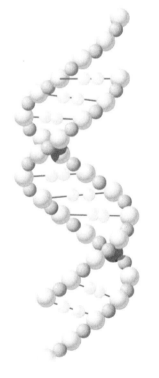

第 8 章

显微镜的使用与维护

【教学内容】

　　本章主要介绍微生物的概念及其特点、普通光学显微镜的结构、使用及维护，培养学生利用显微镜观察微生物的技能。

【教学目标】

☑ 掌握微生物的概念、特点
☑ 让学生了解普通光学显微镜的构造、原理
☑ 培养学生使用普通光学显微镜的技能
☑ 培养学生显微镜的维护及保养技术

基础知识

8.1　微生物概述
8.2　普通光学显微镜的结构
8.3　显微镜的维护和保养要点

拓展知识

8.4　电子显微镜

课堂实训

8.5　实训项目——普通光学显微镜的使用与维护

在地球上生活着上百万种生物，大多数生物体形较大，肉眼可见，结构功能分化得比较清楚。然而，在我们周围，除了这些较大的生物以外，还存在着一类体形微小、数量庞大、肉眼难以看见的微小生物，也就是微生物。微生物虽然微小，但是与我们人类、与食品工业却有着非常密切的关系。

8.1　微生物概述

1. 微生物的概念

人们常说的微生物是对所有个体微小，结构较为简单，必须借助光学或电子显微镜才能观察到的低等生物的总称。

2. 微生物主要类群

微生物包括原核类的细菌（真细菌和古生菌）、放线菌、蓝细菌、支原体、衣原体和立克次氏体；真核类的真菌（霉菌、酵母菌和蕈菌）、原生动物和显微藻类；以及非细胞类的病毒、朊病毒和类病毒等。

绝大多数微生物都需要借助显微镜才能观察到，但其中也有少数微生物是肉眼可见的，例如 1993 年正式确定为细菌的费氏刺尾鱼菌及 1998 年报道的纳米比亚嗜硫珠菌，均为肉眼可见的细菌，又如大型真菌也是肉眼可见的。所以前面所说的微生物的定义是指一般的概念，是历史的沿革，也仍为今天所适用。

按细胞结构不同，微生物的主要类群如表 8-1 所示。

表 8-1　微生物的主要类群

细胞结构	核结构	微生物类群	代表种类
无细胞结构	无核	病毒	亚病毒　拟病毒　类病毒　朊病毒
有细胞结构	原核	原核类	古细菌　真细菌　放线菌　　衣原体　立克次氏体　支原体 螺旋体　蓝细菌
	真核	真菌类	酵母菌　霉菌　大型真菌
		藻类　　原生动物	

3. 微生物与食品的关系

很多微生物可以应用在食品制造方面，如制造饮料、酒类、醋、酱油、味精、馒头、面包、酸奶等生产中的微生物；另有一些微生物能使食品变质败坏，如腐败微生物；还有少数微生物能引起人类食物中毒或使人、动植物感染而发生传染病，即所谓病原微生物。食品是人类营养的主要来源，所以对食品微生物进行研究、检验，在食品的质量及安全性方面都具有十分重要的意义。

在食品工业中，较为常见和常用的微生物主要有细菌、放线菌、酵母菌、霉菌、大型真菌、病毒等。

4. 微生物与动、植物相比的特点

（1）体积小，面积大

微生物的个体极其微小，要测量它们需要微米（μm，即 10^{-6} m）或纳米（nm，即 10^{-9} m）作为单位。下面以微生物的典型代表——细菌为例来形象地说明个体的大小。

细菌中最普通的是杆菌，它们的平均长度约 2 μm，1 500 个杆菌头尾衔接起来，仅有一粒芝麻长。它们的宽度只有 0.5 μm，60～80 个杆菌"肩并肩"地排列成横队，也只相当于一根头发丝的宽度。至于细菌的体重就更微乎其微了，每毫克的细菌约为 10 亿～100 亿个。

我们知道，任何物体被分割的越细，其比表面积越大，如果将人体的比表面积定为 1，大肠杆菌则高达 30 万。由于微生物是一个如此突出的小体积大面积系统，必然有一个巨大的营养物质吸收面、代谢废物的排泄面积和环境信息的交换面，并由此产生其余 5 个共性。

（2）生长旺，繁殖快

微生物的生长繁殖速度非常惊人。以细菌为例，一般每隔 20～30 分钟即可分裂 1 次，细胞的数目就要比原来增加 1 倍。假如 1 个大肠杆菌（*E.coli*）20 分钟分裂 1 次，而且每个子细胞都具有同样的繁殖能力，那么 1 小时后，就变成 8（2^3）个，2 小时后变成 64（2^6）个。24 小时可以繁殖 72 代，这样原始的 1 个细胞变成了 2^{72} 个细菌。如果按每 10 亿个细菌重 1 mg 计算，则 2^{72} 个细菌的重量超过 4 722 吨。假使再这样繁殖下去，它就会形成和地球同样大小的物体。但事实上，由于营养、空间和代谢产物等条件的限制，微生物的几何级数分裂速度充其量只能维持数小时而已，因而在液体培养中，细菌细胞的浓度一般仅达 10^8～10^9 个/mL 左右。

微生物的这一特性在发酵工业中具有重要的实践意义，主要体现在它的生产效率高、发酵周期短上，例如，用作发面剂的酿酒酵母，其繁殖速率虽为 2 小时分裂 1 次（比上述 *E.coli* 低 6 倍），但在单罐发酵时，仍可以 12 小时"收获" 1 次，每年可以"收获"数百次。这是其他任何农作物所不可能达到的"复种指数"。它对缓解当前全球面临的人口剧增与粮食匮乏也有重大的现实意义，有人统计，一头 500 kg 重的食用公牛，每昼夜只能从食物中"浓缩" 0.5 kg 蛋白质；同等重的大豆，在合适的栽培条件下 24 小时可以生产 50 kg 蛋白质；而同样重的酵母菌，只要以糖蜜(糖厂下脚料)和氨水作为主要养料，在 24 小时内却可以真正合成 50 000 kg 的优良蛋白质。据计算，一个年产 10^5 吨酵母菌的工厂，如以酵母菌的蛋白质含量为 45％计，则相当于在 562 500 亩（1 亩=1 / 15 公顷）农田上所生产的大豆蛋白质的量，此外，还具有不受气候和季节影响等优点。

微生物繁殖快的特性对生物学基本理论的研究也带来了极大的优越性，它使科学研究的周期大为缩短、空间减小、经费降低、效率提高。当然，若是一些危害人、畜和农作物的病原微生物或会使物品霉腐变质的有害微生物，它们的这一特性就会给人类带来极大的损失或祸害，因而必须认真对待。

（3）分布广，种类多

微生物在自然界中有着极其广泛的分布且种类也非常繁多。上至几万米的高空，下至数千米的深海；高达 90℃的温泉，冷至 -80℃的南极；盐湖、沙漠；人体内外，动植物组织；化脓的伤口，隔夜的饭菜……到处都留下微生物的足迹，真可以说是无微不至，无孔不入了。

微生物之所以分布广泛，与微生物本身小而轻密切相关。说它小，通常要以微米为单位。例如大肠杆菌只有 1～3 μm 长。这样小的个体，任何地方都可以成为它的藏身之地。说它轻，每个细菌的重量只有 1×10^{-9}～1×10^{-10} mg。这样轻的个体，可以随风飘荡，走遍天涯。

迄今为止，人类已描述过的生物总数约为 200 万种，据估计，微生物的总数在 50 万～600 万种之间，其中已记载的过的仅约 20 万种，包括原核微生物 3 500 种，病毒 4 000 种，真菌 9

万种，原生生物和藻类 10 万种，且这些数字远在急剧增加，例如，在微生物中较易培养和观察的大型微生物——真菌，至今每年还可以发现 1 500 个新种。

（4）吸收多，转化快

有资料表明，1kg 酒精酵母 1 天内能"消耗"掉几千斤糖，把它转变为酒精。从工业生产的角度来看，它能够把基质较多地转变为有用的产品；用乳酸菌生产乳酸，每个细胞可以产生为其体重 10^3～10^4 倍的乳酸；产朊假丝酵母合成蛋白质的能力比大豆强 100 倍，比食用牛(公牛)强 10 万倍；一些微生物的呼吸速率也比高等动、植物的组织强数十至数百倍。

这个特性为微生物的高速生长繁殖和合成大量代谢产物提供了充分的物质基础，从而使微生物在自然界和人类实践活动中更好地发挥其超小型"活的化工厂"的作用。

在生产实践中，应用这个特点不仅可以获得种类繁多的发酵产品，而且可以找到比较简便的生产工艺路线。在理论研究上，可以更好地揭示生命活动的本质。但是食品碰上了腐败微生物，发酵污染了杂菌，代谢越旺，损失就越大。

（5）适应强，易变异

微生物对环境条件尤其是地球上那些恶劣的"极端环境"，例如，高温、高酸、高盐、高辐射、高压、低温、高碱、高毒等的惊人适应力堪称生物界之最。微生物善于随"机"应变，从而使自己得以保存。有些微生物在身体外面添上保护层，提高自己对外界环境的抵抗能力。例如，肺炎双球菌有了荚膜，就可以抵抗白血球的吞噬。但微生物最拿手的好戏要算及时形成休眠体，然后长期进入休眠状态。例如细菌的芽孢、放线菌的分生孢子、真菌的各种孢子等。这些孢子较之营养体更具有抵抗不良环境的能力，一般能存活数月或数年，甚至几十年。当外界条件十分恶劣时，虽然大部分个体都因抵抗不住而被淘汰，但仍有少数"顽固分子"会发生某种"变异"而蒙混过关。微生物之所以能够延种续代，数量极其庞大，善"变"也是一个十分重要的原因。

在生产实践中，常利用这个特点来保藏菌种和诱变育种。例如人们常常利用物理或化学因素迫使微生物进行诱变，从而改变它的遗传性质和代谢途径，使之适应于人们提供的条件，满足人们提高产量和简化工艺的需要。如产青霉素的菌种产黄青霉，1943 年时每毫升发酵液仅分泌约 20 单位的青霉素，至今早已超过 5 万单位了；有害的变异则是人类各项事业中的大敌，如各种致病菌的耐药性变异使原本已得到控制的相应传染病变得无药可治，而各种优良菌种生产性状的退化则会使生产无法正常维持等。

（6）培养容易

由于微生物营养类型多样，对营养的要求一般不高，因而原料来源广泛，容易培养。许多不易被人和动植物所利用的农副产品、工厂下脚料，例如麸皮、饼粉、酒糟等都可用来培养微生物。这样不仅解决了培养微生物的原料问题，而且为三废处理找了出路，做到综合利用，大大提高了经济效益。另外大多数微生物反应条件温和，一般能在常温常压下进行生长繁殖、新陈代谢和各种生命活动，不需要什么复杂昂贵的设备。这比化学法更有优越性，因而即使在条件较差的农村，也能土法上马。除此以外，培养微生物不受季节、气候的影响，可以长年累月地进行工业化生产。

微生物这些特点使它在生物界中占据了特殊的位置。它不仅广泛地被用于生产实践，而且将成为 21 世纪进一步解决生物学重大理论问题（如生命起源与进化，物质运动的基本规律等）和实际应用问题（如新的微生物资源的开发利用，能源、粮食等）的最理想的材料。

8.2　普通光学显微镜的结构

由于微生物体积微小，远远低于肉眼的观察极限。常以微米（μm）或纳米（nm）来描述其大小。因此，要对它们进行观察必须借助显微镜放大系统。

显微镜是微生物学实践和研究的重要工具，其种类很多。其中普通光学显微镜是最常用的一种，是进行微生物学研究不可缺少的工具之一。

光学显微镜的构造如图 8-1 所示，分为光学系统和机械系统两部分。

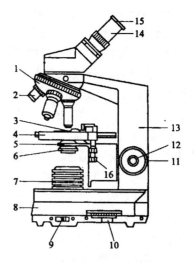

图 8-1　复式光学显微镜子构造示意图

1. 镜转换器；2. 物镜；3. 游标卡尺；4. 载物台；
5. 聚光器；6. 彩虹光阑；7. 光源；8. 镜座；9. 电源开关；
10. 光源滑动变阻器；11. 粗调螺旋；12. 微调螺旋；
13. 镜臂；14. 镜筒；15. 目镜；16. 标本移动螺旋

1. 光学系统

显微镜的光学系统主要包括物镜、目镜、集光器、彩虹光阑等。

（1）物镜。是在金属圆筒内装有许多块透镜而组成的。根据物镜和标本之间的介质的性质不同，物镜可为分为干燥系物镜和油浸系物镜。

①干燥系物镜：物镜和标本之间的介质是空气（折光率 n＝1），包括低倍镜和高倍镜两种。②油浸系物镜：物镜和标本之间的介质是一种和玻璃折光率（n＝1.52）相近的香柏油（n＝1.515），这种物镜也称为油镜。油镜的镜头上一般标有"HI"或"OI"的字样，一般是用来作为放大 100 倍的物镜。

物镜的放大倍数都标在镜头上，常用的低倍镜为 10×、20×；高倍镜为 40×、45×；油镜为 90×、100×。

（2）目镜。也称接目镜，是由两块透镜组成的。实验室中常用的目镜的放大倍为 10×、15×、20×。一般目镜镜筒越长，放大倍数越小。

（3）集光器。一般由 2～3 块透镜组成，作用是会聚从光源射来的光线，集合成光束，以增强照明光度，然后经过标本射入物镜中去。利用升降调节螺旋可以调节光线的强弱。

（4）彩虹光阑。在集光器下方装有彩虹光阑。彩虹光阑能连续而迅速改变口径，光阑越大，通过的光束越粗，光量越多。在用高倍物镜观察时，应开大光阑，使视野明亮；如果观察活体标本或未染色标本时，应缩小光阑，以增加物体明暗对比度，便于观察。

2. 机械系统

显微镜的机械系统主要由镜座、镜臂、载物台、镜筒、物镜转换器和调节装置等部分组成。

（1）镜座。是显微镜的基座，位于显微镜最底部，多呈马蹄形、三角形、圆形或丁字形。

（2）镜筒。是连接目镜和物镜的金属空心圆筒，上接目镜，下端与转换器相连。镜筒长度一般为 160 mm。

（3）物镜转换器　位于镜筒下端，其上装有 3～4 个不同放大倍数的物镜，可以随时转换物镜与相应的目镜构成一组光学系统。

（4）载物台。是放置被检标本的平台，一般方形载物台上装有标本移动器装置，转动螺旋可以使标本前后、左右移动。有的在移动器上装有游标尺，构成精密的平面直角坐标系，以便固定标本位置重复观察。

（5）调焦装置。包括粗、细调焦旋钮。一般粗螺旋只做粗调焦距，使用低倍物镜时，仅用粗调便可获得清晰的物像；当使用高倍镜和油镜时，用粗调找到物像，再用微调调节焦距，才能获得清晰的物像。微调螺旋每转一圈，载物台上升或下降 0.1 mm。

3. 显微镜的指标

（1）工作距离。工作距离是指观察标本最清晰时，物镜透镜的下表面与标本之间（无盖玻片时）或与盖玻片之间的距离。物镜的放大倍数越大，工作距离越短。一般油镜的工作距离最短，约为 0.2 mm。

（2）焦距。是指平行光线经过单一透镜后集中于一点，由这一点到透镜中心的距离。一般，物镜的放大倍数越大，焦距越短。

（3）分辨力。是指显微镜判别两个物体点之间最短距离的能力，分辨力以 R 表示，若两个物体之间距离大于 R，可以被这个物镜分辨；若距离小于 R 时，就分辨不清了。所以，R 越小，物镜的分辨力越高。

分辨力的计算公式为：　　　$R = \lambda / (2N.A) = \lambda / [2n \cdot \sin(\alpha / 2)]$

8.3　显微镜的维护和保养要点

显微镜是贵重精密的光学仪器，正确的使用、维护与保养，不但可以使观察物体清晰，而且可以使延长显微镜的使用寿命。

（1）显微镜应放在通风干燥的地方，避免阳光直射或曝晒，通常用玻璃罩或红、黑两层布罩罩起来，放入箱内。为避免受潮，在箱内放有用小袋装的干燥剂，如氯化钙或硅胶，以便吸收水分。要经常更换干燥剂。

（2）显微镜要避免与酸、碱和易挥发的、具腐蚀性的化学试剂等放在一起。

（3）接目镜和接物镜必须保持清洁，如有灰尘应该用擦镜纸揩去，不得用布或其他物品擦拭。

（4）使用油镜观察后，应先用擦镜纸将镜头上的油擦去，再用蘸有少许二甲苯的擦镜纸擦 2～3 次，最后用干净的擦镜纸将二甲苯擦去。

（5）显微镜应防止震动，否则会造成光学系统光轴的偏差从而影响精度，从箱内取出或放入显微镜时，应一手提镜臂，一只手托镜座，防止目镜从镜筒中滑出。

（6）粗、细调节螺旋和标本推进器等机械系统要灵活，如不灵活可以在滑动部分滴加少许润滑油。

（7）显微镜用后，需将物镜转成"八"字形，勿使物镜镜头与集光器相对放置，同时将物镜降至载物台或将载物台提升以缩短物镜和载物台之间的距离，避免因镜筒脱落或操作不小心，损坏物镜和集光器。

（8）显微镜观察时以左眼为宜，但两眼务必同时睁开，否则易产生疲劳。一般是左眼观察，右眼睁开，同时绘图。

（9）镜检时，首先提升载物台或降低物镜，使载片标本和物镜接近，之后将眼睛移至目镜观察，此时只允许降低载物台或提升物镜，以免物镜与载片相撞。为了快速找到物像，先用低倍镜观察，因为低倍镜视野大，易发现目的物和找到物像，再转换为高倍镜或油镜，由于物镜转换器上的多个物镜共焦点，因此物镜转换只要使用微调就能获得清晰图像。但此时需将集光器上升或开大光圈，以获得合适亮度。

8.4 电子显微镜

电子显微镜的光源不是可见光，而是波长极短的电子。在理论上，电子波的波长最短可达到 0.005 nm，电子显微镜的分辨率可以达到纳米级（10^{-9}m）。所以电子显微镜的分辨能力要远高于光学显微镜，见图 8-2 所示。

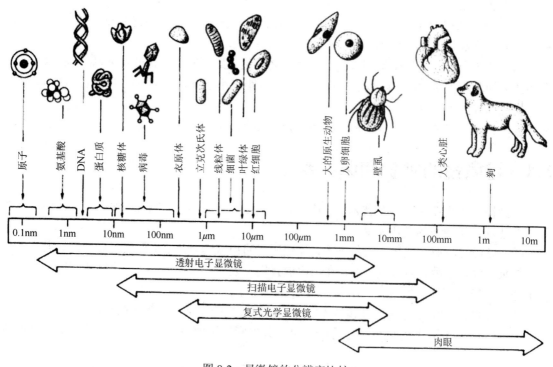

图 8-2　显微镜的分辨率比较

电子显微镜是以电子波代替光学显微镜使用的光波，电磁场的功能类似光学显微镜的透镜，整个操作系统在真空条件下进行。由于用来放大标本的电子束波长极短，当通过电场的电压为 100 kV 时，波长仅为 0.04 mm，约比可见光波短 10 000 倍，所以电镜分辨力较光学显微镜小得多，因而有非常大的放大率。通过它可以观察到更微细的物体和结构，在生命科学研究中已成为观察和描述细胞、组织、细菌和病毒等超微结构必不可少的工具。如图 8-3 所示为透射电子显微镜工作示意图（左）和照片（右）。

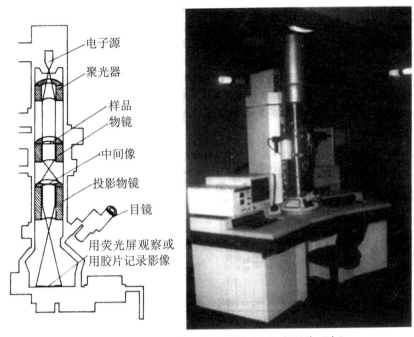

电子源

聚光器

样品
物镜

中间像

投影物镜

目镜

用荧光屏观察或
用胶片记录影像

图 8-3　透射电子显微镜工作示意图（左）和照片（右）

8.5　实训项目——普通光学显微镜的使用与维护

1. 实训目的

（1）了解普通光学显微镜的构造、原理、维护及保养方法。
（2）掌握普通光学显微镜的基本使用方法。
（3）掌握油镜的使用方法。

2. 实训原理

微生物的最显著特点是个体微小，必须借助显微镜才能观察到它们的个体形态和细胞结构。熟悉显微镜和掌握其操作技术是研究微生物不可缺少的手段。本实训将介绍目前微生物学研究中最常用的普通光学显微镜的结构、使用方法和维护手段。目的在于使同学们通过实验，对光学显微镜有比较全面的了解，并重点掌握普通光学显微镜中油镜的使用。

3. 试剂与器材

枯草芽孢杆菌染色标本片，显微镜，香柏油，二甲苯，擦镜纸，吸水纸，无菌水等。

4. 实训方法

（1）显微镜放置。显微镜应放在身体的正前方，镜臂靠近身体一侧，镜身向前，镜与桌边相距 3 cm 左右。
（2）选择物镜。转动物镜转换器，将低倍镜（10×）转动到和光路对准的位置。
（3）调节光源。打开光源，通过底座上的光强度调节开关来调节光的强度。
（4）调节集光器和物镜数值口径一致。取下目镜，直接向镜筒内观察，先将可变光阑缩

生物化学与微生物学

到最小，再慢慢打开，使集光器的孔径与视野恰好一样大。其目的是使入射光所展开的角度正好与物镜的镜口角一致，以充分发挥物镜的分辨力，并把超过物镜所能接受的多余光挡掉，否则会影响清晰度。在实际操作中，观察者往往只根据视野亮度和标本明暗对比度来调节可变光阑的大小，而不考虑集光器与所用物镜的数值口径的一致。只要能达到较好的效果，这种调节方法也是可取的，但对使用显微镜而言，必须了解这一操作的目的和原理，只有这样，当需要采用这一正规操作时才能运用自如。

（5）放置标本片。降低载物台，将标本片放在镜台上，用玻片夹夹牢，然后提升载物台，使物镜下端接近标本片。

（6）调焦。双眼移向目镜，提升粗调节螺旋，当发现模糊的物像时，可以调节细螺旋(微调)，使物像清晰为止。如发现视野太亮，切勿随意变动可变光阑，但可以调节光的强度，或上下调节集光器。

（7）观察。左眼观察显微镜，右眼睁开同时绘图。并在所绘图下标注放大倍数，一般以"物镜的放大倍数×目镜的放大倍数"表示。

低倍镜观察后，转动物镜转换器，换用高倍镜观察（注意：无需专门升降载物台，而应直接旋动物镜转换器换用高倍镜即可看到模糊物像），这时只用轻轻调节微调就可观察到清晰的物像。进行观察和绘图。

（8）油镜的使用

①滴加镜油。转动粗调节螺旋，使镜台下降（或使镜筒上升），在染色标本处滴加 1～2 滴香柏油。

②转换油镜。转动物镜转换器，把油镜置镜筒下方。

③调焦。转动粗调节螺旋，使镜台上升（或镜筒下降），让镜头的前端浸入香柏油中。操作时要从侧面仔细观察，只能让镜头浸入香柏油中紧贴着标本，要避免镜头撞击载玻片，导致玻片和镜头损坏。之后在目镜下进行观察，并缓慢地转动粗调节器使镜台下降（或使镜筒上升）即可看到物像，再转动细调节螺旋使物像清晰。

转动粗调节器使镜台下降（或使镜筒上升）时，若油镜已离开油滴，必须重新进行上述调焦操作。不得边用左眼在目镜上观察，边转动粗调节器使镜台上升（或镜筒下降）使镜头前端浸入油滴中，这样易使镜头撞击载玻片，损坏标本和镜头。

④调节孔径光阑和视场光阑。把孔径光阑开到最大，使与油镜的数值口径相匹配。通过调节视场光或照明度控制钮，选择合适的照明。

（9）用后的处理。下降载物台，取下标本；用擦镜纸擦目镜和物镜，并用柔软的绸布擦拭机械部分；油镜使用完毕后，先用擦镜纸揩去香柏油，再用另一张蘸有少许二甲苯的擦镜纸去除残留的香柏油之后，用干净的擦镜纸揩干；最后将物镜转成"八"字形，再将载物台提升到最高处。

5. 注意事项

（1）要从侧面仔细观察使油镜镜头的前端浸入香柏油中，缓慢转动粗调节器找到物像，要避免镜头撞击载玻片，导致玻片和镜头损坏。

（2）用二甲苯擦拭油镜镜头是用量不能太多，这是因为物镜的几块透镜是用树胶粘合在一起的，一旦树胶溶解，透镜将脱落。

6. 实训结果

根据观察结果，分别绘制在低倍镜、高倍镜和油镜下观察到的细菌的形态，同时注明**物镜放大倍数和总放大率**。

7. 问题讨论

（1）使用油镜观察时应注意哪些问题？在载玻片与镜头之间滴加什么油？起什么作用？

（2）如何根据所观察的微生物大小，选择不同的物镜进行有效的观察？

8.6 本章小结

微生物是一切微小生物的总称，包括原核类的细菌（真细菌和古生菌）、放线菌、蓝细菌、支原体、衣原体和立克次氏体；真核类的真菌（霉菌、酵母菌和覃菌）、原生动物和显微藻类；以及非细胞类的病毒、朊病毒和类病毒等。

微生物具有体积小，面积大；生长旺，繁殖快；分布广，种类多；吸收多，转化快；适应强，易变异和易培养的特点。

显微镜是观察微生物常用仪器，其机械系统包括镜座、镜臂、镜筒、物镜转换器、载物台、调焦装置，光学系统物镜、目镜、集光器、彩虹光阑，其使用步骤先用低倍镜找到物像，再用高倍镜或油镜进行观察。

8.7 思考题

一、名词解释

微生物　　焦距　　工作距离

二、填空

1. 微生物的主要类群有（　　）、（　　）、（　　）和（　　）。

2. 显微镜的构造分为（　　）系统和（　　）系统两部分。

3. 显微镜的物镜可分为（　　）物镜和（　　）物镜，前者物镜和标本之间的介质是（　　），后者物镜和标本之间的介质是（　　）。

4. 显微镜镜检时应先用（　　）找到物像，再用（　　）观察清洗的物像。

三、简答

微生物的特点是什么？

第 9 章

微生物形态观察

【教学内容】

本章主要介绍细菌、放线菌、酵母菌及霉菌的形态、结构、繁殖方式，通过实训项目使学生掌握四大类微生物的基本知识，学会初步区分食品中常见微生物的能力。

【教学目标】

☑ 让学生熟练使用显微镜
☑ 培养学生具有观察、描述和绘制各种微生物形态的能力
☑ 培养学生具有初步区分食品中常见微生物的能力
☑ 让学生学会微生物大小的测定

基础知识

9.1　细菌
9.2　放线菌
9.3　酵母菌
9.4　霉菌

拓展知识

9.5　噬菌体

课堂实训

9.6.1　常见细菌形态观察
9.6.2　常见放线菌形态观察
9.6.3　常见酵母菌形态观察
9.6.4　常见霉菌形态观察
9.6.5　微生物大小测定

9.1　细菌

细菌是一类个体微小、形态简单、有坚韧细胞壁、以二分裂法繁殖和水生性较强的单细胞原核微生物。

细菌的形态，依不同的菌种、不同的生活环境而有所不同。总的来讲可以分为个体形态和群体形态两大部分，而在个体形态中则又包括了正常形态和异常形态。

9.1.1　个体形态

细菌是单细胞的原核微生物，能够独立地进行生活，体形较小，通常能在放大 1 000 倍左右的普通光学显微镜或电子显微镜下观察。其个体形态反映的是单个微生物的形状、排列方式和大小。

1. 正常形态

正常形态是指细菌在适宜的条件下所呈现的形态。虽然细菌的种类繁多，但基本形状有三种：球状、杆状、螺旋状，分别被称为球菌、杆菌、螺旋菌。

（1）球菌的形态和排列方式

细胞呈球形或椭圆形的细菌称为球菌。它们中的许多种在分裂后产生的新细胞常保持一定的空间排列方式，在分类鉴定上有重要意义。根据它们相互联结形成的排列形式可以分为单球菌、双球菌、链球菌、四联球菌、八叠球菌、葡萄球菌等，如图 9-1 所示。

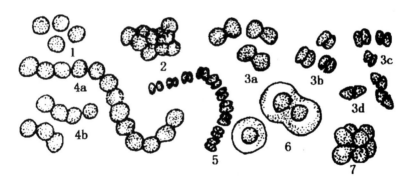

图 9-1　球菌的各种形态及排列方式

1. 球菌；2. 葡萄球菌；3. 双球菌；4. 链球菌；

5. 含有双球菌的链球菌；6. 具有荚膜的球菌；7. 八叠球菌

a. 单球菌：分裂后的细胞呈单个分散存在，如尿素小球菌。

b. 双球菌：细胞沿一个平面分裂，新个体成对排列。如肺炎双球菌。

c. 四联球菌：细胞分裂沿两个互相垂直的平面进行，分裂后四个细胞特征性地连在一起，呈"田"字形排列，如四联微球菌。

d. 八叠球菌：细胞沿着三个互相垂直的方面进行分裂，分裂后每八个细胞特征性地叠在一起呈一立方体排列，如尿素八叠球菌。

e. 链球菌：细胞沿一个平面分裂，新个体不但可以保持成对的样子，并可以连成链状。

如溶血链球菌、乳链球菌。链的长短往往具特征性，例如乳链球菌每2～3个细胞形成一串，而无乳链球菌则可形成很长的链。

f. 葡萄球菌：细胞无定向分裂，多次分裂后个体形成一个不规则的群集，排列犹如一串葡萄，如金黄色葡萄球菌、白色葡萄球菌。

需要注意的是上述排列是细菌种的特征，但是一定种的全部细胞，不一定都按照一种方式排列，例如，不论在那种类型的球菌培养物中，都能经常看到游离的个体，因此，只有占优势的排列方式才是重要的。

（2）杆菌的形态和排列方式

杆菌呈现的形态较多样化，但总体上细胞呈杆状或圆柱形。

各种杆菌的长度与直径比例差异很大，有的短粗，有的细长。根据杆菌的长短不同，可以分为长杆菌（长宽相差较大，如枯草芽孢杆菌）、短杆菌或球杆菌（长宽非常接近，如甲烷短杆菌属）。一般来说，同一种杆菌的粗细比较稳定，而长度则经常因培养时间、培养条件不同而有较大变化；根据菌体某个部位是否膨大，可以分为棒状杆菌（菌体一端膨大，如北京棒状杆菌）和梭状杆菌（菌体中间膨大，如丙酮丁醇梭菌）；根据芽孢的有无，可以分为无芽孢杆菌（如大肠杆菌）和芽孢杆菌（如枯草芽孢杆菌）；从弯曲程度来说，有的杆菌很直，有的稍弯曲而呈月亮状或弧状（如脱硫弧菌属）；杆菌的两端（菌端）也是分类的依据之一，多数菌体两端钝圆（如蜡状芽孢杆菌），只有少数是平截的（如炭疽芽孢杆菌）；有的杆菌在一端分支，故呈"丫"或叉状（如双歧杆菌属）。杆菌的形状和排列如图9-2所示。

图9-2　杆菌的形态

（3）螺旋菌的形态

细胞呈弯曲杆状的细菌统称为螺旋菌。螺旋形细菌的细胞壁坚韧，菌体较硬，常以单细胞分散存在。不同种的细胞个体，在长度、螺旋数目和螺距等方面有显著区别，据此可以分为弧菌与螺旋菌两种状态。

①弧菌　菌体只有一个弯曲，程度不足一圈的称为弧菌。形状犹如"C"字，或似逗号，例如，霍乱弧菌，又名逗号弧菌，这类菌往往与一些略弯曲的杆菌很难区分。

②螺旋菌　菌体弯曲度大于一周呈螺旋状的称为螺旋菌。例如红色螺旋菌。螺旋数目和螺距大小因种而异。有的菌体较短，螺旋紧密；有些很长，并呈现较多的螺旋和弯曲。在观察形态时，应特别注意螺旋菌的细胞形态、旋转或波纹的数目以及细胞长度。

弧菌与螺旋菌区别的显著特征为前者往往是偏端单生鞭毛或丛生鞭毛，而后者往往两端都有鞭毛。

值得注意的是螺旋菌与螺旋体的生物在形态上很相似，螺旋体也是一类原核微生物，但不是细菌。

弧菌与螺旋菌形态如图9-3所示。

图 9-3　螺旋菌的形态

（4）一些特殊形态细菌的介绍

除球菌、杆菌和螺旋菌这三种细菌的基本形态外，细菌还有以下几类特殊形态，例如，柄细菌细胞呈杆状、梭状或弧状。在细胞的一端有鞭毛，另一端有一特征性的细柄，可附着在基质上。再如鞘细菌（或称为衣细菌），是多个成链的杆状细胞包围在一个共同的鞘套中，形成不分枝的丝状体。有些类群的鞘套中还有铁的氧化物，如多孢锈铁菌。此外还有人从盐场的晒盐池中分离出一种特殊的近于正方形的细菌。

2. 异常形态

细菌的形态明显地会受环境条件的影响，如培养温度、培养时间、培养基的组成与浓度等发生改变，均可能引起细菌形态的改变。这些受环境因素影响改变后的不整齐、不规则的形态统称为异常形态。一般处于幼龄阶段和生长条件适宜时，细菌形态正常、整齐，表现出特定的形态。而在较老的培养物中，或不适宜的条件下，细胞常出现不正常形态，尤其是杆菌，有的细胞膨大，有的出现梨形，有的产生分枝，有时菌体显著伸长以至呈丝状等。

依其生理机能的不同，可将异常形态区分为畸形和衰颓形两种。

（1）畸形

由于受某些化学或物理因素的刺激，阻碍了细胞的正常发育而引起的形态异常变化。例如，巴氏醋酸杆菌通常为短杆状，由于培养温度改变则可使之造成的形态异常，变为纺锤状、丝状或链锁状，如图 9-4 所示。

（2）衰颓形

由于培养时间过长，菌体衰老，营养缺乏，或因自身代谢产物积累过多等原因而造成的形态异常。这种细胞繁殖能力丧失，形体膨大，形成液泡，着色力弱。有时菌体尚存，实已死亡了。例如，乳酪芽孢杆菌，正常形态为长杆状，衰老时则成为分枝状、无繁殖能力的衰颓形，如图 9-5 所示。

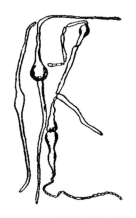

图 9-4　巴氏醋酸杆菌的异常形态

图 9-5　乳酪芽孢杆菌的异常形态

需要指出的是上述原因导致的形态异常往往是暂时的,如将它们转移到新鲜培养基中或适宜的培养条件下又可恢复原来的正常形态。因此,在观察比较细菌形态时,必须注意因培养条件的变化而引起的形态变化。

9.1.2 群体形态

主要指的是固体培养基上形成的菌落和一些其他培养条件下(如液体中)的生长行为。

1. 菌落特征

(1)菌落和菌苔

如果把单个细菌细胞接种到适合的固体培养基中,然后给予合适的培养条件,使其迅速的生长繁殖,结果形成肉眼可见的细菌细胞群体,我们把这个群体称为菌落。如果把大量分散的纯种细胞密集地接种在固体培养基表面上,结果长出的大量菌落相互连成一片,这就是菌苔。菌落在微生物学中,主要用于微生物的分离、纯化、鉴定、计数等研究和菌种选育等工作。

(2)细菌的菌落特征

各种细菌在标准培养条件下形成的菌落具有一定的特征,如图9-6所示。

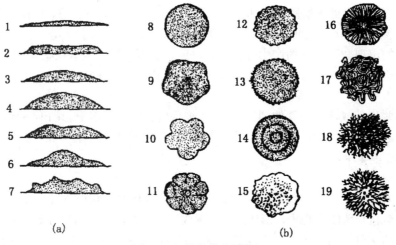

图9-6 细菌的菌落的特征

(a)侧面观:1. 扁平;2. 隆起;3. 低凸起;4. 高凸起;5. 脐状;6. 草帽状;7. 乳头状
(b)正面观——表面结构、形态和边缘:8. 圆形,边缘完整;9. 不规则,边缘波浪;10. 不规则,颗粒状,边缘叶状;11. 规则、放射状、边缘叶状;12. 规则、边缘扇边状;13. 规则、边缘齿状;14. 规则、有同心环、边缘完整;15. 不规则、毛毯状;16. 规则、菌丝状;17. 不规则、卷发状;18. 不规则、丝状;19. 不规则、根状

菌落特征包括菌落大小、形状(圆形、假根状、不规则状等)、边缘情况(整齐、波状、裂叶状、锯齿状等)、隆起情况(扩展、台状、低凸、凸面、乳头状等)、光泽(闪光、金属光泽、无光泽)、表面状态(光滑、皱褶、颗粒状、同心环、龟裂状)颜色、质地(油脂状、膜状、粘、脆等)、硬度、透明度等。这对菌种识别和鉴定具有一定意义。

细菌的菌落一般较小,较薄,较有细腻感,较湿润、黏稠,易挑起,质地均匀,菌落各部位的颜色一致等。但也有的细菌形成的菌落表面粗糙、有褶皱感等特征。

2. 其他培养特征

培养特征除了菌落外，还包括在软琼脂穿刺培养中的生长特征、在明胶穿刺培养中的生长特征、在琼脂斜面上划线培养特征和在肉汤表面的生长特征。

9.1.3 细菌细胞的特殊结构

细菌细胞具有典型的原核生物细胞结构，除此之外，有些细菌细胞还具有独有的特殊结构。细菌细胞特殊结构包括荚膜、鞭毛、芽孢等，对于细菌的分类鉴定有重要意义。

1. 荚膜

有些细菌生活在一定营养条件下，可以向细胞壁表面分泌一层松散透明、粘度极大、粘液状或胶质状的物质即为荚膜。由于其折光率很低，不易着色，必须用特殊的荚膜染色法如负染色法，才可在光学显微镜下看见。

根据荚膜在细胞表面存在的状况，可以分为以下4类。

（1）荚膜

细菌表面分泌的具一定外形、厚约200 nm胶质状或粘液状物质，而且相对稳定地附着于细胞壁外者，称为荚膜或大荚膜。与细胞结合力较差，通过液体震荡培养或离心便可得到荚膜物质。

（2）微荚膜

如果这种胶质状物质的厚度在200 nm以下者即称为微荚膜。它与细胞表面结合较紧，光学显微镜不能看见，但可采用血清学方法证明其存在。微荚膜易被胰蛋白质酶消化。

（3）黏液层

没有明显边缘，又比荚膜疏松，而且向周围环境扩散，并增加培养基黏度，这种类型的黏性物质层叫黏液层。

（4）菌胶团

荚膜物质互相融合，连为一体，组成一个细菌群体共用的荚膜，多个菌体包含其中，称为"菌胶团"。如肠膜明串珠菌，在蔗糖液中串生，并在其外形成一个共同的厚的荚膜。细菌的荚膜及菌胶团如图9-7所示。

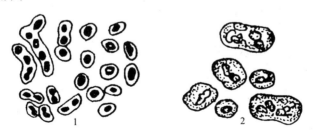

图9-7 细菌的荚膜及菌胶团
1. 细菌的荚膜；2. 细菌的菌胶团

产荚膜细菌由于有粘液物质，在固体琼脂培养基上形成的菌落，表面湿润、有光泽、黏状液、称为光滑型（S）菌落。而无荚膜细菌形成的菌落，表面干燥、粗糙，称为粗糙型（R）菌落。产荚膜菌体常常可突变为无荚膜菌体，被称为S型向R型转化。

荚膜的化学组成因菌种而异，主要是多糖，有的也含有多肽、蛋白、脂以及由它们组成的复合物——脂多糖、脂蛋白等。

能否产生荚膜是微生物的一种遗传特性，是种的特征，可用于菌种的鉴定，但并非细胞绝对必要的结构，失去荚膜的变异株同样正常生长。

荚膜具有以下功能：①保护细菌免受干旱损伤，对一些致病菌来说，则可保护它们免受宿主白细胞的吞噬；②贮藏养料，以备营养缺乏时重新利用；③堆积某些代谢废物；④通过荚膜或其有关构造可使菌体附着于适当的物体表面。⑤荚膜还与某些病原菌的致病性有关。

2. 鞭毛

鞭毛是某些细菌表面生长的一种纤长而呈波浪形弯曲的丝状物。起源于细胞膜内侧的基粒上，穿过细胞膜和细胞壁而伸到外部。数目不一，从1～2根到数百根不等。鞭毛的直径很细，只有10～20 nm，而其长度一般为3～20 μm，最长可以达70 μm，可以超过菌体长度数倍到数十倍，约占菌体干重的1%。用电子显微镜、鞭毛特殊染色技术或暗视野可以看到鞭毛的存在。此外，通过观察细菌在水浸片或悬滴标本中的运动情况，生长在平板的菌落形状以及半固体琼脂穿刺法也可以判断鞭毛的有无。

除尿素八叠球菌外，大多数球菌不生鞭毛；杆菌中有的生鞭毛，有的不具有鞭毛；螺旋菌和弧菌一般都生鞭毛。

具有鞭毛的细菌的鞭毛数目和在细胞表面分布因种不同而有所差异，其着生的位置和数目是种的特征，具有分类鉴定的意义。例如，革兰氏阴性杆菌中的假单胞菌属端生鞭毛，而埃希氏菌属的鞭毛着生在菌体周围。根据鞭毛的数目和着生情况，可以将具鞭毛的细菌分为以下几种类型，如图9-8所示。

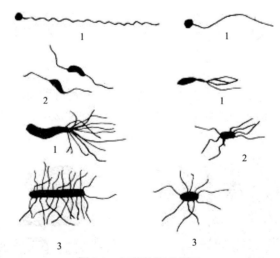

图9-8 细菌的鞭毛类型
1. 单生鞭毛；2. 丛生鞭毛；3. 周生鞭毛

（1）单生鞭毛菌

包括偏端单生鞭毛菌，在菌体的一端只生一根鞭毛，如霍乱弧菌、荧光假单胞菌；两端单生鞭毛菌，在菌体两端各具一根鞭毛，如鼠兄咬热螺旋体。

（2）丛生鞭毛菌

包括偏端丛生鞭毛菌，菌体一端生一束鞭毛，如铜绿假单胞菌、产碱杆菌；两端丛生鞭毛菌，在菌体两端各有丛生鞭毛，如红色螺菌。

（3）周生鞭毛菌

周身都生有鞭毛，如大肠杆菌、枯草杆菌等。

鞭毛是细菌的运动器官，有鞭毛的细菌具有很高的运动速度，一般每秒可以移动 20～80 μm。单毛菌和丛毛菌多作直线运动，运动速度快；周毛菌的运动速度缓慢，多作翻转运动。依赖鞭毛的运动称为真性运动；不具鞭毛的无规则的翻动称为布朗运动。衰老的细胞或在不良条件下，菌体常会失去鞭毛。所有弧菌、螺菌和假单胞菌，约半数杆菌和少数球菌具有鞭毛。

3. 芽孢

某些细菌在生长的一定阶段，菌体细胞原生质会浓缩，在细胞内形成一个圆形、椭圆形或圆柱形的结构、对不良环境条件具有较强抗性的休眠体称为芽孢。

一个营养细胞内只能形成一个芽孢，而一个芽孢也只产生一个营养体，因此芽孢仅仅是芽孢细菌生活史中的一个环节，是细菌的休眠体，而不是一种繁殖方式，我们把菌体在未形成芽孢之前的状态称为繁殖体或营养体。由于它位于细胞之内，为区别放线菌、霉菌等所形成的分生孢子，故又称为内生孢子。芽孢的出现实质是微生物生长发育过程中所产生的细胞分化现象，是一个或一群细胞从一种功能转变为另一种功能的表现。能形成芽孢的细菌在处于活跃生长或分裂期时，在正常情况下不形成芽孢；但是，从对数期转入稳定期时，细胞分化现象产生，在营养细胞内发育形成一个新型细胞—内生孢子。这种细胞与母细胞相比，不论化学组成、细微结构、生理功能等方面都完全不同。

能否形成芽孢是细菌种的特征，受遗传性的制约。能产生芽孢的杆菌种类较多，主要有好气性的芽孢杆菌属和厌气性的梭状芽孢杆菌属，此外还有微好气的芽孢乳杆菌属，厌气的脱硫肠状菌属以及多孢子菌属。而球菌中仅芽孢八叠球菌属能产生孢子；螺状菌属与弧菌属中也仅有少数种也能产生芽孢。

芽孢形成的位置、形状、大小因菌种而异，在分类鉴定上有一定意义。例如巨大芽孢杆菌、枯草芽孢杆菌、炭疽芽孢杆菌等的芽孢位于菌体中央，卵圆形、比菌体小；丁酸梭菌等的芽孢位于菌体中央，椭圆形，直径比菌体大，使孢子囊两头小中间大而呈梭形；可是破伤风梭菌的芽孢却位于菌体一端，正圆形，直径比菌体大，孢子囊呈鼓槌状。具体形状如图9-9所示。

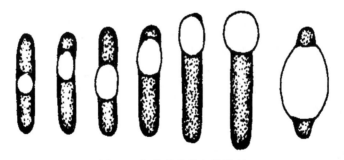

图9-9 细菌芽孢的各种类型

芽孢具有厚而致密的壁，不易着色。在相差显微镜下呈现折光性很强的小体；用芽孢染色法染色后，普通光学显微镜下也可以看见。利用电子显微镜不仅可以观察各种芽孢的表面特征，有的光滑、有的具有脉纹或沟嵴，而且还能看到一个成熟的芽孢具有核心、内膜、初生细胞壁、皮层、核壁、芽孢衣及芽孢外壁等多层结构，芽孢的构造如图9-10所示。

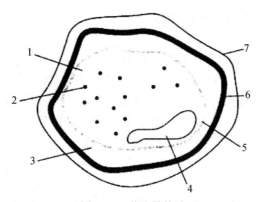

图 9-10　芽孢的构造

1. 核心；2. 核糖体；3. 皮层；4. 核质体；5. 核壁；6. 芽孢衣；7. 芽孢外壁

9.1.4　细菌的繁殖方式

微生物的繁殖方式分为有性繁殖和无性繁殖两种。

1. 无性繁殖

无性繁殖是指不经过两性细胞的配合便产生新个体的一种繁殖方式。

细菌主要是通过无性繁殖产生后代，其繁殖方式是二分裂殖，简称裂殖。裂殖是细菌最普遍、最主要的繁殖方式，通常表现为横分裂。杆菌和螺旋菌在分裂前先延长菌体，然后垂直于长轴分裂。如果分裂发生在菌体中腰部与菌体长轴垂直处，分裂后形成的两个子细胞大小基本相等，称为同型分裂。大多数细菌繁殖属此类型。也有少数种类的细菌，分裂偏于一端，分裂后形成的两个子细胞大小不等，称为异型分裂。这种情况偶尔出现于陈旧培养基中。

细菌的繁殖过程分为三个连续步骤，如图 9-11 所示。

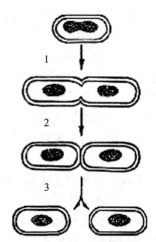

图 9-11　细菌的细胞分裂过程

1. 核的分裂和隔膜的形成；
2. 横隔壁形成；3. 子细胞分裂

2. 有性繁殖

有性繁殖是指经两性细胞的配合产生新个体的一种繁殖方式。

近年来，通过电子显微镜观察的遗传学研究证实，少数细菌种类也存在有性接合，但频率很低。除埃希氏菌属外，志贺氏菌属、沙门氏菌属、假单胞菌属、沙雷氏菌属和弧菌属的培养物，在实验室条件下都有有性结合现象。

9.2　放线菌

放线菌是一类呈菌丝状生长，主要以孢子繁殖和陆生性较强的具多核的原核微生物，因菌落呈放射状而得名。

放线菌多为腐生，少数寄生，与人类关系十分密切。放线菌一般分布在含水量较低、有机物丰富和呈微碱性的土壤环境中。泥土特有的"泥腥味"主要是由放线菌产生的。

9.2.1 放线菌的个体形态

放线菌菌体是由无隔膜的分枝状菌丝组成，菌丝可以伸长并产生分枝，许多分枝的菌丝相互交织在一起，就叫菌丝体。菌丝直径很小（<1 μm），细胞质中往往有多个分散的核质体，因此是单细胞原核微生物。细胞壁的主要成分是肽聚糖。放线菌的菌丝由于形态和功能的不同分为基内菌丝、气生菌丝和孢子丝三种图，如图 9-12 所示。

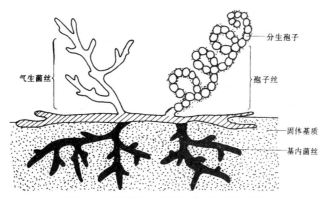

图 9-12　链霉菌一般形态结构的模式图

基内菌丝(又称基质菌丝) 是紧贴固体培养基表面并向培养基里面生长的菌丝。主要功能是起固着和吸收营养的作用，故又有营养菌丝之称。一般无横隔膜（诺卡氏菌除外），直径为 0.2～1.2 μm，但长度差别很大，短的小于 100 μm，长的可达 600 μm 以上，分枝繁茂。无色或产生水溶性或脂溶性色素而呈现黄、绿、橙、红、紫、蓝、褐、黑等各种颜色。

气生菌丝是由基内菌丝生长到一定时期，分枝长出培养基，向培养基上空伸展的二级菌丝。通过镜检观察，其颜色较深且较基内菌丝粗，直径为 1～1.4 μm，长度差别却很悬殊，形状直形或弯曲状，有分枝，有的产生色素。

孢子丝是由气生菌丝生长发育到一定阶段分枝部分特化形成的，其形状以及在气生菌丝上的排列方式随不同种类而异。有直的、波曲、钩状、螺旋、丛生、轮生等各种形态，如图 9-13 所示。其中以螺旋状的孢子丝较为常见。

图 9-13　放线菌孢子丝的不同形态

1. 孢子丝直、单搓分枝；2. 孢子丝丛生、波曲；3. 孢子丝顶端大螺旋；4. 孢子丝松螺旋（一级轮生）；

5. 孢子丝紧螺旋；6. 孢子丝紧螺旋成团；7. 孢子丝短而直（二级轮生）

孢子丝上进一步产生各种颜色和形态的分生孢子，如图 9-14 所示。

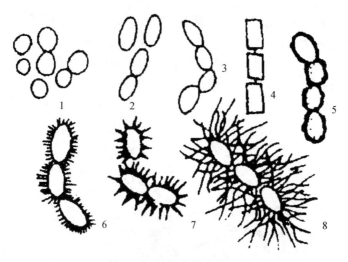

图 9-14　放线菌的孢子形态

1. 光滑型及粗糙型球状；2～4. 光滑型、椭圆形、瓜子形及柱状；

5. 疣突形；6～7. 刺形、椭圆形；8. 毛发形

9.2.2　放线菌的群体特征

放线菌的菌落由菌丝体组成。一般圆形、光平或有许多皱褶。在光学显微镜下观察可以发现菌落周围具有辐射状菌丝。总的特征介于霉菌与细菌之间，由于放线菌的气生菌丝较细，生长缓慢，菌丝分枝相互交错缠绕，所以形成的菌落质地致密，表面呈较紧密的绒状，坚实、干燥、多皱，菌落较小而不延伸。

菌落形成随菌种而不同，因种类不同可以分为两类。一类是产生大量分枝的基内菌丝和气生菌丝的菌种（如链霉菌 *Streptomyces*）所形成的菌落。这类菌的基内菌丝伸入基质内，菌落紧贴培养基表面，极坚硬，若用接种铲来挑取，可以将整个菌落自表面挑起而不破裂。菌落表面起初光滑或如发状缠结，其后在上面产生孢子，表面呈粉状、颗粒状或絮状。气生菌丝有时呈同心环状，如图 9-15 所示。

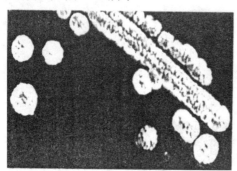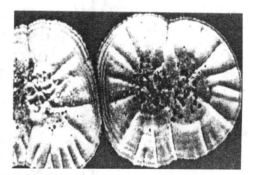

图 9-15　链霉菌菌落示例

另一类是不产生大量菌丝的菌种（如诺卡氏菌 *Nocardia*)所形成的菌落。这类菌菌落的黏着力不如上述的强，结构成粉质，用针挑取则粉碎，如图 2-16 所示，所以放线菌菌落不同于细菌。

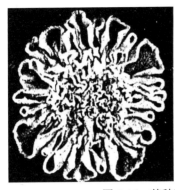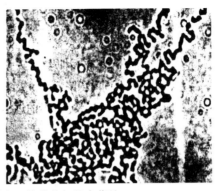

图 9-16　某种诺卡氏菌菌落与基内菌丝

9.2.3　放线菌的繁殖方式

放线菌主要通过形成无性孢子的方式进行繁殖，也可以借菌丝断裂片段繁殖。

放线菌成长到一定阶段后，一部分气生菌丝形成孢子丝，孢子丝成熟便分化形成许多孢子。孢子的产生有以下几种方式：

（1）凝聚孢子　凝聚分裂形成凝聚孢子。多数放线菌如链霉菌多形成此类型孢子。

（2）横隔孢子　横隔分裂形成横隔孢子。诺卡氏菌属按此方式形成孢子。

（3）孢囊孢子　有些放线菌在菌丝上形成孢子囊，在孢子囊内形成孢子，孢子囊成熟后破裂，释放出大量的孢囊孢子。

（4）菌丝断裂　放线菌也可以借菌丝断裂的片断形成新的菌体，这种繁殖方式常见于液体培养基中。工业化发酵生产抗生素时，放线菌就以此方式大量繁殖。如果静置培养，培养物表面往往形成菌膜，膜上也可以产生出孢子。

放线菌孢子具有较强的耐干燥能力，但不耐高温，在 60℃～65℃下处理 10～15 分钟即失去生活能力。

9.3　酵母菌

酵母菌是一群单细胞的真核微生物，通常以芽殖或裂殖来进行无性繁殖的单细胞真菌，它不是分类学上的名称，而是一类非丝状真核微生物。

酵母菌种类很多，约有 56 属 500 多种。酵母菌主要分布在含糖质较高的偏酸性环境，如果品、蔬菜、花蜜和植物叶子上，特别是葡萄园和果园的土壤中，因而有人称其为糖菌。在牛奶和动物的排泄物中也可以找到。空气中也有少数存在，它们多为腐生型，少数为寄生型。

9.3.1　酵母菌的个体形态

酵母菌的形态与种属、培养条件（固态、液态等）和培养时间有关。大多数酵母菌为单细胞，形状因种而异。酵母菌的基本形态有近球形、椭圆形、卵圆形、柠檬形、香肠形等，如图 9-17 所示。常见的形态多是卵圆形为主，如图 9-18 所示，但形状与大小常受培养条件及培养时间的影响而改变。酵母菌菌体无鞭毛，不能游动。

有些酵母菌（热带假丝酵母）进行一连串的芽殖后，长大的子细胞与母细胞并不立即分离，其间仅以极狭小的接触面相连，这种藕节状的细胞串称为"假菌丝"，如图 9-19 所示。

图 9-17 酵母菌的基本形态

1. 圆形；2. 椭圆形；3. 卵圆形；4. 柠檬形；5. 香肠形

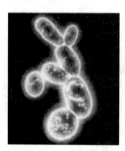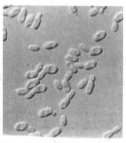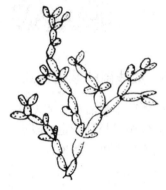

图 9-18 显微镜下的酵母菌   图 9-19 酵母菌的假菌丝

9.3.2 酵母菌的群体特征

1. 固体培养特征

大多数酵母菌在适宜固体培养基上形成的菌落与细菌的相似，但由于酵母菌的个体细胞较大，胞内颗粒明显，胞间含水量比细菌的少，因而与细菌菌落比较显得大而且厚，菌落表面光滑、湿润、粘稠、易被挑起。有些种因培养时间太长使菌落表面皱缩。其色多为乳白，少数呈红色，如红酵母、掷孢酵母等。假丝酵母因边缘常产生丰富的藕节状假菌丝，故细胞易向外围蔓延，使菌落较大，扁平而无光泽，边缘不整齐。

菌落的颜色、光泽、质地、表面和边缘特征都是酵母菌菌种鉴定的依据。

2. 液体培养特征

在液体培养基中，有的长在培养基底部并产生沉淀；有的在培养基中均匀生长；有的在培养基表面生长并形成菌膜或菌醭，其厚薄因种而异，有的甚至干而变皱。菌醭的形成及特征具有分类意义。以上生长情况，与它们同氧的关系有联系。

9.3.3 酵母菌繁殖方式

酵母菌的繁殖方式有无性繁殖和有性繁殖两种。无性繁殖又分芽殖、芽裂和裂殖，有的甚至可以形成厚垣孢和节孢子。有性繁殖方式是产生子囊孢子。凡具有性繁殖产生子囊孢子的酵母称为真酵母。尚未发现有性繁殖方式的酵母称为假酵母。

1. 无性繁殖

（1）芽殖 出芽繁殖是酵母菌进行无性繁殖的主要方式。成熟的酵母菌细胞先长出一个小芽，芽细胞长到一定程度后，脱离母细胞继续生长，然后出芽又形成新个体，如此循环往复。一个成熟的酵母菌通过出芽繁殖可以平均产生 24 个子细胞。芽殖发生在细胞壁的预定点上，这个点可以由细胞脱落点遗留的芽痕来识别。每个酵母细胞有一个或多个芽痕，在光学显微镜下无法看到芽痕，但用荧光染料染色或用扫描电镜观察，都可以看到芽痕。

酵母菌出芽的方式因种不同，形成的子细胞形状也随之而异。

①多边出芽　即在母细胞的各个方向出芽。形成的子细胞为圆形、椭圆形或柱状，多数酵母菌以此方式繁殖。

②两端出芽　芽细胞产生于母细胞的两端。细胞通常呈柠檬状。

③三边出芽　在母细胞的三边产生芽细胞，细胞通常呈三角形。这种情况很少。

（2）裂殖　少数种类的酵母菌与细胞一样借细胞横分裂而繁殖。如裂殖酵母属，圆形或卵圆形细胞，长到一定大小后，细胞进一步增大或伸长，核分裂，然后在细胞中产生一个隔膜，将两个细胞分开，末端变圆。两个新细胞形成后又长大而重复上述循环。在快速生长中，细胞可以没有形成隔膜而核分裂，或者形成隔膜而子细胞暂时分不开，类似于菌丝，但最后仍会分开。

（3）无性孢子繁殖　少数酵母菌（如掷孢酵母）可以产生无性孢子。如掷孢酵母可以在卵圆形营养细胞上生出小梗，其上产生掷孢子。掷孢子成熟后通过特有喷射机制射出。用倒置培养器培养掷孢酵母时，器盖上会出现掷孢子发射形成的酵母菌落的模糊镜像。还有的酵母菌如白假丝酵母等还能在假菌丝的顶端产生具有厚壁的厚垣孢子。

2. 有性繁殖方式

酵母菌以形成子囊和子囊孢子的方式进行有性繁殖。其过程是通过邻近的两个形态相同而性别不同的细胞各伸出一根管状原生质突起，相互接触、融合并形成一个通道，细胞质结合（质配），两个核在此通道内结合（核配），形成双倍体细胞，并随即进行减数分裂，形成 4 个或 8 个子核，每一个子核与其附近的原生质一起，在其表面形成一层孢子壁后，就形成了一个子囊孢子，而原有营养细胞就成了子囊。这种含有孢子的细胞称为子囊，子囊内的孢子称为子囊孢子。

酵母菌的子囊和子囊孢子形状因菌种不同而异，是酵母菌分类鉴定的重要依据之一。通常处于幼龄的酵母细胞在适宜的培养基和良好的环境条件下才易形成子囊孢子。

子囊孢子有各种不同的形状，如球形、椭圆形、半球形、帽子形、柑桔形、柠檬形、纺锤形、土星形、镰刀形、针形等。孢子表面平滑或刺状，孢子的皮膜分单层或双层。这些都是酵母菌种、属的鉴定特征。酵母的孢子形状如图 9-20 所示。

图 9-20　酵母菌产生的孢子形状

9.4　霉菌

凡在营养基质上形成绒毛状、棉絮状或蜘蛛网形丝状菌体的真菌统称为霉菌，即"发霉的真菌"。霉菌属于丝状真菌的总称，不是分类学上的名词。

霉菌与酵母一样，喜偏酸性、糖质环境。生长最适合温度为 30~39℃。大多数为好氧性微生物。多为腐生菌，少数为寄生菌。

9.4.1 霉菌的形态和构造

1. 霉菌的菌丝

不同于细菌及酵母菌，除鞭毛菌门的霉菌外，绝大部分霉菌都是多细胞的微生物。构成霉菌营养体的基本单位是菌丝。菌丝是一种管状的细丝，把它放在显微镜下观察，很像一根透明胶管，它的直径一般为 3~10 μm，比细菌和放线菌的细胞约粗几倍到几十倍。菌丝可以伸长并产生分枝，许多分枝的菌丝相互交织在一起，就叫菌丝体。

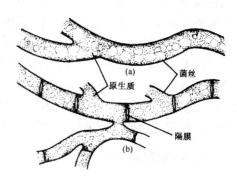

图 2-21 霉菌的菌丝
a. 无隔菌丝；b. 有隔菌丝

霉菌的菌丝有两类，一类菌丝中无横隔，称无隔菌丝，整个菌丝为长管状单细胞，含有多个细胞核。其生长过程只表现为菌丝的延长和细胞核的裂殖增多以及细胞质的增加，如根霉、毛霉、犁头霉等的菌丝属于此种形式，如图 9-21a 所示。另一类菌丝有横隔，称为有隔菌丝，菌丝由横隔膜分隔为成串多细胞，每个细胞内含有一个或多个细胞核。这些菌丝从外观看虽然像多细胞，但横隔膜上有小孔，使细胞质和细胞核可以自由流通，而且每个细胞的功能也都相同，如青霉菌、曲霉菌、白地霉等的菌丝均属此类，如图 2-21b 所示。

霉菌菌丝在生理功能上有一定程度的分化。在固体培养基上，部分菌丝伸入培养基内吸收养料，称为营养菌丝；另一部分则向空中生长，称为气生菌丝。有的气生菌丝发育到一定阶段，分化成繁殖菌丝，如图 9-22 所示。

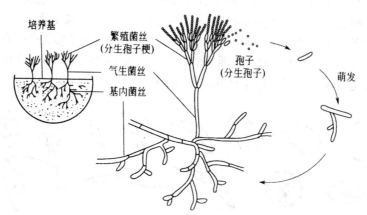

图 9-22 霉菌的营养菌丝、气生菌丝和繁殖菌丝

2. 菌丝的变态（特殊结构）

不同的真菌在长期进化中对各自所处的环境条件产生了高度的适应性，其营养菌丝体和气生菌丝体的形态与功能发生了明显变化，形成了各种特化的构造。

（1）吸器　专性寄生真菌（锈菌、霜霉菌和白粉菌等）从菌丝旁侧生出拳头状或手指状的突起，能伸入到寄主细胞内吸取养料，而菌丝本身并不进入寄主细胞，这种结构称为吸器，如图 9-23 所示。

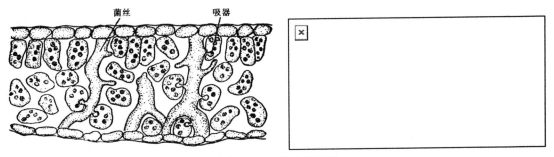

图 9-23　三种吸器类型

（2）菌核　菌核是由菌丝团聚集成的一种坚硬紧密组织，是一种休眠体的形式，如图 9-24 所示。它们的生存能力很强，可以耐受极端不良的环境。即使在不良环境条件下也可以存活数年之久。菌核形状有大有小，大如茯苓（大如小孩头），小如油菜菌核（形如鼠粪）。菌核的外层色深、坚硬，内层疏松，大多呈白色。有的菌核中夹杂有少量植物组织，称为假菌核。许多产生菌核的真菌是植物病原菌。

（3）子座　很多菌丝集聚在一起形成比较疏松的组织，叫子座，如图 9-25 所示。子座呈垫状、壳状或其他形状，在子座内外可以形成繁殖器官。

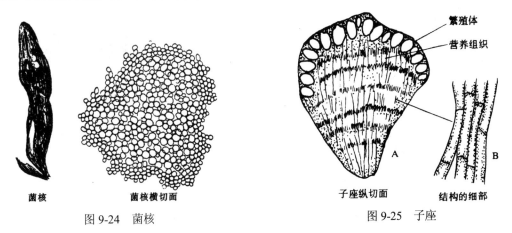

图 9-24　菌核　　　　　　　　　　图 9-25　子座

（4）菌索　大量菌丝平行集聚并高度分化成根状的特殊组织称为菌索。菌索周围有外皮，尖端是生长点，多生在地下或树皮下，根状，呈白色或其他颜色。菌索有助于霉菌迅速运送物质和蔓延侵染的功能，在不适宜的环境条件下呈休眠状态。多种伞菌都有菌索。

9.4.2　霉菌的繁殖方式

霉菌具有很强的繁殖能力，繁殖方式多种多样，除了菌丝断片可以生长成新的菌丝体外，主要是通过无性繁殖或有性繁殖来完成生命的传递。一般霉菌菌丝生长到一定阶段后先行无性繁殖，到后期在同一菌丝体上产生有性繁殖结构形成有性孢子。无性繁殖所产生的孢子叫无性孢子。有性繁殖则是经过不同性别细胞的结合、经质配、核配、减数分裂形成孢子的过程，而产生的孢子叫有性孢子。根据孢子形成方式、孢子的作用、孢子的形态和产孢子器官的特征以及本身的特点的不同又可以分为各种类型，在分类上具有重要意义。

1. 无性孢子

霉菌的无性繁殖主要通过产生无性孢子的方式来实现的。它的特点是分散，数量大，而且孢子有一定抗性。这一特点用于工业发酵可以在短期内得到大量菌体，所以常利用无性孢子来进行繁殖、扩大培养，或进行菌种保藏。

常见的无性孢子有孢囊孢子、分生孢子、厚垣孢子、节孢子等，如图2-26所示。

（1）孢囊孢子　孢囊孢子又称为孢子囊孢子，它是一种内生孢子，为藻状菌纲的毛霉、根霉、犁头霉等所具有。菌丝发育到一定阶段，气生菌丝的顶端细胞膨大成圆形、椭圆形或犁形孢子囊，然后膨大部分与菌丝间形成隔膜，囊内原生质形成许多原生质小团(每个小团内包含1～2个核)，每一小团的周围形成一层壁，将原生质包围起来，形成孢囊孢子。孢子囊成熟后破裂，散出孢囊孢子，如图9-27所示。该孢子遇适宜环境发芽形成菌丝体。孢囊孢子有两种类型，一种为生鞭毛、能游动的叫游动孢子，如鞭毛菌亚门中的绵霉属；另一种是不生鞭毛、不能游动的叫静孢子，如接合菌亚门中的根霉属。

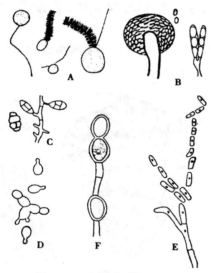

图9-26　霉菌的无性孢子类型

A. 游动孢子；B. 孢囊孢子；C. 分生孢子；D. 芽孢子；E. 节孢子；F. 厚垣孢子

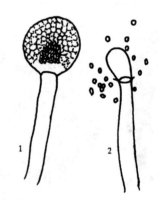

图9-27　孢囊孢子

1. 孢囊梗和幼年孢子囊；2. 孢子囊轴和孢囊孢子

（2）分生孢子　分生孢子是一种外生孢子，是霉菌中最常见的一类无性孢子。分生孢子由菌丝顶端或分生孢子梗出芽或缢缩形成，其形状、大小、颜色、结构以及着生方式因菌种不同而异。如红曲霉和交链孢霉的分生孢子着生在菌丝或其分枝的顶端，单生、成链或成簇，具有无明显分化的分生孢子梗；曲霉和青霉等具有明显分化的分生孢子梗，它们的分生孢子着生于分生孢子梗的顶端，壁较厚。

（3）厚垣孢子　厚垣孢子又称厚壁孢子，属于外生孢子，它是由菌丝顶端或中间的个别细胞膨大，原生质浓缩、变圆，细胞壁加厚形成的球形或纺锤形的休眠体，对外界环境有较强抵抗力。厚垣孢子的形态、大小和产生位置各种各样，常因霉菌种类不同而异，如总状毛霉往往在菌丝中间形成厚垣孢子。

（4）节孢子　节孢子也称粉孢子，它是白地霉等少数种类所产生的一种外生孢子，由菌丝中间形成许多横隔顺次断裂而成，孢子形态多为圆柱形。

2. 有性孢子

在霉菌中有性繁殖不及无性繁殖普遍，仅发生于特定条件下，一般培养基上不常出现。真菌的有性结合是较为复杂的过程，它们的发生需要种种条件。霉菌的有性孢子主要有卵孢子、接合孢子、子囊孢子。

（1）卵孢子　卵孢子是由两个大小形状不同的配子囊结合后发育而成的有性孢子。其小型配子囊称为雄器，大型的配子囊称为藏卵器。藏卵器中的原生质与雄器配合以前，往往收缩成一个或数个原生质小团，即卵球。雄器与藏卵器接触后，雄器生出一根小管刺入藏卵器，并将细胞核与细胞质输入到卵球内。受精后的卵球生出外壁，发育成双倍体的厚壁卵孢子，如图9-28所示。

（2）接合孢子　接合孢子是由菌丝生出形态相同或略有不同的配子囊接合而成，如图9-29所示。当两个邻近的菌丝相遇时，各自向对方生长出极短的侧枝，称为原配子囊。两个原配子囊接触后，各自的顶端膨大并形成横隔融成一个细胞，称为配子囊。相接触的两个配子囊之间的横隔消失，细胞质和细胞核互相配合，同时外部形成厚壁，即为接合孢子。接合孢子主要分布在接合菌类中，如高大毛霉和黑根霉产生的有性孢子为接合孢子。

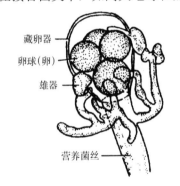

图9-28　藏卵器、雄器及卵孢子

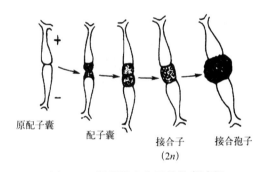

图9-29　根霉接合孢子的发育过程

根据产生接合孢子菌丝来源或亲和力的不同，一般可以分为同宗配合和异宗配合两类。例如毛霉目中就存在这两种类型。同宗配合是指雌雄配子囊来自同一菌丝体。异宗配合是指菌丝分化形成的配子囊来自不同的菌丝。两者在形态、大小上无法区别，更无雌雄之分，但生理上确有差异，所以常用接合作用来判断。一般以"+"和"−"表示两个不同质的细胞，即认定一种配子囊为"+"，凡能与之结合形成接合孢子的配子囊则为"−"，否则为"+"。如根霉的接合孢子形成如图9-30所示。

（3）子囊孢子　在子囊中形成的有性孢子叫子囊孢子。形成子囊孢子是子囊菌的主要特征。子囊是一种囊状结构，绝大多数子囊菌的子囊呈长形、棒形或圆筒形，有的是具特征性的球形或卵形，还有的为长方形。每个子囊内通常含2～8个子囊孢子，有的是4个或2个，其孢子数目常以2n表示。子囊孢子和子囊一样，其形状、大小、颜色也是多种多样的。

大多数子囊包在由很多菌丝聚集而形成的特殊的保护组织中，称为子囊果。子囊果的结构、形态、大小随种而异，而且有其特定的名称，子囊果的形态主要有3种类型，如图9-31所示。

第 1 种为完全封闭的圆球形，称为闭囊壳；第 2 种为烧瓶状、有孔，称为子囊壳；第 3 种呈盘状，称为子囊盘。子囊孢子、子囊及子囊果的形态、大小、质地和颜色等随菌种而异，在分类上有重要意义。各种类型的子囊孢子如图 9-32 所示。

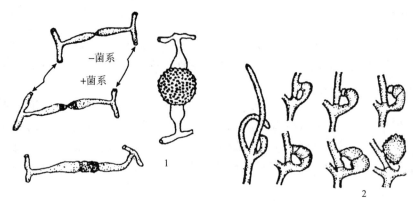

图 9-30　根霉的接合孢子形成

1. 异宗接合；2. 同宗接合

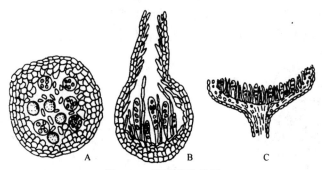

图 9-31　子囊果的类型

A. 闭囊壳；B. 子囊壳；C. 子囊盘

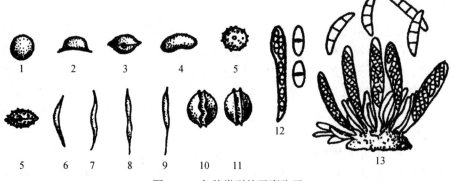

图 9-32　各种类型的子囊孢子

1. 球形；2. 礼帽形；3. 土星形；4. 肾形；5. 球形疣面；6. 卵形，据中央突起，疣面；

7. 镰刀形；8. 弓形；9. 针形；10. 针形具鞭毛；11. 双凸镜形，距赤道冠；

12. 子囊孢子由 2 个细胞组成；13. 子囊孢子由 4 个细胞组成

9.4.3　霉菌的菌落特征

　　霉菌的菌落与细菌和酵母菌不同，与放线菌接近。由于霉菌的菌丝较粗而长，故此菌落形态较大，比细菌的菌落大几倍到几十倍。有些霉菌如根霉、毛霉、链孢霉生长很快，菌丝可以在固体培养基表面蔓延，以至菌落没有固定大小。

　　霉菌的菌落质地比放线菌疏松。外观干燥，不透明，呈现或紧或松的蛛网状、绒毛状或棉絮状。有的菌落因有子实体或菌核产生会出现颗粒状。菌落与培养基连接紧密，不易挑取。霉菌孢子有不同的形状、构造与颜色，往往使菌落表面呈现肉眼可见的不同结构与色泽特征。有些菌丝的水溶性色素可以分泌至培养基中，使得菌落背面呈现与正面不同的颜色。其原因是由气生菌丝分化出来的子实体和孢子的颜色往往比深入在固体基质内的营养菌丝的颜色深；一些生长较快的霉菌菌落的菌落中心气生菌丝的菌龄大于菌落边缘的气生菌丝，其发育分化和成熟度较高，而生长在菌落边缘的菌丝则较为幼小，也可以显示不同的特征。

　　同一种霉菌在不同成分的培养基上形成的菌落特征可能有变化。但各种霉菌在一定培养基上形成的菌落大小、形状、颜色、结构等相对稳定，同其他的霉菌相比有很大差别，可以作鉴别的依据。因此霉菌菌落特征也是鉴定霉菌的重要依据之一。

9.5　噬菌体

　　噬菌体是寄生在原核生物细菌、放线菌体内的病毒、营专性活体寄生，广泛分布于自然界。

9.5.1　形态、结构

　　噬菌体的个体很小，不能用一般光学显微镜观察，只有通过电子显微镜放大数千倍甚至几万倍才能看见，它的基本形态有蝌蚪形、微球形和丝状三种，从结构看又可分为六种不同类型，如图 9-33 所示。

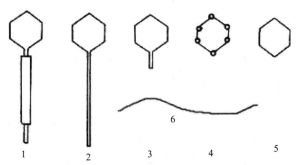

图 9-33　噬菌体的基本形态

1. 长尾，收缩形；2. 长尾，非收缩形；3. 短尾；4. 外壳较大，微球形；

5. 外壳较小，微球形；6. 丝状

　　（1）蝌蚪形收缩性长尾噬菌体：具六角形头部及可收缩的尾部，DNA 双链；

　　（2）蝌蚪形非收缩性长尾噬菌体：具六角形头部及不能收缩的长尾，DNA 双链；

　　（3）蝌蚪形非收缩性短尾噬菌体：有六角形头部和不能收缩的短尾，DNA 双链；

　　（4）六角形大顶壳粒噬菌体：有六角形头部，12 个顶角各有一个较大的壳粒，无尾部，DNA 单链；

生物化学与微生物学

（5）六角形小顶壳粒噬菌体：有六角形头部，无尾部，RNA 单链；

（6）丝状噬菌体：无头部，蜿蜒如丝，DNA 单链。

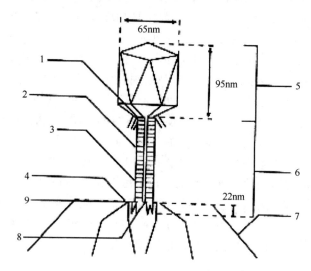

图 9-34　大肠杆菌 T₄ 噬菌体结构

1. 颈环；2. 伸展的尾鞘尾壳；3. 尾鞘；4. 刺突；5. 头部；6. 尾部；

7. 尾丝；8. 刺突；9. 基板

噬菌体形态不一，但结构相似，这里以大肠杆菌 T₄ 噬菌体为例，介绍蝌蚪形噬菌体的结构。它们除具有廿面体的蛋白质衣壳组成的头部外，还有一个螺旋对称的尾部。在头部蛋白质外壳内，一条长 50 μm 的 DNA 分子折叠盘绕其中。尾部则由不同于头部的蛋白质组成，其外包围有可以收缩的尾鞘，中间为一条空髓，即尾髓。有的噬菌体的尾部还有颈环、尾丝、基板和刺突。大肠杆菌 T₄ 噬菌体结构如图 9-34 所示。

9.5.2　繁殖方式

根据噬菌体与宿主细胞的关系可以分为烈（毒）性噬菌体和温和噬菌体两类。

1. 烈性噬菌体的繁殖过程

烈性噬菌体进入菌体后就会改变宿主的性质，使之成为制造噬菌体的"工厂"，大量产生新的噬菌体，最后导致菌体裂解死亡。

烈性噬菌体的繁殖一般包括吸附、侵入、复制、装配和释放等五个阶段。下面以大肠杆菌 T₄ 噬菌体为例说明噬菌体的繁殖过程。

（1）吸附：吸附是指病毒通过其吸附器官与宿主细胞表面的特异受体发生特异性结合的过程。与其他病毒一样，噬菌体对宿主细胞的吸附具有高度的特异性。噬菌体与敏感的寄主细胞接触后，在寄主细胞的特异性受点上结合。T₄ 噬菌体是以尾部末端和寄主的受点吸附。

（2）侵入：噬菌体的侵入方式较其他病毒复杂。大肠杆菌 T₄ 噬菌体以其尾部吸附到敏感菌表面后，将尾丝展开，通过尾部刺突固着在细胞上。尾部的酶水解细胞壁的肽聚糖，使细胞壁产生一个小孔，然后尾鞘收缩，将头部的核酸通过中空的尾髓压入细胞内，而蛋白质外壳则留在细胞外（尾鞘并非病毒侵入所必需的，有些噬菌体没有尾鞘，也不收缩，仍能将核酸注入

152

细胞）。大肠杆菌 T_4 噬菌体吸附、侵入和注入 DNA 过程如图 9-35 所示。

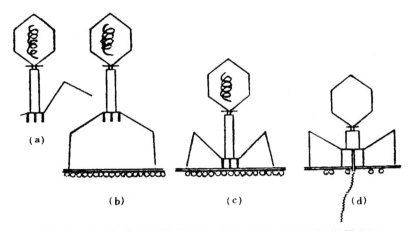

图 9-35　大肠杆菌 T_4 噬菌体吸附、侵入和注入 DNA 过程的模式图

（a）未吸附的 T_4 噬菌体；　（b）尾丝吸附于宿主细胞壁上；　（c）尾丝收缩，刺突与细胞壁接触；

（d）尾鞘收缩，并释放溶菌酶，溶解内壁，注入 DNA

（3）复制：将噬菌体核酸注入寄主细胞后，会操纵寄主细胞的代谢机能，大量复制噬菌体核酸，并合成所需要的蛋白质，但此时不形成带壳体的粒子。

（4）装配（成熟）：寄主细胞合成噬菌体壳体，组装成完整的病毒粒子。如大肠杆菌 T_4 噬菌体，当分开合成的噬菌体 DNA、头部蛋白质亚单位、尾鞘、尾髓、基板、尾丝等部件完成后，于是 DNA 收缩聚集，被头部外壳蛋白质包围，形成廿面体的噬菌体头部。尾部部件也装配起来，再与头部连接，最后装上尾丝，整个噬菌体装配完毕，成为新的子代噬菌体。T 偶数噬菌体的装配过程如图 9-36 所示。

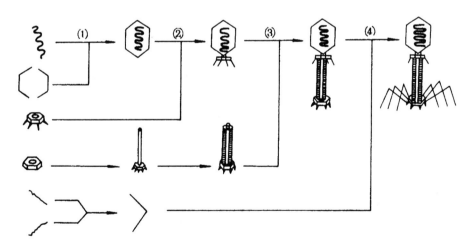

图 9-36　T 偶数噬菌体的装配过程

（5）释放（裂解）：噬菌体粒子成熟后，引起寄主细胞裂解，从寄主细胞内释放出来，新的子代噬菌体粒子在适宜条件下便能重复上述过程。

由于噬菌体能裂解寄主细菌或放线菌,在液体培养基中这种噬菌现象可以使混浊菌液变为澄清，而在固体培养基上适量的噬菌体和敏感宿主菌液混合后接种培养，由于其中每一噬菌体粒子先侵染和裂解一个细胞，然后以此为中心，再反复侵染和裂解周围大量的细胞，结果就会在菌苔上形成一个具有一定形状大小边缘和透明度的斑，即噬菌斑。一般认为，每个空斑都是由一个噬菌体颗粒一再侵染、增殖、裂解所形成的，因此可以用于进行噬菌体的计数。

不同噬菌体噬菌斑的形态与大小不尽相同，有的形成晕圈，有的呈多层同心圆，也有的近似圆形，大小不一。若将噬菌体按一定倍数稀释，通过噬菌斑计数可以测知一定体积内的噬菌斑形成单位数目，即噬菌体的数量。噬菌体能使菌液由浊变清，或在含菌的固体培养基上出现透明空斑（噬菌斑）等特征可以用来检测是否存在噬菌体。

2. 温和噬菌体与溶源性

温和噬菌体进入菌体后，因生长条件不同，可具有两条截然不同的、可以选择的生长途径。一条是与烈性噬菌体相同的生长路线，引起宿主细胞裂解死亡；另一条是将其核整合到细菌染色上，该细菌细胞继续生长繁殖，并被溶原化。

9.6　实训项目

9.6.1　常见细菌形态观察

1. 实训目的

（1）进一步熟悉显微镜的使用。
（2）进一步熟悉油镜使用和显微镜的清洁与维护方法。
（3）认识常见细菌的个体形态。
（4）认识常见细菌的菌落形态。
（5）认识细菌的荚膜、鞭毛、芽孢。

2. 实训原理

细菌是一类个体微小、形态简单、有坚韧细胞壁、以二分裂法繁殖和水生性较强的单细胞原核微生物。细菌在自然界中适应性很强，凡在温暖、潮湿的富有有机物质的地方均有细菌的活动，且常会散发出难闻的酸败味或臭味。细菌为单细胞原核微生物，正常个体形态包括球形、杆形和螺旋形。细菌的菌落一般较小，较薄，较有细腻感，较湿润、粘稠，易挑起，质地均匀，菌落各部位的颜色一致等。但也有的细菌形成的菌落表面粗糙、有褶皱感等特征。

3. 试剂与器材

（1）普通光学显微镜。
（2）香柏油、二甲苯、擦镜纸、吸水纸、无菌水、绘图纸等。
（3）样本材料
①各类球菌不同排列方式标本片：尿素小球菌染色标本片、肺炎双球菌革兰染色标本片、四联微球菌革兰染色标本片、尿素八叠球菌革兰染色标本片、乳链球菌革兰染色标本片、金黄色葡萄球菌革兰染色标本片。
②各类杆菌不同排列方式标本片：枯草芽孢杆菌革兰染色标本片、大肠杆菌革兰染色标本片、枯草芽孢杆菌革兰氏染色混合制片涂片、结核分枝杆菌染色标本片、双歧杆菌革兰染色标

本片、念珠状链杆菌染色标本片、北京棒状杆菌染色标本片、丙酮丁醇梭菌染色标本片。

③几种不同螺旋菌标本片：霍乱弧菌革兰染色标本片、红色螺旋菌染色标本片。

④细菌特殊结构观察标本片：伤寒杆菌鞭毛染色片、肺炎双球菌荚膜染色片、破伤风梭菌芽孢染色片。

⑤细菌群体形态观察样本：培养18～24小时大肠杆菌营养琼脂平板划线菌落、培养18～24小时枯草芽孢杆菌营养琼脂平板划线菌落。

4. 实训方法

操作步骤	操作要点	评价标准
准备工作	准备好所用工具、标本片等	准备齐全摆放合理
观察球菌标本片	观察不同种类球菌标本片：单球菌、双球菌、四联球菌、八叠球菌、链球菌、葡萄球菌	显微镜使用正确 排列方式观察结果正确
观察杆菌标本片	革兰氏染色标本片、分枝、分叉、链状排列、一端或中间膨大	显微镜使用正确 排列方式观察结果正确
观察螺旋菌标本片	霍乱弧菌与红色螺旋菌染色标本片	正确区分螺菌与弧菌
群体形态初步观察	比较大肠杆菌培养物与枯草芽孢杆菌培养物的群体形态外观	能够清楚二者群体形态表观上明显的不同点
显微镜下观察	进一步了解菌落特征描述中要点性内容（大小，形状，隆起形状，边缘情况，表面状态，表面光泽，质地，颜色，透明程度等）	加深理解、描述要点符合实际
观察鞭毛染、荚膜、芽孢	观察伤寒杆菌鞭毛染色片、肺炎双球菌荚膜染色片、破伤风梭菌芽孢染色片	
用后处理	镜头擦拭 显微镜归位还原 实验台面整理	操作熟练、正确

5. 实训结果

（1）绘制观察到的细菌的形态和排列。

（2）描述集中细菌的菌落特征，并进行比较。

（3）绘制伤寒杆菌鞭毛、肺炎双球菌荚膜、破伤风梭菌芽孢图。

6. 问题讨论

（1）什么叫细菌？其基本个体形态分别是什么？

（2）什么是异常形态？依生理机能的不同，异常形态如何分类？

（3）什么叫菌落？描述菌落的特征有哪些？细菌的菌落特征是怎样的？

9.6.2 常见放线菌形态观察

1. 实训目的

（1）认识常见放线菌菌丝形态、孢子形态。

（2）认识常见放线菌菌落特征。

2. 实训原理

放线菌是一类呈菌丝状生长、主要以孢子繁殖和陆生性较强的具多核的原核微生物，因菌落呈放射状而得名。放线菌菌体是由无隔膜的分枝状菌丝组成，菌丝可以伸长并产生分枝，许多分枝的菌丝相互交织在一起，菌落质地致密，表面呈较紧密的绒状，坚实、干燥、多皱，菌落较小而不延伸。

3. 试剂与器材

（1）链霉菌、诺卡氏菌、细黄链霉菌（"5406"抗生菌）培养至3d、5d、7d平皿菌落培养物。
（2）链霉菌、诺卡氏菌、细黄链霉菌（"5406"抗生菌）培养至3d、5d、7d的玻璃纸琼脂透析培养物。
（3）印片法制好的石炭酸复红染色链霉菌、诺卡氏菌、细黄链霉菌（"5406"抗生菌）标本片。
（4）链霉菌、诺卡氏菌、细黄链霉菌（"5406"抗生菌）菌丝水浸片。
（5）仪器及用具：无菌镊子、无菌剪刀、载玻片、显微镜等。

4. 实训方法

操作步骤	操作要点	评价标准
准备工作	用到的用品、仪器等准备齐全	
菌丝形态观察	观察链霉菌、诺卡氏菌、细黄链霉菌（"5406"抗生菌）菌丝水浸片，进行菌丝形态观察	
孢子形态观察	观察印片法制好的石炭酸复红染色链霉菌、诺卡氏菌、细黄链霉菌（"5406"抗生菌）标本片，进行孢子形态观察	
菌落形态及菌苔特征观察	观察链霉菌、诺卡氏菌、细黄链霉菌（"5406"抗生菌）培养至3d、5d、7d平皿菌落培养物，进行菌落形态观察	
	链霉菌、诺卡氏菌、细黄链霉菌（"5406"抗生菌）培养至3d、5d、7d的玻璃纸琼脂透析培养物进行菌落形态观察	
玻璃纸培养物分离	取平皿，无菌环境下打开平皿，用无菌镊子将玻璃纸与培养基分离	
剪取样本	用无菌剪刀取小片置于载玻片上	
观察标本片	观察标本片找到气生菌丝、基内菌丝、孢子丝及孢子等	
观察完毕后的处理	镜头擦拭 显微镜归位还原 实验台面整理	

5. 实训结果

（1）绘出链霉菌、诺卡氏菌、细黄链霉菌自然生长的个体形态图。
（2）描述链霉菌、诺卡氏菌、细黄链霉菌菌落特征。
（3）绘出链霉菌、诺卡氏菌、细黄链霉菌孢子形态。
（4）绘出链霉菌、诺卡氏菌、细黄链霉菌（"5406"抗生菌）菌丝形态。

6. 问题讨论

（1）放线菌的概念和突出特性？

（2）放线菌的菌落特征?

（3）放线菌的繁殖方式有哪些?

9.6.3 常见酵母菌形态观察

1. 实训目的

（1）了解酵母菌形态及繁殖方式。

（2）认识啤酒酵母、面包酵母、热带假丝酵母形态。

（3）认识面包酵母的子囊和子囊孢子。

（4）认识啤酒酵母、面包酵母、热带假丝酵母的菌落，并会描述其特征。

2. 实训原理

酵母菌是一群单细胞的真核微生物，通常以芽殖或裂殖来进行无性繁殖的单细胞真菌，主要分布在含糖质较高的偏酸性环境，基本形态有近球形、椭圆形、卵圆形、柠檬形、香肠形等，常见的形态多是卵圆形为主。菌落大而且厚，菌落表面光滑、湿润、黏稠、易被挑起。

3. 试剂与器材

（1）啤酒酵母、面包酵母、热带假丝酵母平皿划线培养物。

（2）啤酒酵母、面包酵母、热带假丝酵母斜面培养物。

（3）啤酒酵母、面包酵母、热带假丝酵母水浸片、面包酵母子囊孢子水浸片、子囊孢子染色片。

（4）显微镜、接种环、酒精灯。

4. 实训方法

操作步骤	操作要点	评价标准
准备工作	用到的用品、仪器等准备齐全	
菌落特征及菌苔特征观察	观察啤酒酵母、面包酵母、热带假丝酵母菌落和菌苔	
	用接种环挑菌落，观察与培养基结合是否紧密	
	观察斜面培养啤酒酵母、面包酵母、热带假丝酵母菌苔特征（基本同菌落）	
个体形态观察	观察啤酒酵母、面包酵母、热带假丝酵母形态及排列方式	
	观察啤酒酵母、面包酵母、热带假丝酵母芽体	
	观察面包酵母子囊和子囊孢子	
观察完毕后的处理	镜头擦拭 显微镜归位还原 实验台面整理	

5. 实训结果

（1）绘出啤酒酵母、面包酵母、热带假丝酵母个体形态图（包含出芽状态）。

（2）描述啤酒酵母、面包酵母、热带假丝酵母菌落特征（包括表面干燥或湿润、隆起形状、边缘整齐度、大小、颜色等）。

（3）绘出面包酵母子囊、子囊孢子的形状。

（4）数数面包酵母子囊孢子的数目?

6. 问题讨论

（1）什么是酵母菌？

（2）在同一平板培养基上长有细菌及酵母两种菌落，你如何区别？

（3）何为出芽生殖？有几种方式？

9.6.4 常见霉菌形态观察

1. 实训目的

（1）认识常见霉菌的个体形态（菌丝形态、孢子形态）。

（2）认识常见霉菌的群体形态。

2. 实训原理

凡在营养基质上形成绒毛状、棉絮状或蜘蛛网形丝状菌体的真菌，统称为霉菌，喜偏酸性、糖质环境。生长最适合温度为 30℃～39℃。大多数为好氧性微生物。多为腐生菌，少数为寄生菌。构成霉菌营养体的基本单位是菌丝，菌落质地比放线菌疏松。外观干燥，不透明，呈现或紧或松的蛛网状、绒毛状或棉絮状。

3. 试剂与器材

（1）培养 2～5d 的黑曲霉、橘青霉、黑根霉、总状毛霉马铃薯葡萄糖琼脂平板培养物和玻璃纸透析培养物。

（2）黑曲霉、橘青霉、黑根霉、总状毛霉乳酸石炭酸棉蓝水浸片。

（3）仪器及用具　酒精灯、火柴、无菌镊子、无菌剪刀、解剖针、载玻片、显微镜等。

4. 实训方法

操作步骤			操作要点	评价标准
准备工作			用到的用品、仪器等准备齐全	
菌落形态及菌苔观察			用肉眼观察生长在琼脂平板上培养 2～5d 的黑曲霉、橘青霉、黑根霉、总状毛霉马铃薯葡萄糖琼脂平板培养物，并描述每种菌落特征	描述正确、详细
菌丝形态及孢子形态观察	丝态孢形观态子形观察	玻璃纸透析培养物分离	取平皿，无菌环境下打开平皿，用无菌镊子将玻璃纸与培养基分离	操作正确
		剪取样本	用无菌剪刀取小片置于载玻片上	操作正确 无菌操作
		孢子的观察	先用低倍镜，必要时转换高倍镜镜检观察孢子着生的方式和形态、大小等，并记录	观察效果好 部位正确
		菌丝形态观察	观察标本片找到气生菌丝、基内菌丝、孢子丝，注意有无隔膜、假根、足细胞等特殊形态的菌丝	
石炭酸棉蓝染色液水浸片观察			观察菌丝形态，孢子形态	
观察完毕后的处理			镜头擦拭 显微镜归位还原 实验台面整理	操作熟练、正确

5. 实训结果

（1）绘出四种霉菌的个体形态图，并注明各部位名称。

（2）描述四种霉菌的菌落特征。（大小：局限生长或蔓延生长，直径和高度；颜色：正面和背面的颜色，培养基的颜色变化；形态：棉絮状、网状、疏松或紧密、同心轮纹、放线状的皱褶等；其他：生长紧密度、孢子颜色和菌落表面等情况）

（3）描述：

①毛霉和黑根霉的孢子的形状、颜色、大小、孢子囊、中轴体的形状，有无假根和葡萄菌丝。

②黑曲霉的分生孢子的形状、颜色、大小、顶囊的形状、小梗排列隔膜。

③青霉的分生孢子的形状、颜色、大小、小梗的排列方式，菌丝的隔膜。

6. 问题讨论

（1）什么是霉菌？其个体形态是怎样的？

（2）霉菌菌落特征是怎样的？

9.6.5 微生物大小测定

1. 实训目的

（1）了解测微尺的构造、使用原理及四种微生物的大小。

（2）掌握目镜测微尺的校正方法。

（3）掌握用显微镜测定微生物大小的基本方法。

2. 实训原理

微生物细胞的大小是微生物基本的形态特征，也是分类鉴定的依据之一。

（1）细菌的大小

最小的细菌只有 0.2 μm，最大的可长达 80 μm，但多数为 1～10 μm 之间球菌直径多为（0.5～1）μm；杆菌直径与球菌相似，长度约为直径的一倍或几倍。杆菌还可细分为小型杆菌（0.2～0.4）×（0.7～1.5）μm、中型杆菌（0.5～1）×（2～3）μm 和大型杆菌（1～1.25）×（3～8）μm；螺旋菌为（0.3～1）×（1～50）μm。

（2）酵母菌的大小

酵母菌的细胞大小因种类而异，比细菌细胞要大，其细胞直径一般约为细菌的 10 倍，在光学显微镜下，酵母菌细胞内的某些结构模糊可见。酵母菌大小一般为（1～5）μm×（5～30）μm，不同酵母菌的个体差异很大，工业上常用的酵母菌的平均直径约为（1～5）μm。

（3）放线菌大小

放线菌和霉菌都是丝状菌，一般可以测定菌丝长度和直径以表示大小。

放线菌基内菌丝直径 0.2～1.2 μm，但长度差别很大，短的小于 100 μm，长的可达 600 μm以上，分枝繁茂。较基内菌丝粗，直径为 1～1.4 μm，长度差别却很悬殊。

（4）霉菌的大小

霉菌菌丝是一种管状的细丝，把它放在显微镜下观察，很像一根透明胶管，它的直径一般为 3～10 μm，比细菌和放线菌的细胞约粗几倍到几十倍。

（5）微生物大小的测定方法

微生物大小的测定需要在显微镜下借助于特殊的测量工具——测微尺进行测定,测微尺包括目镜测微尺和镜台测微尺。

镜台测微尺(图 9-37(A))是中央部分刻有精确等分线的载玻片,一般是将 1 mm 等分为 100 格,每格长 0.01 mm(即 10 μm)。镜台测微尺并不直接用来测量细胞的大小,而是用于校正目镜测微尺每格的相对长度。

目镜测微尺(图 9-37(c))是一块可放入接目镜内的圆形小玻片,其中央有精确的等分刻度,有等分为 50 小格和 100 小格两种。测量时,需将其放在接目镜中的隔板上(安装步骤(图 9-37(c)、(d)、(e)),用以测量经显微镜放大后的细胞物象。由于不同的显微镜或不同的目镜和物镜组合放大倍数不同,目镜测微尺每小格所代表的实际长度也不同。因此,用目镜测微尺测量微生物大小时,必须用镜台测微尺进行校正,以求出该显微镜在一定放大倍数的目镜和物镜下,目镜测微尺每小格所代表的相对长度。然后根据微生物相当于目镜测微尺的格数,即可计算出细胞的实际大小。目镜测微尺与镜台测微尺校正情况见(图 9-37(B))所示。

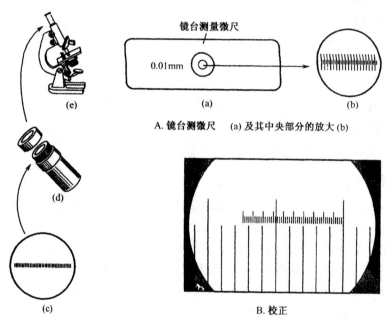

图 9-37   目镜测微尺与镜台测微尺校正

3. 试剂与器材

(1)测定用典型菌种:藤黄微球菌和枯草杆菌的染色标本片,啤酒酵母菌水浸片。
(2)仪器及其他用具:目镜测微尺,镜台测微尺,显微镜等。

4. 实训方法

操作步骤	操作要点	评价标准
显微镜取出	应一手提镜臂,一只手托镜座,防止目镜从镜筒中滑出	平、稳
摆放	应放身体的正前方,镜臂靠近身体,镜身向前,镜与桌边相距 3 cm 左右。避免倾斜,桌与凳高度配合	放置平稳 操作熟练
装目镜测微尺	取出接目镜,把目镜上的透镜旋下,将目镜测微尺刻度朝下放在目镜镜筒内,然后旋上目镜透镜,再将目镜插入镜筒内	操作熟练

操作步骤	操作要点	评价标准
安装镜台测微尺	将镜台测微尺放在显微镜载物台上	刻度面朝上
先低倍显微镜观察校正	将镜台测微尺有刻度的部分移至视野中央，调节焦距，清晰地看到镜台测微尺的刻度后，转动目镜使目镜测微尺的刻度与镜台测微尺的刻度平行。分别读出两重和线之间镜台测微尺和目镜测微尺所占的格数（图3-37（B））。记录观察填于表中	刻度读取准确
计算目镜测微尺每格长度（μm）	目镜测微尺每格长度（μm）$$=\frac{两重合线间镜台测微尺\quad 格数}{两重和线间目镜测微尺\quad 格数}\times 10$$	按照公式要求进行计算，求出代表的实际值
高倍镜和油镜观察校正	测出在高倍镜和油镜下，两重和线之间两尺分别所占的格数，记录观察填表，方法同上	
取下镜台测微尺	目镜测微尺校正完毕后，取下镜台测微尺	
菌体大小测定	换藤黄微球菌纸片，转动目镜测微尺和移动载玻片，测出细菌直径所占目镜测微尺的格数，超出部分估算	测直径并计算
	换枯草芽孢杆菌样品测定	测长和宽并计算
	换啤酒酵母菌水浸片，测定菌体大小	测长和宽并计算
计算	计算平均值并填写表格	
用后处理	取出目镜测微尺，目镜放回镜筒，将目镜测微尺和镜台测微尺用擦镜纸擦拭干净，放回盒内保存	按要求进行

5. 实训结果

（1）目镜测微尺校正结果

物镜	目镜测微尺格数	物镜测微尺格数	目镜测微尺校正值/μm
10			
40			
100			

（2）枯草杆菌大小测定记录

	1	2	3	4	5	平均值
长						
宽						

（3）酵母菌大小测定记录

	1	2	3	4	5	平均值
长						
宽						

6. 问题讨论

（1）目镜测微尺在使用前为什么要进行校正，如何进行校正？

（2）四种微生物的大小表示方法各是什么？

9.7　本章小结

细菌是一类个体微小、形态简单、有坚韧细胞壁、以二分裂法繁殖和水生性较强的单细胞原核微生物。细菌的基本形状有三种：球状、杆状和螺旋状，分别称为球菌、杆菌和螺旋菌。菌落一般比较小、较薄，有细腻感，较湿润、黏稠，易挑起，质地均匀，菌落各部位的颜色一致。

放线菌是一类呈菌丝状生长、主要以孢子繁殖和陆生性较强的具多核的原核微生物，因菌落呈放射状而得名。多为腐生，少数寄生，一般分布在含水量较低、有机物丰富和呈微碱性的土壤环境中。

酵母菌是一群单细胞的真核微生物，通常以芽殖或裂殖来进行无性繁殖的单细胞真核微生物。主要分布在含糖质较高的偏酸性环境中，多为腐生，少数寄生。菌落较细菌菌落大而厚，表面光滑、湿润、黏稠、易被挑起。

凡在营养基质上形成绒毛状、棉絮状或蜘蛛网形丝状菌体的真菌，统称为霉菌。与酵母一样，喜偏酸性、糖质环境。生长最适合温度为 30～39℃。大多数为好氧性微生物。多为腐生菌，少数为寄生菌。霉菌繁殖方式多样，主要通过无性繁殖或有性繁殖的方式来完成生命的传递。

9.8　思考题

一、名词解释

菌落　　无性繁殖　　营养菌丝

二、填空题

1. 细菌的基本个体形态分别是（　　）、（　　）和（　　）；球菌按排列方式不同可分为（　　）、（　　）、（　　）、（　　）、（　　）和（　　）。

2. 细菌、放线菌、酵母菌及霉菌的主要繁殖方式分别是（　　）、（　　）、（　　）和（　　）。

3. 霉菌的特殊结构有（　　）、（　　）和（　　）。

第 *10* 章

染色与制片技术

【教学内容】

本章主要介绍细菌的细胞结构、革兰氏染色的原理和程序、微生物染色及制片技术，通过学习使学生掌握革兰氏染色技术，学会常用的制片技术。

【教学目标】

☑ 让学生理解染色的原理

☑ 让学生熟悉并学会选择染色剂

☑ 培养学生学会微生物染色技能

☑ 培养学生制片技能

☑ 培养学生无菌操作意识

基础知识

10.1 细菌的细胞结构

10.2 染色技术

10.3 制片技术

拓展知识

10.4 细菌的鞭毛染色技术

课堂实训

10.5.1 细菌的革兰氏染色技术

10.5.2 水浸片法制片技术

10.5.3 悬滴法制片技术

10.1 细菌的细胞结构

细菌的细胞构造可以分为两类，一类是基本结构，为所有的细菌细胞所共有；另一类是特殊结构，只在部分细菌中发现，或者在特殊环境条件下才形成，具有某些特定功能。一个典型的细菌细胞构造如图 10-1 所示。

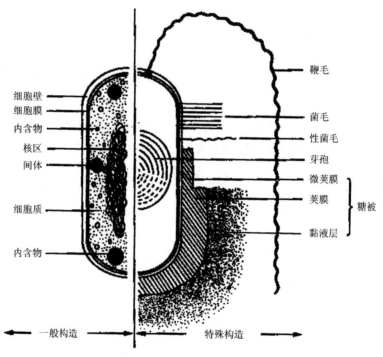

图 10-1 细菌细胞的基本结构及特殊结构的模式图

细菌细胞的基本结构包括细胞壁、细胞膜、细胞质、间体、核糖体、核质、内含物颗粒等。

1. 细胞壁

细胞壁是细菌细胞的外壁，较坚韧而略有弹性，细胞壁的重量约占细胞干重的 10%～25%，是细胞的重要结构之一。

（1）细胞壁的功能

①固定细胞外形，保护细胞免受外力损伤。细胞壁具有保护细胞免受机械性或渗透压的破坏，维持细胞外形的功能。

②协助鞭毛运动。为鞭毛运动提供可靠的支点，是鞭毛运动所必需的。

③阻止大分子物质进入细胞。细胞壁具有一定屏障作用，水和某些化学物质可以通过，但对大分子物质有阻挡作用，同时也可阻挡一些有害物进入。

④细胞壁使菌体具有一定的抗原性、致病性以及对噬菌体的敏感性。

（2）细胞壁的化学组成与革兰氏染色

不同的细菌细胞壁的化学组成和结构不同，但其共性是都有以肽聚糖为骨架结构构成的网袋状结构。

革兰氏染色技术是由丹麦医生革兰（Christian gram）于 1884 年首创，是微生物学中一种重要的常用的染色方法。细菌常采用革兰氏染色技术进行分类，它几乎可以将所有细菌分成两大类：革兰氏阳性细菌（G⁺）和革兰氏阴性细菌（G⁻）。它的主要过程是先用草酸铵结晶紫液初染，再加碘液媒染，使细菌着色，然后用 95%乙醇脱色，最后用蕃红（或沙黄）等红色染料复染。如果用乙醇脱色后，仍保持其初染的紫色，称为革兰氏阳性细菌；如果用乙醇处理后脱去原来的颜色，而染上蕃红的红色，则为革兰氏阴性细菌。革兰氏染色的程序和结果见表 10-1。

表 10-1　革兰氏染色的程序和结果

步　骤	方　法	结　果	
		阳性（G⁺）	阴性（G⁻）
初染	结晶紫 1 分钟	紫色	紫色
媒染剂	碘液 1 分钟	仍为紫色	仍为紫色
脱色	95%乙醇 30 秒	保持紫色	脱去紫色
复染	蕃红（或沙黄）1～3 分钟	仍显紫色	红色

革兰氏阳性细菌（G⁺）细胞壁以肽聚糖为主，占细胞壁物质总量的 40%～90%。另外还结合有其他多糖及一类特殊的多聚物——磷壁（酸）质。革兰氏阳性细菌肽聚糖分子中的 75%的亚单位纵横交错连接，从而形成了紧密编织、质地坚硬和机械性强度很大的多层的三维空间结构。从其结构来看，G⁺菌有较厚（20～80 nm）而致密的肽聚糖层，如枯草芽孢杆菌的肽聚糖分子可达 20 层之多。

革兰氏阴性细菌（G⁻）细胞壁的化学组成和结构比革兰氏阳性细菌更复杂。其结构层次明显，分为内壁层和外壁层。内壁层紧贴细胞膜，厚约 2～3 nm，是一单分子层或双分子层，占细胞壁干重的 5%～10%，由肽聚糖组成。内壁的肽聚糖层比革兰氏阳性细菌相应部分要薄得多。外壁层覆盖于肽聚糖层的外部，主要含脂多糖、磷脂层和脂蛋白，某些细菌的抗原性、致病性以及对噬菌体的敏感性均与这些成分有关，脂多糖是其主要成分。G⁺与 G⁻细胞壁的结构简图如图 10-2 所示，G⁺与 G⁻细胞壁的成分见表 10-2。

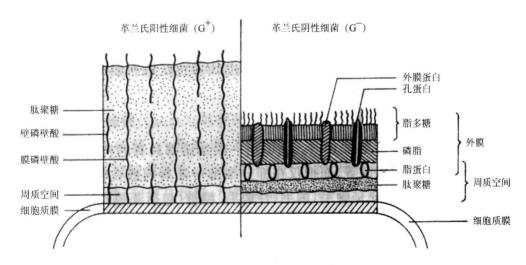

图 10-2　G⁺与 G⁻细胞壁的结构简图

表 10-2　胞壁的结构和化学成分

性质	革兰氏阳性菌	革兰氏阴性菌	
		内壁	外壁
肽聚糖	含量很高（占干重的 40%～90%）	有	无
磷壁酸	含量较高（<50）	无	无
多糖	有	无	无
蛋白质	有或无	无	有
脂多糖	无	无	有
脂蛋白质	无	有或无	有
厚度/nm	10～50	2～3	3

（注：少数细菌，如嗜盐菌、产甲烷菌和硫化叶菌属没有肽聚糖）

　　一般认为细菌的革兰氏染色反应与细菌细胞壁的化学组成和结构等有关。革兰氏阳性细菌细胞壁较厚，尤其是肽聚糖含量较高，网格结构紧密，含脂量又低，当它被脱色剂 95％乙醇脱色时，引起了细胞壁肽聚糖层网状结构的孔径缩小，通透性降低，从而使媒染后形成的不溶性结晶紫-碘复合物不易逸出，菌体呈初染后的深紫色；而革兰氏阴性细菌的细胞壁肽聚糖层较薄，且壁上的孔隙较大，含有较多易被乙醇溶解的类脂质，当用乙醇处理后，类脂物质溶解，细胞壁孔径增大，增加了细胞壁的通透性，初染的结晶紫-碘复合物易于渗出，用酒精脱色时细菌被脱色，在用蕃红复染后呈复染液的红色。

2. 细胞膜

　　细胞膜又称原生质膜，是紧贴在细胞壁内侧、包围细胞质的柔软而富有弹性的半透性薄膜。其重量约为干重的 10%。它的化学组成主要是脂类 20%～30%和蛋白质 60%～70%，此外还有少量糖蛋白和糖脂（约 2%）以及微量核酸，其厚度约为 5～8 nm。

　　（1）细胞膜结构

　　细胞膜以磷脂双分子层为基本结构，如图 10-3 所示，在电子显微镜下观察时，细胞膜呈明显的双层结构——在上下两暗色层间夹着一个浅色的中间层。磷脂具有亲油的非极性端和亲水的极性端，磷脂双分子层的两个极性端分别朝向膜的内外两侧，呈亲水性；而两个非极性的疏水端则在膜的内层，形成具有高度定向性的双分子层。磷脂双分子层通常呈液态，不同的内嵌蛋白和外周蛋白可以在磷脂双分子层液体中作侧向运动。

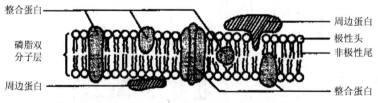

图 10-3　细胞膜的模式构造图

　　（2）细胞膜的功能

　　①控制细胞内外物质的运送、交换。它能控制营养物质及代谢产物的进出，使细菌能在各种化学环境中吸收所需的营养物质，排出过多的代谢产物。

　　②细胞膜的屏障作用可以维持细胞内正常的渗透压。

③在细胞呼吸过程中起到关键的作用。膜的内侧和外侧存在呼吸酶系统，是许多酶（β—半乳糖苷酶、细胞壁和荚膜的合成酶及 ATP 酶等）和电子传递链的所在部位，具有电子传递和氧化磷酸化的功能。它是能量代谢、合成代谢的场所。

④鞭毛的着生点和其运动所需的能量的来源。

3. 核质体

细菌的核位于细胞质内，它不是真正的细胞核，而是特指原核微生物特有的无核膜结构、无固定形态的原始细胞核，其仅有一个区域不明显的核区存在，结构也很简单，因此也被称为拟核或核区等，这也是真核生物细胞和原核生物细胞的最重大区别之一。

核质体主要成分是 DNA，含性质与高等生物细胞核功能相似的核物质，在细胞内的 DNA 高度折叠缠绕，以超螺旋状结构存在。核区位于细胞中央，呈球状、亚铃状或带状。当细菌处于对数生长期时，则一个菌体细胞内往往出现 2～4 个核区，其主要功能是记录和传递个体的遗传性状。

4. 细胞质

除核区以外，包在细胞膜以内的无色、透明、黏稠的胶状物质均为细胞质，细胞质的主要成分为水、蛋白质、核酸、脂类、少量糖和无机盐。细胞质是细胞的内在环境，含有各种酶系统，它具有生命活动的所有特征，能使细胞与周围环境不断地进行新陈代谢活动。由于细胞质内含有占固形物量 15%～20% 的核糖核酸，所以具有酸性，易为碱性和中性染料着色。但由于老龄细胞中的核酸可以作为氮源和磷源消耗，所以其着色力不如幼龄细胞强。

5. 内含物

细胞质内存在各种内含物。细菌细胞的细胞质常含有各种颗粒，它们大多为细胞储藏物质，称为内含物颗粒。颗粒的多少随菌龄和培养条件的不同而有很大的变化。其成分为糖类、脂类、含氮化合物及无机物等。这些颗粒物质主要有异染颗粒、聚 β-羟丁酸颗粒、肝糖原与淀粉粒、脂肪粒、液泡。

10.2 染色技术

1. 染色的目的

一般活的微生物细胞含水量都在 80%～90% 之间，因此细胞对于光的吸收和反射与水溶液相差不大，特别是在油镜下观察细胞与背景几乎无反差，成一片透明状态。染色的目的就是通过染料的吸着，产生与背景较明显的反差而便于观察。但染色后的细胞形态和结构往往会发生一些变化，影响观察。

2. 染色的基本原理

微生物细胞染色的基本原理是根据物理因素和化学因素的作用。物理因素包括细胞及细胞物质对染料的毛细现象、渗透、吸附、吸收作用等方式渗入细胞。化学因素是根据细胞物质和染料不同性质而发生的化学反应，如细胞物质为酸性成分对碱性染料进行结合，使其着色，而且稳定。在实际中，细胞内的一些成分分为两性物质，与 pH 的改变密切相关，可以通过改变

pH 值使它们的解离情况改变,这样就可以让酸性成分吸着碱性成分或碱性成分吸着酸性成分,从而达到着色的作用。

3. 染料的一般性质

微生物学中使用的染色剂大多是苯的衍生物,由三部分组成:一是苯环,二是发色基团,三是助色基团。苯环上若有发色基团,它能着色,但是由于它溶解性很小,不能电离,与细胞的亲和力差,着色后容易除去。一般为了使它们易于电离,带有一定的电荷而与相应物质结合,通常在苯环上再连接助色基团,使之具有电离性质,与有关物质结合成盐类,这样就可以与细胞牢固地结合,使其呈牢固的颜色。如三硝基苯不易染色,而作为一种染料,这时硝基就是发色基团,羟基就是助色基团。

4. 染料的种类和选择

染料按来源可以分为天然和人工染料两种,天然染料成分较复杂,一般很少用。目前主要采用人工染料,它们大多数从煤焦油中提取,是苯的衍生物。为了使它们易于溶于水,通常制成盐类。

（1）酸性染料

这类染色剂电离后,染料带负电,如伊红、刚果红、藻红、苦味酸和酸性复红等。其作用能与带正电荷的细胞成分（如多种蛋白质）结合。

（2）碱性染料

这类染色剂电离后,染料带正电,可以与酸性物质结合成盐。如美蓝、结晶紫、碱性复红、中性红、孔雀绿和番红等。

（3）中性染色剂

这类染色剂电离后,兼有正负电荷。它是酸性染料与碱性染料的结合物,也称为复合染料。如瑞氏染料和姬姆萨氏染料。

此外,近几年来,随着人们对微生物认识能力和手段的不断提高,显微技术的不断完善,一些灵敏的荧光染料使用也开始广泛应用,如 DAP（4',6-二联脒-2 吲哚苯）。目前还开发和利用了能够区别活细胞和死细胞的荧光染料,如碘化丙锭和溴化乙胺等。

5. 染色方法

染色制片的过程一般包括如下几个步骤:涂片、固定、染色、水洗、干燥。染色的方法如图 10-4 所示:

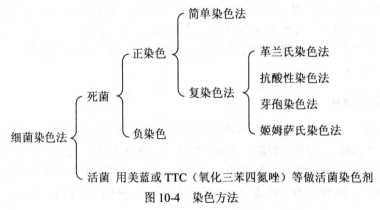

图 10-4　染色方法

10.3　制片技术

在显微镜下观察的微生物必须以适当的方法制成标本。制片技术是显微镜观察技术的一个重要环节,直接影响着显微镜观察效果的好坏。在制片时,除了考虑所用显微镜的特点外,还要考虑生物样品的生理结构保持稳定,并通过各种手段提高其反差。常见的制片方法有以下几种。

1. 水浸片法

在载玻片中央滴加菌悬液或加一滴蒸馏水后用灭菌接种针加入少量要观察的菌体,使菌体均匀分布在蒸馏水中,加盖玻片后立即进行显微镜观察。注意压盖时勿使液滴外溢,同时要避免气泡产生, 如图 10-5 所示。

2. 悬滴法

在盖玻片中央加入一滴菌悬液后,再将盖玻片翻转,使液滴悬挂在凹孔载玻片的凹室内即可观察。为防止液滴蒸发变干,一般还应在盖玻片四周加封凡士林,如图 10-5 所示。

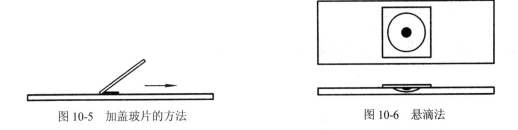

图 10-5　加盖玻片的方法　　　　　　　　　　图 10-6　悬滴法

3. 压片法（也称印片法）

用接种铲挖去连有培养基的小块培养物,对准培养物轻轻一压（不要移动）,再染色,然后就可以镜检了。也可以用洁净的盖玻片在培养物表面轻轻一压,置于有染液的载玻片上镜检。

4. 涂片法

在一块洁净的载玻片中央滴一小滴无菌生理盐水或蒸馏水,用无菌接种环从固体培养基表面取少量菌体涂成薄片（若为液体培养物,则滴稀释的菌悬液一滴即可）,用火焰干燥固定,如图 10-7 所示,也可以再进行染色。

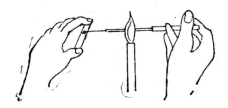

图 10-7　涂片操作示意

5. 插片法

将盖玻片以 45°角斜插入培养皿的培养基中,深度以插入培养基厚 1/2 为宜,然后将要观察的微生物接种于盖玻片与培养基交界处,如图 10-8 所示,培养一定时间后,用无菌镊子拔出盖玻片,背面用洁净棉花擦净,置于显微镜下镜检,或将盖玻片放在滴有染液的载玻片上,然后观察。

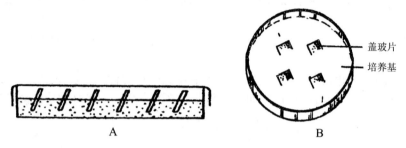

图 10-8　插片方法
A. 侧面;B. 正面

6. 其他方法

如透明薄膜培养法、载片培养法等。

10.4　细菌的鞭毛染色技术

1. 概述

鞭毛是细菌的运动"器官",细菌是否具有鞭毛,以及鞭毛着生的位置和数目是细菌的重要形态特征之一。细菌的鞭毛极细,直径一般为 $10\sim20$ nm,所以一般细菌的鞭毛不能用光学显微镜直接观察到,只有用电子显微镜才能观察到。但是,如采用特殊的染色法,则在普通光学显微镜下也能看到它。鞭毛染色方法很多,但其基本原理相同,即在染色前先用媒染剂处理,让它沉积在鞭毛上,使鞭毛直径加粗,然后进行染色。常用的媒染剂由丹宁酸和氯化高铁或钾明矾等配制而成。

虽然采用鞭毛染色法能观察到鞭毛的形态、着生位置和数目,但此法既费时又麻烦。如果仅须了解某菌是否有鞭毛,可以采用悬滴法或水封片法(即压滴法)直接在光学显微镜下检查活细菌是否具有运动能力。

2. 镀银染色法

本实验介绍硝酸银染色法,这种方法容易掌握,但染色剂配置后保存期较短。

操作步骤	操作要点	评价标准
清洗玻片	选择光滑无裂痕的玻片,最好选用新的。为了避免玻片相互重叠,应将玻片插在专用金属架上,然后将玻片置洗衣粉过滤液中(洗衣粉煮沸后用滤纸过滤,以除去粗颗粒),煮沸 20 分钟。取出稍冷后用自来水冲洗、晾干,再放入浓洗液中浸泡 $5\sim6$ d。使用前取出玻片,用自来水冲去残酸,再用蒸馏水洗。将水沥干后,放入 95% 乙醇中脱水	操作正确玻片干净

操作步骤		操作要点	评价标准
菌液的制备	点酒精灯		操作正确
	拿试管	左手拿菌种试管和无菌水试管，使中指位于两试管之间，管内斜面向上，两试管口平齐，右手松棉塞，置于酒精灯无菌区内	操作正确
	烧环	右手拿接种环，将接种环放在火焰上灼烧至端部发红，其他可能进入试管的部分亦应通过火焰灼烧，以彻底灭菌	操作正确 灭菌彻底
	拔棉塞	用右手的小指无名指及掌心在火焰旁同时拔出两支试管的棉塞	操作正确 无菌区内
	取菌	接种环深入菌种试管，挑取斜面与冷凝水交接处菌体	无菌操作
	接种	移至盛有 1～2 mL 无菌水试管，如此接种数环，至无菌水轻度混浊	无菌操作
	塞棉塞	管口过火，棉塞过火，塞棉塞	无菌操作
	静置	将菌悬液置于37℃恒温箱中静置10分钟，使幼龄菌鞭毛松展开（时间不宜长，否则鞭毛会脱落）	静置时间 温度合适
涂片	拿试管	取出菌悬液，拿在左手，右手松棉塞，置于酒精灯无菌区内	无菌操作
	拿滴管	右手拿无菌滴管，置于酒精灯无菌区内	
	拔棉塞	用右手的小指、无名指在火焰旁拔出试管的棉塞	操作正确 在无菌区内
	取菌	右手滴管取菌悬液，置于酒精灯无菌区内	无菌区内
	塞棉塞	管口过火，棉塞过火，塞棉塞试管放到一边	无菌操作
	拿载片	左手用无菌镊子取出载玻片，在火焰上烧去酒精，置于酒精灯无菌区内冷却	
	制片	将少量菌液滴在洁净玻片一端，玻片倾斜，使菌液缓慢流向另一端，多余菌液用吸水纸吸干	操作正确 取菌量适当
干燥、固定		滴管放在消毒液中，载片放在操作台上，空气中自然干燥、固定	操作正确
A液染色		涂片干燥后，向载片有菌部位滴加A液，染色4～6分钟	操作正确
水洗		倾去染料，斜拿载玻片，用蒸馏水冲洗载玻片含菌部位上方，让水靠重力流过含菌部位，直到流出水无颜色	载片拿法正确 冲洗部位合适 终点判断准确
B液染色（成败关键）		用B液冲洗载玻片含菌部位上方，让B液水靠重力流过含菌部位，冲去残水，再加B液于玻片上，酒精灯火焰加热至冒气（加热时随时补充蒸发掉染料，不可使玻片出现干涸区），维持0.5～1分钟，涂片出现明显褐色时停止	操作正确 时间适宜 终点判断准确
水洗		同上	
干燥		自然干燥	
镜检观察		低倍镜找到物像 高倍镜观察 油镜观察	结果正确（菌体呈深褐色，鞭毛呈浅褐色）
实验完毕后的处理		镜头擦拭 显微镜归位 实验台面整理	

3. 注意事项

（1）硝酸银染色法比较容易掌握，但染色液必须每次现配现用，不能存放，比较麻烦。此外，配制合格的染色液（尤其是 B 液）、充分洗去 A 液再加 B 液、掌握好 B 液的染色时间都是鞭毛染色成败的重要环节。

（2）菌龄较老的细菌容易失落鞭毛，所以在染色前应将待染细菌在新配制的牛肉膏蛋白胨培养基斜面上（培养基表面湿润，斜面基部含有冷凝水）连续移接 3～5 代，以增强细菌的运动力。最后将一代菌种放恒温箱中培养 12～16 小时。

（3）细菌鞭毛极细，很易脱落，在整个操作过程中，必须仔细小心，以防鞭毛脱落。

（4）染色用玻片干净无油污是鞭毛染色成功的先决条件。

（5）用于鞭毛染色的菌体也可以用半固体培养基培养。将 0.3%～0.4% 的琼脂肉膏培养基熔化后倒入无菌平皿中,凝固后在平板中央点接活化了 3～4 代的细菌,恒温培养 12～16 小时,取扩散菌落边缘制作涂片。

10.5　实训项目

10.5.1　细菌的革兰氏染色技术

1. 实训目的

（1）理解革兰氏染色的原理。
（2）掌握细菌革兰氏染色技术。
（3）了解细菌细胞的基本结构和功能。

2. 实训原理

细菌常采用革兰氏染色技术进行分类，它几乎可以将所有细菌分成两大类：革兰氏阳性细菌（G⁺）和革兰氏阴性细菌（G）。它的主要过程为先用草酸铵结晶紫液初染，再加碘液媒染，使细菌着色，然后用 95% 乙醇脱色，最后用蕃红（或沙黄）等红色染料复染。如果用乙醇脱色后，仍保持其初染的紫色，称为革兰氏阳性细菌；如果用乙醇处理后脱去原来的颜色，而染上蕃红的红色，则为革兰氏阴性细菌。

一般认为细菌的革兰氏染色反应与细菌细胞壁的化学组成和结构等有关。革兰氏阳性细菌细胞壁较厚，尤其是肽聚糖含量较高，网格结构紧密，含脂量又低，当它被脱色剂 95% 乙醇脱色时，引起了细胞壁肽聚糖层网状结构的孔径缩小，通透性降低，从而使媒染后形成的不溶性结晶紫-碘复合物不易逸出，菌体呈初染后的深紫色；而革兰氏阴性细菌的细胞壁肽聚糖层较薄，且壁上的孔隙较大，含有较多易被乙醇溶解的类脂质，当用乙醇处理后，类脂物质溶解，细胞壁孔径增大，增加了细胞壁的通透性，初染的结晶紫-碘复合物易于渗出，用酒精脱色时细菌被脱色，在用蕃红复染后呈复染液的红色。

3. 试剂及器材

（1）菌种：培养 12～16 小时的苏云金芽孢杆菌或枯草杆菌，培养 24 小时的大肠杆菌。
（2）染色液和试剂：草酸铵结晶紫染液、陆哥氏碘液、95% 乙醇、番红（或沙黄）染色液。
（3）仪器或其他用具：显微镜、酒精灯、擦镜纸、二甲苯、香柏油、载玻片、接种环、吸水纸、蒸馏水（或生理盐水）。

4. 实训方法

革兰氏染色过程如图 10-9 所示。

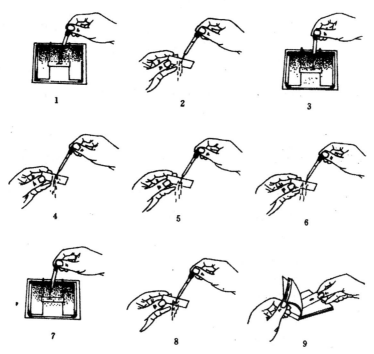

图 10-9 革兰氏染色过程

1. 初染色；2. 水洗；3. 媒染；4. 水洗；5. 脱色；6. 水洗；7. 复染色；8. 水洗；9. 吸干

操作步骤		操作要点	评价标准
涂片	载玻片滴水	取一洁净载玻片，中央滴一小滴无菌生理盐水，放在操作台上备用	载片拿法正确 滴水适量
	点酒精灯		操作正确
	拿试管	左手拿菌种试管，右手松棉塞，置于酒精灯无菌区	拿法正确
	拿接种环	右手拿接种环，将接种环垂直地放在火焰上灼烧至端部发红，其他可能进入试管的部分亦应通过火焰灼烧，以彻底灭菌，反复 3 次	拿法正确 烧环彻底
	拔棉塞	用右手的小指、无名指在酒精灯无菌区内拔出试管棉塞，左手管口过火	无菌区内
	取菌	右手接种针深入试管，在菌苔上轻轻刮一下，取出，置于酒精灯无菌区	取菌适量 不划破培养基 不污染试管
	放试管	试管口、棉塞过火，塞棉塞，试管放到试管架上	操作正确 无菌区内
	涂布	左手取载玻片，把菌在生理盐水中涂布均匀	涂布均匀
	烧环	将接种环垂直地放在火焰上灼烧至发红，以彻底灭菌，反复 3 次	烧环彻底

操作步骤	操作要点	评价标准
干燥固定	自然干燥固定 火焰干燥固定：载玻片边缘快速过火，加热载玻片进行干燥（玻片背面不烫手为宜）	固定方法正确 温度适宜
初染色	将涂片放在废液缸上的搁架上，向载片上含菌部位加适量草酸铵结晶紫液，染色1～2分钟	染料正确 染料适量
水洗、吸干	与单染色相同	
媒染	向载片上含菌部位加适量加陆哥氏碘液，媒染1分钟	染料正确 染料适量
水洗吸干	同上	同上
脱色（关键步骤）	倾去染料，斜拿载玻片，在白色背景下，用95%的乙醇，滴于涂片上方，让乙醇靠重力流过含菌部位，直到流出的乙醇无颜色为止	匀；快；准
水洗吸干	立即用水清洗	同上
复染	蕃红（或沙黄）染色1～3分钟	要求同初染
水洗吸干	同上	同上
观察	低倍镜找到物像 高倍镜观察 油镜镜观察	结果正确
	依此法对两种菌分别进行染色观察	
实验完毕后的处理	镜头擦拭 显微镜归位 实验台面整理	

5. 注意事项

（1）染色过程中不可使染色液干涸。

（2）选用幼龄的细菌。若菌龄太长，常使革兰氏阳性细菌转呈阴性反应。

6. 实训结果

绘出形态图，并注明两菌的革兰氏染色的反应性。

7. 问题讨论

（1）革兰氏染色技术的原理是什么？

（2）革兰氏染色技术的关键是什么？

10.5.2 水浸片法制片技术

1. 实训目的

（1）学会水浸片法制片技术。

（2）培养学生无菌操作意识。

2. 实训原理

水浸片法又称压滴法，是将要观察的微生物置于载片上的水滴或染色液中，然后盖上盖玻片而制成微生物标本片的一种制片方法。其过程如下：

在载玻片中央滴加含菌悬液，或加一滴蒸馏水后用灭菌接种针加入少量菌体，使菌体均匀分布在蒸馏水中（不要涂开）。取一洁净盖玻片，先把盖玻片的一端放在载玻片上液滴的边缘，再慢慢往下压盖（见图10-5），注意不要产生气泡。

水浸片法操作简单，容易掌握，可以观察到细胞的真实形态，适用于单细胞微生物、霉菌、放线菌孢子等的结构和形态的观察，也可以进行霉菌、放线菌菌丝形态的观察，但往往不是菌丝的自然着生状态，同时用该法也可进行染色和细胞死活鉴定等。

本实训主要介绍霉菌水浸片制作。

霉菌菌丝细胞易收缩变形，且孢子容易飞散，所以制作标本时常用乳酸石炭酸棉蓝染色液（也可将菌体置于水中），此染色液制成的霉菌标本片的特点是：细胞不变形；具有杀菌防腐作用，且不易干燥，能保持较长时间；能防止孢子飞散；溶液本身呈蓝色，能增强反差，具有较好的染色效果。必要时还可以用树胶加以封固，制成永久标本长期保存。

酵母水浸片制作常用吕氏美兰作染色液，这样既能观察酵母的形态、构造、内含物和出芽情况，又能进行死活细胞鉴定。

3. 试剂及器材

（1）菌种：黑曲霉、橘青霉、黑根霉和总状毛霉培养2～5 d的马铃薯琼脂平板培养物。

（2）溶液或试剂：50%乙醇、乳酸石炭酸棉蓝染色液、蒸馏水。

（3）仪器或其他用具：酒精灯、火柴、接种针、载玻片、盖玻片、显微镜、烧杯、无菌吸管、酒精棉球等。

4. 实训方法

操作步骤	操作要点	评价标准
准备工作	1. 将工具和其他用品全部放在实验台上摆好 2. 进行环境消毒（无菌室、超净台） 3. 实验人员亦先用肥皂或 2%来苏尔洗手，擦干后再用 70%～75%酒精棉球擦拭双手	工具准备齐全摆放合理
准备载玻片	取洁净载玻片，平放在操作台上备用	无油无污
滴染色液	在载玻片中央加一滴乳酸石炭酸棉蓝染色液（或蒸馏水）	滴液适量
点酒精灯		操作正确
拿平板	取一霉菌平板托于左手中，皿盖略向上翘起，处于接近水平位置，手指托住皿底，放到酒精灯无菌区	拿法正确 无菌区内
拿接种针	右手拿接种针（接种钩）	拿法正确
烧接种针	将接种针垂直地放在火焰上灼烧至端部发红，其他可能进入试管的部分亦应通过火焰灼烧，以彻底灭菌，反复3次	操作正确 灭菌彻底
掀皿盖	用大拇指和食指夹住皿盖，其余手指托住皿底，将皿盖向上掀起约30°	操作正确 无菌区内
平皿过火	将平板朝向外部分（需接种针进入的取菌部位）过火灭菌	操作正确

续表

操作步骤	操作要点	评价标准
取菌	将烧过的接种针伸入平板内,先接触皿内培养基或壁,冷却以免烫死菌种,然后轻轻从霉菌菌落边缘处挑取少量已产孢子的霉菌菌丝,置于酒精灯无菌区内	操作正确 不污染平皿 在无菌区内 不划破培养基
平皿过火	同前,过火完毕后将平皿放置一边	操作正确
浸洗	先置于50%的乙醇中浸润,再用蒸馏水将浸过的菌丝洗一下,洗去脱落的孢子	操作正确
拿载玻片	左手拿起有染色液的载玻片	操作正确
染色	将菌体放在载玻片上染液中,用接种针小心地将菌丝分散开,过程要细心,尽可能保持霉菌自然生长状态	操作正确 无菌区内
烧接种环	在酒精灯火焰上烧接种环,以免污染环境,放下接种环	操作正确
加盖玻片	取洁净盖玻片,先将盖玻片一端与菌液接触,然后慢慢将盖玻片放下,盖在染液上(见图5-3),盖玻片不宜平放和移动,而应倾斜缓慢压下,尽量避免产生气泡影响观察	操作正确
其他	重复上述步骤,制备其他几种霉菌的水浸片	
灭酒精灯		操作正确
镜检	对制好的不同霉菌水浸片镜检观察,多用低倍镜,必要时转换高倍镜观察	操作正确
实验完毕后的处理		操作正确

5. 实训结果

绘图说明四种霉菌的形态特征。

6. 问题讨论

(1)霉菌水浸片观察时为何采用乳酸石炭酸棉蓝染色液?
(2)制作水浸片加盖玻片时方法和注意事项。

10.5.3 悬滴法制片技术

1. 实训目的

(1)学会悬滴法制片技术。
(2)学会观察细菌的运动性,能够判断细菌是否具有鞭毛。

2. 实训原理

悬滴法就是将菌悬液滴加在洁净的盖玻片中央,然后将它倒盖在有凹槽的载玻片上而制得微生物标本片的制片技术,如图10-6所示。

悬滴法操作简单,容易掌握,可以观察到细胞真实形态,适用于单细胞微生物、霉菌、放线菌孢子等的结构和形态的观察,但主要用于细菌运动性观察,借此可以快速、简便地判断细菌是否具有鞭毛,与鞭毛染色法相比,采用鞭毛染色法虽然能观察到鞭毛的形态、着生位置和数目,鞭毛染色法法既费时又麻烦。如果仅须了解某菌是否有鞭毛用此法就可判断。

3. 试剂及器材

（1）菌种：枯草杆菌、假单胞菌、金黄色葡萄球菌牛肉膏蛋白胨培养基液体培养物（新配培养基连续移接 3～5 代，最后一代置于恒温箱中培养 12～16 小时的幼龄菌体）。

（2）染色液和试剂：蒸馏水或生理盐水、香柏油、二甲苯。

（3）器材：凹玻片、盖玻片、擦镜纸、吸水纸、记号笔、玻片搁架、镊子、显微镜、凡士林、无菌滴管等。

4. 实训方法

操作步骤	操作要点	评价标准
涂凡士林	取 1 块洁净盖玻片，四周均匀涂少量凡士林	涂抹均匀
标记位置	用记号笔在预涂菌液的边缘做记号，以方便寻找菌液位置	做好标记
点酒精灯		操作正确
拿试管	左手拿含菌悬液试管，右手松棉塞，置于酒精灯无菌区	操作正确
拿滴管	右手拿无菌滴管，置于酒精灯无菌区内	操作正确 无菌区内
拔棉塞	右手无名指和小指挟取棉塞	操作正确 无菌区内
管口过火	将管口在酒精灯火焰上灭菌，置于酒精灯无菌区内	操作正确 无菌区内
取菌	用滴管吸取适量菌悬液（菌液不能取得太多），置于酒精灯无菌区内	操作正确
管口过火	将管口在酒精灯火焰上灭菌	操作正确
棉塞过火	棉塞迅速通过火焰两三次以便灭菌	操作正确 无菌区内
塞棉塞	在火焰旁将棉塞塞上（塞棉塞时不要用试管去迎棉塞，以免试管在移动时吸入不洁空气），将试管放到试管架上	操作正确
拿载玻片	左手拿起盖玻片	操作正确
滴液	将滴管里的菌悬液滴一小滴在盖玻片中央，将滴管放入消毒液中	滴液适量
盖凹玻片	凹玻片的凹槽对准盖玻片中央的菌液，轻轻盖在盖玻片上	操作正确
翻转凹玻片	迅速翻转凹玻片，菌液悬在凹槽中央，铅笔或火柴棒轻压盖玻片，使四周边缘闭合	操作正确 液滴不流走
镜检观察	低倍镜找到物像 高倍镜观察 油镜观察	显微镜使用正确 结果正确
实验完毕后的处理	镜头擦拭 显微镜归位 实验台面整理	

5. 注意事项

（1）检查细菌运动的载玻片和盖玻片都要洁净无油，否则将影响细菌的运动。（2）制水封片时菌液不可加得太多，过多的菌液会在盖玻片下流动，因而在视野内只见大量的细菌朝一个方向运动，从而会影响对细菌正常运动的观察。（3）观察时应辨别是细菌运动还是分子运动（即布朗运动），前者在视野下可见有鞭毛的细菌自一处可作直线、波浪式或翻滚运动游至他处，而后者仅在原处左右摆动。运动速度因菌种不同而异，应仔细观察。（4）若使用油镜观察，应在盖玻片上加香柏油一滴。（5）由于菌体透明，可缩小光圈或降低聚光器以增大反差，便于观察。

6. 实训结果

将结果填入下表。

菌名	运动情况	鞭毛判断
枯草杆菌		
假单胞菌		
金黄色葡萄球菌		

（注：+表示运动、有鞭毛；–表示不运动、无鞭毛）

7. 问题讨论

观察的菌种是否具有鞭毛？判断的依据是什么？

10.6   本章小结

细菌细胞的基本结构包括细胞壁、细胞膜、细胞质、拟核及内含物。革兰氏染色技术可将所有的细菌分成两类：革兰氏染色阳性菌和革兰氏染色阴性菌。两种菌的细胞壁的组成和结构不同导致染色结果不同。

染色是观察和鉴别微生物的重要技术，一般活的微生物细胞含水量都在80%～90%，因此细胞对于光的吸收和反射与水溶液相差不大，特别是在油镜下观察细胞与背景，几乎无反差，成一片透明状态。染色的目的就是通过染料的吸着，产生与背景较明显的反差而便于观察。微生物细胞被染色是由物理因素和化学因素共同作用的结果。物理因素主要指染料通过毛细现象、渗透作用、吸附作用、吸收作用等物理方式渗入细胞。化学因素主要指由于细胞物质和染料的不同性质而发生的化学反应，从而使细胞着色，染色剂有三部分组成，可分为三类，染色方法有单染色和复染色等几种方法。

微生物个体很小，要观察微生物大小、形态必须把微生物制成标本片，然后才能放在显微镜下观察，把微生物放到载玻片上制成微生物制成标本片的技术称为制片技术。制片方法主要有涂片法、插片法、悬滴法、水浸片法、载片培养法、透明薄膜法等。

10.7   思考题

1. 微生物染色的目的和原理是什么？
2. 染色的方法有哪些？革兰氏染色的关键是什么？
3. 涂片操作时为什么菌体不能过浓或过厚？

第 11 章

微生物培养

【教学内容】

本章主要介绍微生物的营养、微生物的生长规律、培养基的相关概念及制备、微生物的接种、培养及分离技术，培养学生无菌操作意识，掌握微生物接种、培养及分离的技能并能把相关知识应用到实际生产中。

【教学目标】

- ☑ 让学生熟悉微生物培养的基本知识
- ☑ 培养学生微生物培养容器的包扎、灭菌技能
- ☑ 培养学生培养基制备技能
- ☑ 培养学生微生物接种、分离技能
- ☑ 培养学生微生物培养技能
- ☑ 培养学生无菌操作意识
- ☑ 让学生了解部分理化因素对微生物生长发育的影响

基础知识

11.1 微生物的营养
11.2 无菌操作技术
11.3 有害微生物的控制
11.4 培养基
11.5 微生物的生长
11.6 微生物的接种、培养及分离
11.7 微生物的分离

拓展知识

11.8 理化因素对微生物生长的影响

课堂实训

11.9.1 玻璃器皿的清洗、包扎及灭菌
11.9.2 培养基的制备
11.9.3 微生物的接种、培养及分离技术

11.1 微生物的营养

11.1.1 微生物的营养

微生物的营养主要包括营养物质在微生物生命活动过程中的生理功能,以及微生物细胞从外界环境摄取营养物质的具体机制。能够满足微生物机体生长、繁殖和完成各种生理活动所需的物质称为营养物质,而微生物获得和利用营养物质的过程称为营养。营养物质是微生物生存的物质基础,而营养是微生物维持和延续生命形式的一种生理过程。

微生物需要从外界获得营养物质,而营养物质来源非常广泛,根据营养物质在机体中生理功能的不同,可以将它们分为碳源、氮源、能源、生长因子、无机盐和水六大要素物质。

1. 碳源

碳是微生物细胞需要量最大的元素。凡是能够构成微生物细胞和代谢产物中碳素来源的营养物质称为碳源。碳源物质在细胞内经过机体的一系列复杂的化学变化后可以成为微生物自身的细胞物质(如糖、脂、蛋白质等)和代谢产物,或为机体提供维持生命活动所需的能源。因此,碳源物质通常也是机体生长的能源物质。

微生物可以利用的碳源种类很多,从简单的无机碳到复杂的有机碳化合物都能被利用。不同营养类型微生物能利用的碳源不同。

自养型微生物能以 CO_2 作为主要碳源或唯一碳源来合成各种物质。CO_2 是一个彻底被氧化了的物质,当被还原成为有机的碳水化合物时需要能量。光能自养型菌,如蓝细菌经光合作用获得能量。化能自养型菌,如硝化细菌则利用无机物氧化放出的化学能。因此自养微生物的碳源和能源分别来自不同物质。

异养型微生物的碳源是有机碳化合物,同时也作为能源。它们能利用的碳源种类很多,其中糖类(葡萄糖、果糖、乳糖、淀粉、糊精等)是微生物最广泛利用的碳源。糖类中单糖优于双糖,己糖优于戊糖;葡萄糖、蔗糖通常作为培养微生物的主要碳源;在多糖中淀粉可以为大多数微生物所利用,纤维素能为少数微生物所利用;糖、有机酸和脂类的利用次于糖类。

微生物的种类不同,利用碳源的能力也不同,有的能广泛地利用不同类型的碳源物质,而有些微生物可以利用的碳源物质则比较少,例如,假单胞菌属中的某些种可以利用多达 90 种以上的碳源物质,而一些甲基营养型微生物只能利用甲醇或甲烷等一碳化合物作为碳源物质。微生物利用的碳源物质主要有糖类、有机酸、醇、脂类、烃、CO_2 及碳酸盐等。

2. 氮源

凡是构成微生物细胞物质或代谢产物中氮素来源的营养物质称为氮源。细胞的干物质中氮的含量仅次于碳和氧,氮是组成核酸和蛋白质的重要元素,因此,氮对于微生物的生长发育有重要作用。能被微生物利用作为氮源的物质十分广泛,可以分为无机氮源和有机氮源,前者包括氨、氨盐和硝酸盐等无机含氮化合物,后者包括尿素、氨基酸、嘌呤和嘧啶等有机含氮化合物。实验室中常用的氮源物质有碳酸铵、硝酸盐、硫酸铵、胰酪蛋白、牛肉膏、酵母膏、蛋白胨等。生产上常用豆饼粉、花生饼粉、鱼粉、蚕蛹粉、玉米浆、麸皮等原料作为氮源。

微生物吸收利用铵盐和硝酸盐的能力较强,NH_4^+ 被细胞吸收后可以直接被利用,因而 $(NH_4)_2SO_4$ 等铵盐一般被称为速效氮源,而 NO_3^- 被吸收后需进一步还原成 NH_4^+ 后再被微生物利用。许多腐生型细菌、肠道菌、动植物致病菌可以利用铵盐或硝酸盐作为氮源，例如，大肠杆菌、产气肠杆菌、枯草芽孢杆菌、铜绿假单胞菌等均可以利用硫酸铵和硝酸铵作为氮源，放线菌可以利用硝酸钾作为氮源，霉菌可以利用硝酸钠作为氮源。以（NH_4)$_2SO_4$等铵盐为氮源培养微生物时，由于 NH_4^+ 被吸收，会导致培养基 pH 值下降，因而将其称为生理酸性盐；以硝酸盐（如 KNO_3）为氮源培养微生物时，由于 NO_3^- 被吸收，会导致培养基 pH 上升，因而将其称为生理碱性盐。为避免培养基 pH 变化对微生物生长造成不利影响，需要在培养基中加入缓冲物质。

对于许多微生物来说，既可以利用无机含氮化合物作为氮源，也可以利用有机含氮化合物作为氮源。例如，土霉素生产菌在生产过程中既可以利用（NH_4)$_2SO_4$，也可以利用玉米浆、黄豆饼粉、花生饼粉作为氮源，而且它们利用硫酸铵与玉米浆的速度比利用黄豆饼粉与花生饼粉的速度快。

3. 能源

能源是指能为微生物的生命活动提供最初能量来源的营养物质或辐射能。微生物的能源谱如图 11-1 所示。

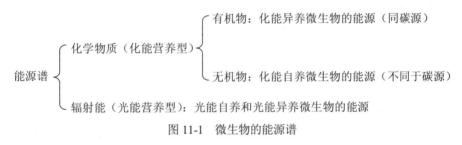

图 11-1　微生物的能源谱

化能异养微生物的碳源即为能源。能作化能自养微生物能源的物质都是一些还原态的无机物，例如 NH_4^+、NO_2^-、S、H_2S、H_2 和 Fe^{2+}等，能氧化利用这些物质的微生物大都是原核微生物，例如硝酸细菌、亚硝酸细菌、硫化细菌、硫细菌、氢细菌和铁细菌等。

在提到能源时，很容易看到一种营养物常有一种以上营养要素功能的例子，即除单功能营养物外，还存在双功能、三功能营养物的情况。例如，辐射能是单功能的，还原态无机养料是双功能（如 NH_4^+既是硝酸细菌的能源，又是其氮源），甚至还是三功能（能源、氮源、碳源）的营养物；有机物常有双功能或三功能作用，例如"N、C、H、O"类营养物质常是异养微生物的能源、碳源兼氮源。

4. 生长因子

生长因子通常指那些微生物生长所必需而且需要量很小，但微生物自身不能合成或合成量不足以满足机体生长需要的有机化合物。各种不同的微生物需要的生长因子的种类和数量是不同的。一般来说，生长因子包括维生素、氨基酸、嘌呤和嘧啶及其衍生物、卟啉及其衍生物、固醇、胺类以及脂肪酸等。而狭义的生长因子一般仅指维生素。

生长因子的主要功能是提供微生物的重要化学物质（蛋白质、核酸和脂质）、辅因子（辅酶和辅基）的组分和参与代谢。

各种微生物所需要的生长因子各不相同，有的需要多种，有的仅需要一种，有的不需要。生长因子虽是一种重要的营养要素，但它与碳源、氮源和能源不同，并非任何一种微生物都须从外界吸收的。

5. 无机盐

存在于生物体内的各种元素除碳、氢、氧和氮主要以有机化合物的形式存在外，其余的各种元素，无论其含量多少统称为无机盐。无机盐是微生物生长必不可少的一类营养物质，它们在机体中的生理功能主要是作为酶活性中心的组成部分、维持生物大分子和细胞结构的稳定性、调节并维持细胞的渗透压平衡、控制细胞的氧化还原电位和作为某些微生物生长的能源物质等。微生物生长所需的无机盐一般有磷酸盐、硫酸盐、氯化物以及含有钠、钾、钙、镁、铁等金属元素的化合物。

在微生物的生长过程中还需要一些微量元素，微量元素是指那些在微生物生长过程中起重要作用，而机体对这些元素的需要量极其微小的元素，通常需要量为 $10^{-6}\sim10^{-8}$ mol/L（培养基中含量）。微量元素一般参与酶的组成或使酶活化。

如果微生物在生长过程中缺乏微量元素，会导致细胞生理活性降低甚至停止生长。由于不同微生物对营养物质的需求不尽相同，微量元素这个概念也是相对的，通常混杂在天然有机营养物、无机化学试剂、自来水、蒸馏水、普通玻璃器皿中。如果没有特殊原因，在配制培养基时没有必要另外加入微量元素。许多微量元素是重金属，如果过量会对机体产生毒害作用，而且单独一种微量元素过量产生的毒害作用更大，因此有必要将培养基中微量元素控制在正常范围内，并注意各种微量元素之间保持恰当比例。

6. 水

水是微生物细胞的主要组成部分，占细胞干重的 70%～90%，水在代谢过程中起着重要的作用。水在机体中的生理功能主要有：①起到溶剂和运输介质的作用，营养物质的吸收与代谢产物的分泌必须以水为介质才能完成；②参与细胞内一系列化学反应；③维持蛋白质、核酸等生物大分子稳定的天然构象；④因为水的比热高，是热的良好导体，能有效的吸收代谢过程中产生的热，并及时地将热量迅速散发出体外，从而有效地控制细胞内温度的变化；⑤保持充足的水分使细胞维持自身正常形态的重要因素；⑥微生物通过水合作用与脱水作用控制由多亚基组成的结构，如酶、微管、鞭毛及病毒颗粒的组装与解离。

水在细胞中的存在形式有两种：结合水和游离水。结合水与溶质或其他分子结合在一起，很难加以利用；游离水则可以被微生物利用。

微生物生长的环境中水的有效性常以水活度 A_W 表示，水活度指在相同的温度和压力条件下体系中溶液的水蒸气压与同等条件下纯水蒸气压之比即 $A_W=p/p_0$（p 表示溶液的蒸气压，p_0 表示纯水蒸气压）。纯水的 A_W 为 1.00，溶液中溶质越多，A_W 越小。微生物一般在 A_W 为 0.60～0.99 的条件下生长，A_W 过低时微生物生长的迟缓期延长，生长速率降低，总生长量减少。微生物种类不同，其生长的最适 A_W 不同（见表 11-1）。一般而言，细菌生长最适 A_W 较酵母菌和霉菌高，而嗜盐微生物生长最适 A_W 则最低。

表 11-1 几种微生物生长最适 A_W

微生物	A_W	微生物	A_W
一般细菌	0.91	嗜盐细菌	0.76
酵母菌	0.88	嗜盐真菌	0.65
霉菌	0.80	嗜高渗酵母	0.60

11.1.2 微生物的营养类型

根据微生物生长所需要的能源、供氢体和碳源的不同，可以将微生物的营养类型归纳为光能自养型、光能异养型、化能自养型、化能异养型四种类型，如表 11-2 所示。

表 11-2 微生物的营养类型

营养类型	能源	供氢体	基本碳源	实例
光能自养型 （光能无机营养型）	光能	无机物	CO_2	蓝细菌、紫硫细菌、绿硫细菌、藻类
光能异养型 （光能有机营养型）	光能	有机物	CO_2 及简单有机物	红螺菌科的细菌（紫色无硫细菌）
化能自养型 （化能无机营养型）	化学能（无机物*）	无机物	CO_2	硝化细菌、硫化细菌、铁细菌、氢细菌、硫黄细菌等
化能异养型 （化能有机营养型）	化学能（有机物氧化）	有机物	有机物	绝大多数细菌和全部真核微生物

（无机物*为 NH_4^+、NO_2^-、S、H_2S、Fe^{2+}、H_2 等）

11.1.3 营养物质的吸收方式

营养物质能否被微生物利用的一个决定性因素是这些营养物质能否进入微生物细胞。只有营养物质进入细胞后才能被微生物细胞内的新陈代谢系统分解利用，进而使微生物正常生长繁殖。细胞的表面为细胞壁和细胞膜，而细胞壁只对大颗粒物质起阻挡作用，在物质进出细胞中作用不大。细胞膜由于具有高度选择通透性而在营养物质进入与代谢产物排出的过程中起着十分重要的作用。细胞膜具有磷脂双分子层结构，一般来说，物质的脂溶程度越高，越容易透过细胞膜。另外，物质的通透性也与物质的大小有关，气体和小分子物质比较容易透过细胞膜。而许多大分子物质如糖类、氨基酸、核苷酸及许多细胞代谢产物都是非脂溶性的，按道理说，它们很难透过细胞膜，但是在膜上转运蛋白的辅助下，这些物质照样可以自由进出细胞。细胞膜运送营养物质的方式主要有 4 种，即单纯扩散、促进扩散、主动运输和基团转移。

1. 单纯扩散

单纯扩散又称被动运输或被动扩散，是指物质顺浓度梯度在无载体蛋白参与下以扩散方式进入细胞的方式。这是物质进出细胞最简单的一种方式。扩散是非特异性的，但原生质膜上的含水小孔的大小和形状对参与扩散的营养物质分子有一定的选择性。物质在扩散过程中既不与膜上的各类分子发生反应，自身分子结构也不发生变化，只是一种最简单的物质跨膜运输方式，是纯粹的物理学过程。在扩散过程中也不消耗能量，物质扩散的动力来自参与扩散的物质在膜内外的浓度差，营养物质不能逆浓度运输。物质扩散的速率随原生质膜内外营养物质浓度差的降低而减小，直到膜内外营养物质浓度相同时才达到一个动态平衡。

扩散并不是微生物细胞吸收营养物质的主要方式，水是唯一可以通过扩散自由通过原生质膜的分子，脂肪酸、乙醇、甘油、苯、一些气体分子（O_2、CO_2）及某些氨基酸在一定程度上也可通过扩散进出细胞。

2. 促进扩散

促进扩散是指物质借助存在于细胞膜上的特异性载体蛋白的协助，顺浓度梯度进入细胞的方式。与单纯扩散一样，促进扩散也是一种被动的物质跨膜运输方式，在这个过程中不消耗能量，参与运输的物质本身的分子结构不发生变化，不能进行逆浓度运输，运输速率与膜内外物质的浓度差成正比。

促进扩散与单纯扩散的主要区别在于通过促进扩散进行跨膜运输的物质需要借助于载体的作用才能进入细胞，而且每种载体只运输相应的物质，具有较高的专一性。大多数载体蛋白只运输一种分子，如葡萄糖载体蛋白只运转葡萄糖。它像"渡船"一样把溶质从细胞膜的一侧运送到另一侧，运输前后载体本身不发生变化，只是加快了运输过程，并不改变该物质在膜内外形成的动态平衡状态，被运输物质在膜内外浓度差越大，促进扩散的速率越快，但是当被运输物质浓度过高而使载体蛋白饱和时，运输速率就不再增加，这些性质类似于酶的性质，因此载体蛋白也称为透过酶或渗透酶。

通过促进扩散进入细胞的营养物质主要有氨基酸、单糖、维生素及无机盐等，这种特异性的扩散通常在微生物处于高营养物质浓度的情况下发生，并且主要在真核微生物中存在，例如，葡萄糖通过促进扩散进入酵母菌细胞；促进扩散在原核生物中比较少见，但发现甘油可通过促进扩散进入沙门氏菌、志贺氏菌等肠道细菌细胞。

3. 主动运输

主动运输是指通过细胞膜上特异性载体蛋白构型变化，同时消耗能量，使膜外低浓度物质进入膜内的一种物质运送方式。主动运输是广泛存在于微生物中的一种物质运输方式，与单纯扩散及促进扩散这两种被动运输方式相比，主动运输的一个重要特点是在物质运输过程中需要消耗能量，而且可以进行逆浓度运输。在主动运输过程中，运输物质所需能量来源因微生物不同而不同，好氧型微生物与兼性厌氧微生物直接利用呼吸能，厌氧性微生物利用化学能（ATP），光合微生物利用光能，嗜盐微生物通过紫膜利用光能。主动运输与促进扩散类似之处在于物质运输过程中同样需要载体蛋白，载体蛋白通过构象变化改变与被运输物质之间的亲和力大小，使两者之间发生可逆性结合与分离，从而完成相应物质的跨膜运输，区别在于主动运输过程中的载体蛋白构象变化需要消耗能量。

主动运输是微生物吸收营养物质的一种主要方式，很多无机离子、有机离子和一些糖类（乳糖、葡萄糖、麦芽糖等）是通过这种方式进入细胞的，对于很多生存于低浓度营养环境中的微生物来说，主动运送是影响其生存的重要营养吸收方式。

4. 基团移位

基团移位是指被运输的物质在膜内受到化学修饰，以被修饰的形式进入细胞的物质运输方式。基团移位也有特异性载体蛋白参与并需要消耗能量。基团移位与其他主动运输方式的不同之处在于它有一个复杂的运输系统来完成物质的运输，而物质在运输过程中发生化学变化。基团移位主要存在于厌氧型和兼性厌氧型细菌中，主要用于糖的运输，脂肪酸、核苷、碱基等也通过这种方式运输。

5. 4种运输方式的比较

4种运输方式的比较如图 11-2 和表 11-3 所示。

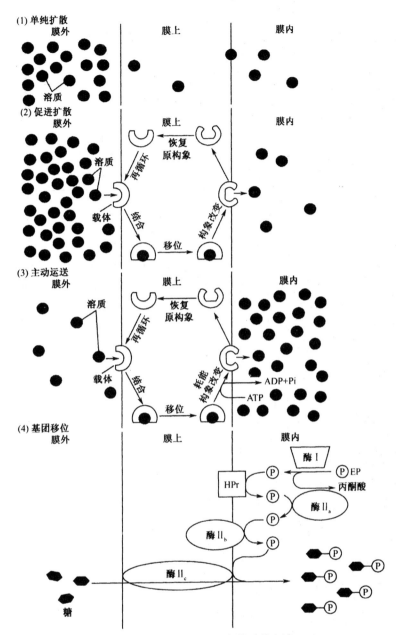

图 11-2 营养物质进入细胞的 4 种方法

表 11-3 4 种运输方式的比较

比较项目	单纯扩散	促进扩散	主动运输	基团移位
特异载体蛋白	无	有	有	有
运送速度	慢	快	快	快
溶质运送方向	由浓至稀	由浓至稀	由稀至浓	由稀至浓
平衡时内外浓度	内外相等	内外相等	内部浓度高得多	内部浓度高得多
运送分子	无特异性	特异性	特异性	特异性
能量消耗	不需要	不需要	需要	需要

续表

比较项目	单纯扩散	促进扩散	主动运输	基团移位
运送前后溶质分子	不变	不变	不变	改变
载体饱和效应	无	有	有	有
与溶质类似物	无竞争性	有竞争性	有竞争性	有竞争性
运送抑制剂	无	有	有	有
运送对象举例	H_2O、CO_2、O_2、甘油、乙醇、少数氨基酸、盐类、代谢抑制剂	SO_3^{2-}、PO_4^{3-}、糖（真核生物）	氨基酸、乳糖等糖类，Na^+、Ca^{2+}等无机离子	葡萄糖、果糖、甘露糖、嘌呤、核苷、脂肪酸等

11.2　无菌操作技术

在微生物的分离、接种及纯培养等时候防止被其他微生物污染的操作技术叫无菌操作技术。无菌操作技术是微生物实验的基本技术，是保证微生物实验准确和顺利完成的重要技术，在发酵工业中无菌操作技术也是保证发酵顺利进行的重要技术。

无菌操作技术主要包括创造无菌的培养环境培养微生物和在操作和培养过程中防止一切其他微生物侵入两个方面。

1. 创造无菌的培养环境

创造无菌的培养环境主要从以下几方面入手：

（1）提供密闭的培养容器

实验室中常用经包扎过的试管、三角瓶、培养皿等，工业生产中常用密闭的发酵罐，如卡氏罐、锥形发酵罐等作培养微生物的容器。

（2）培养容器的灭菌

培养容器的灭菌方法很多，实验室中常采用干热空气灭菌法对玻璃器皿进行灭菌，工业生产中常采用高温热水或蒸汽进行灭菌，有些厂家用化学消毒剂（如一定浓度的酸或碱等）进行消毒。

（3）培养基的灭菌

实验室中培养基的灭菌常采用高压蒸汽灭菌、间歇灭菌等方法，工业生产中常采用高温灭菌，如酸奶生产中常采用高温短时杀菌法和超高温瞬时杀菌法（见杀菌方法）对牛奶进行灭菌。

2. 在操作和培养过程中的无菌控制

在操作和培养过程中应防止一切其他微生物的侵入，主要从以下几方面入手：

（1）保证操作环境无菌

微生物实验应在无菌环境中进行操作，以防止环境中的微生物污染，所以微生物实验都在无菌室内进行，实验前应对无菌室杀菌或消毒。常用的消毒方法有：

①紫外线杀菌：紫外线波长在 $250\sim270\ nm$ 之间有较强的杀菌作用，最适的杀菌波长在 $253.7\ nm$。在一定的波长下，紫外线的杀菌效率照射强度和时间的乘积成正比。

②化学消毒法：根据空气中含菌的种类，可以采用不同的消毒剂。例如霉菌较多时，先采用 5% 石碳酸全面喷洒室内，再用甲醛熏蒸；如细菌较多时，可以采用甲醛和乳酸交替熏蒸。

为保证无菌室内无菌，要定期检查室内含杂菌程度，做到心中有数，以便及时进行空气消毒或改进消毒方法。检查空气含菌，通常采用营养琼脂平板 5 分钟开盖暴露后原位盖好，于30～32℃恒温培养 2 天，菌落数不超过 3 个为宜。

此外，可以采用在无菌室外设置缓冲间的方法减少接种室内的空气对流。

（2）保证操作台面无菌

微生物实验要求实验台面光滑水平、便于消毒。

消毒方法主要用化学消毒剂进行擦拭，常用的消毒剂有 75% 酒精、过氧乙酸、新洁尔灭等。

现在实验室大多数都配备了超净台，如图 11-3 所示，超净台是箱式工作台，其优势是占地面积小，使用方便。超净台的工作原理是借助箱内鼓风机将外界空气强行通过一组空气过滤器，净化的空气连续不断进入操作台面，保证台面处于正压无菌状态。

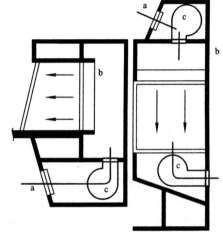

（3）保证操作工具、器皿无菌

微生物实验中常用的操作工具和器皿有接种针、移液管、镊子、天平、剪刀、药匙等，实验前必须对所有操作工具、器皿进行灭菌或消毒，保证无菌。灭菌方法因工具、器皿不同采用不同的方法，如接种针采用火焰灭菌法，移液管采用干热空气灭菌法等。

（4）保证操作人员无菌

微生物试验要求操作人员穿专用实验服，带专用实验帽子，戴口罩，实验前用酒精擦拭手臂等，以防污染。

（5）保证严格按操作规程进行操作

微生物实验中有很多单元操作，实验中只有按操作规程严格操作才能保证目的菌不被污染。

图 11-3　水平式和垂直式超净台结构模式

a. 前置过滤；b. 高效过滤；c. 风机

11.3　有害微生物的控制

微生物的生存与外界环境有着密切的关系。当环境条件适宜时，微生物生长繁殖；环境条件不适宜时，微生物的代谢改变，其生长繁殖受到抑制甚至死亡。在工农业生产和人类生活中，微生物的生长繁殖有其有益的方面，同时也可能产生危害有害微生物必须采取有效措施来杀灭或抑制它们。

控制有害微生物的措施主要有以下几种：

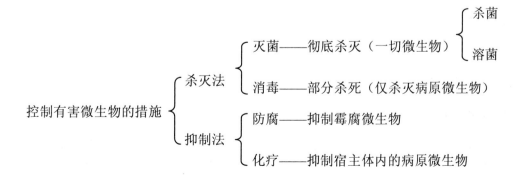

11.3.1　几个基本概念

1. 灭菌

指采用某种强烈的理化因素杀死物体中所有微生物的措施，包括病原微生物和非病原微生物。灭菌后的物体不再有可存活的微生物。灭菌实质上可以分为杀菌和溶菌两种，前者指菌体虽死，但形体尚存；后者则指菌体被杀死后，其细胞发生自溶、裂解等消失的现象。抑菌、杀菌、溶菌的区别如图 11-4 所示。

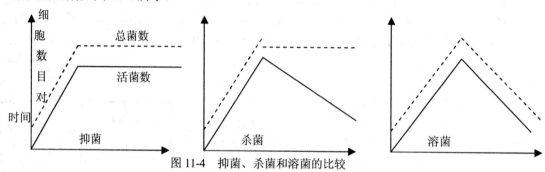

图 11-4　抑菌、杀菌和溶菌的比较

2. 消毒

指利用某种方法杀死物质中所有病原微生物的一种措施，它可以起到防止感染或传播的作用，而对被消毒的物质基本无害。例如，一些常用的对皮肤、水果、饮用水进行药剂消毒的方法；对啤酒、牛奶、果汁和酱油等进行消毒处理的巴氏消毒法，等等。具有消毒作用的化学物质称为消毒剂，一般消毒剂在常用浓度下只能杀死微生物的营养体，对芽孢无杀灭作用。

3. 防腐

在某些化学物质或物理因子作用下，能防止或抑制微生物生长繁殖的一种措施，它能防止食物腐败或防止其他物质霉变，这是一种抑菌作用。例如，日常生活中以干燥、低温、盐腌或糖渍等方法防腐。具有防腐作用的化学物质称为防腐剂。

4. 化疗

化疗即化学治疗，是指利用具有高度选择毒力（即对病原菌具有高度毒力而对其宿主基本无毒）的化学物质来抑制宿主体内病原微生物的生长繁殖，借以达到治疗该宿主传染病的一种措施。用于化学治疗目的的化学物质称为化学治疗剂，包括磺胺类等化学合成药物、抗生素、生物药物素和若干中草药有效成分等。

5. 无菌

指没有活的微生物存在的状态。

11.3.2　常用的灭菌方法

1. 高温灭菌

微生物细胞的蛋白质、核酸等大分子物质对高温非常敏感。当环境温度超过微生物的最高生长温度时将会引起微生物死亡，所以，加热是最有效的控制微生物的物理因素。不同微生物的最高生长温度不同,不同生长阶段的微生物抗热性也不同,因此根据不同对象,可以通过控制处理的温度和时间达到灭菌或消毒的目的。常见的高温灭菌或消毒方法主要有干热和湿热两大类。在实践上行之有效的高温灭菌或消毒的方法主要有以下几种:

包括常压灭菌和加压灭菌。常压灭菌有巴氏消毒法、煮沸消毒法和间歇灭菌法,加压灭菌法有常规加压灭菌法和连续加压灭菌法。

（1）干热灭菌法

干热灭菌时,微生物由于干热导致微生物细胞膜破坏、蛋白质变性、原生质干燥而死亡。包括火焰灼烧法和干烤灭菌等。

①灼烧法:直接在火焰灼烧灭菌。这种方法是最简单、最彻底的加热灭菌方法,该方法由于对被灭菌物品破坏极大,所以使用范围有限。常用于接种工具和一些金属小工具及试管口的灭菌。如接种环的灭菌,如图 11-5 所示。

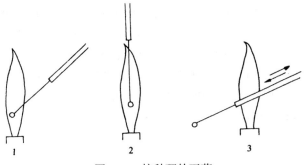

图 11-5　接种环的灭菌

②干烤灭菌:不宜直接用火焰灭菌的物品,如玻璃器皿、陶瓷制品等,可以采用在电热干燥箱内利用干热空气灭菌。一般箱内空气升温到 140～160℃,维持 1～2 小时。一般营养体在 100℃,维持 1 小时即会死亡,而芽孢在 160℃,维持 2 小时才会全部死亡。操作时应注意电热干燥箱内温度不要超过 180℃,以防棉塞和包装纸等烤焦而燃烧。

（2）湿热灭菌

湿热灭菌是利用热水或热蒸汽灭菌。在相同温度下,湿热灭菌要比干热灭菌更有效,见表 11-4,这是因为:①水蒸气具有更强的穿透力,能更有效地杀灭微生物,见表 11-5;②水蒸气存在潜热,当蒸汽液化为水时可放出大量热量,因此可以迅速提高灭菌物品的温度,缩短灭菌时间;③蛋白质的含水量与其凝固温度成反比,因此湿热更易将蛋白质的氢键打断,使其发生变性凝固。湿热灭菌因为具有以上优点,所以被广泛应用于培养基和发酵设备的灭菌。多数细菌和真菌的营养细胞在 60℃ 左右处理 5～10 分钟后即可杀死,酵母和真菌的孢子稍耐热些,要用 80℃ 以上的温度处理才能杀死,而细菌的芽孢最耐热,一般要在 120℃ 下处理 15 分钟才能杀死。

表 11-4　干热与湿热空气对不同细菌的致死时间比较

加热方式\细菌种类	干热 90℃	90℃,相对湿度分别为		加热方式\细菌种类	干热 90℃	90℃,相对湿度分别为	
		20%	80%			20%	80%
白喉棒杆菌	24 h	2 h	2 min	伤寒杆菌	3 h	2 h	2 min
痢疾杆菌	3 h	2 h	2 min	葡萄球菌	8 h	3 h	2 min

表 11-5　干热和湿热空气穿透力的比较

加热方式	温度/℃	加热时间/h	透过布的层数及其温度/℃		
			20 层	40 层	100 层
干热	130～140	4	86	72	70 以下
湿热	105	4	101	101	101

常用的湿热灭菌法有下列几种：

①巴氏消毒法：此法最早由法国微生物学家巴斯德采用。常用于牛奶、啤酒、果酒、酱油、醋与食品等不能进行高温灭菌的液体的一种消毒方法，其主要目的是杀死其中无芽孢的病原菌，而又不影响食品的营养和风味。巴氏消毒法是一种中温消毒法，具体的处理温度和时间各不相同，一般在 60～85℃下处理 15 秒至 30 分钟。具体的方法可分两类：第一类是经典的低温维持法（LTH），将待消毒的物品，在 60～62℃加热 30 分钟或 70℃加热 15 分钟，例如，在 63℃下保持 30 分钟可进行牛奶消毒；另一类是高温瞬时法（HTST），消毒时只需将待消毒物品如牛奶在 71.6℃保持 15 秒。近年来，由于设备的改良，尤其是采用流动连续操作系统（见图 11-6）后，巴氏消毒法逐渐演化成一种采用更高温度、更短时间的灭菌方法，即超高温巴斯德灭菌法，让牛奶等液体食品停留在 140℃左右（如 137℃或 143℃）的温度下保持 3～4 秒，急剧冷却至 75℃，然后经均质化后冷却至 20℃。这种方法能达到灭菌的目的，而且处理后的牛奶等饮料可存放长达 6 个月。

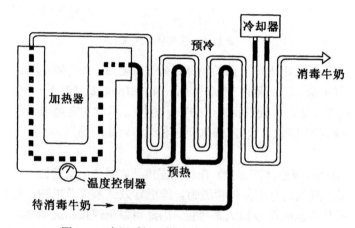

图 11-6　高温瞬间巴斯德消毒法的操作流程图

②煮沸消毒法：该法是将物品在水中煮沸 100℃维持 15 分钟以上进行杀菌。可以杀死细菌和真菌的营养细胞，但不能杀死全部细菌芽孢和真菌孢子。延长煮沸时间或在水中加入 1%Na_2CO_3 或 2%～5%石炭酸可增加消毒效力。本法仅是消毒方法，方便易行，应用范围较广，常用于家庭中消毒餐具、衣物和饮用水。

③间歇灭菌法：又称丁达尔灭菌法或分段灭菌法。具体做法是将物品放在 80～100℃下煮沸 15～60 分钟，以杀死其中所有微生物的营养体，然后放置在室温或 37℃下保温过夜，诱导其中的芽孢发芽，第二天再以同法煮沸和保温过夜，如此连续重复该过程 3 次以上，即可在较低温度下达到彻底灭菌的效果。例如，培养硫细菌的含硫培养基采用此法灭菌可保证培养基内所含元素硫在 99～100℃下保持正常结晶形，若用 121℃加压法灭菌，就会引起硫的融化。本法适用于不耐高温的培养基、药液、酶制剂等的灭菌，但操作较麻烦，时间也较长。

④常规加压灭菌法：也称高压蒸汽灭菌法。本法是目前应用最广、最有效的灭菌方法。加压灭菌法适用于一切微生物学实验室、医疗保健机构或发酵工厂中对培养基及多种器材、物料的灭菌。常见的高压蒸汽灭菌锅有卧式高压蒸汽灭菌锅和手提式高压蒸汽灭菌锅。

⑤连续加压灭菌法：在发酵行业中也称"连消法"，此法只在大规模的发酵工厂中作培养基灭菌用。其主要操作原理是让培养基在发酵罐外连续不断地进行加热、维持和冷却，然后才进入发酵罐。培养基一般加热至 135~140℃维持 5~15 秒。典型的培养基的连续灭菌的流程如图 11-1 所示。

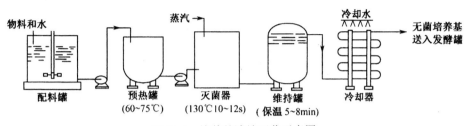

图 11-7　培养基连续灭菌示意图

2. 辐射灭菌

辐射灭菌是利用电磁辐射产生的电磁波杀死大多数物质上的微生物的一种有效方法。用于灭菌的电磁波有微波、紫外线、红外线、可见光、X 射线和 γ 射线等。这些射线都以相同的速度传播，但波长不等，对微生物作用也各不相同。

无线电波波长最长，对微生物的作用微弱。波长稍短的红外线具有较高的热效应，但直接灭菌能力很差。可见光对微生物作用不大。波长较短的紫外线则具有很强的杀菌能力。波长更短的 X 射线和 γ 射线是高能电磁波，对物质有很强的穿透力和杀菌作用，它们能使被照射的物质产生电离作用，所以又称电离辐射。

紫外线是日光的一部分，波长在 100~400 nm 之间，其中 257 nm 波长的紫外光对微生物最具杀伤力。当微生物被照射时，细胞的 DNA 吸收能量形成胸腺嘧啶二聚体，此时腺嘌呤无法正确配对，从而干扰 DNA 的复制和蛋白质的合成，造成微生物的死亡，若照射剂量或时间不足时，可能引起微生物变异。

不同的微生物或微生物的不同生理状态对紫外线的抵抗力是不同的。一般说来，革兰氏阴性菌对紫外线最为敏感，革兰氏阳性菌次之。营养细胞对紫外线的抵抗力弱于芽孢。酵母菌在对数生长期对紫外线的抵抗力最强，而在长期缺氧的情况下抵抗力最弱。

紫外线的穿透力很弱，易被固形物吸收，不能透过普通玻璃和纸张。因此只适用于表面消毒和空气、水的消毒。实际应用时可以根据 1 W/m³ 来计算剂量。若以面积来计算，30W 紫外灯用于 15 m² 房间照射 20~30 分钟即可杀死空气中的微生物，因此紫外线灭菌广泛应用于微生物化验室、医院、公共场所的空气消毒。

当空气中湿度超过 55%~60% 时，紫外线的杀菌效果迅速下降。另外必须防止紫外线对人体的直接照射，以免损伤皮肤和眼结膜。紫外线可能诱导产生环境中的有害变化而间接影响微生物生长，如使空气中产生臭氧，水中产生过氧化氢，培养基中产生有机的过氧化物等。

X 射线和其他电离辐射是有效杀菌剂，但从经济角度考虑，常规消毒灭菌中很少应用。

微波是指频率在 300～300 000 MHz 之间的电磁波，介于普通的无线电波和红外辐射之间。微波的杀菌作用主要是微波的热效应造成的。微波产生热效应的特点是加热均匀、热能利用率高、渗透能力强、加热时间短，可以利用微波进行培养基灭菌和酒精消毒等。

3. 过滤除菌

高压蒸汽灭菌对于空气和不耐热的液体培养基的灭菌是不适宜的,此时可以采用过滤除菌的方法。过滤除菌有三种类型,一种是在一个容器的两层滤板中间填充棉花、玻璃纤维或石棉,灭菌后空气通过它达到除菌的目的。第二种是膜滤器,如图 11-8 所示,这是目前通常使用的一种方法。膜滤器采用微孔滤膜作材料,通常由醋酸纤维素或硝酸纤维素制成的比较坚韧的具有微孔（25～0.025 nm）的膜。但当滤膜孔径小于 0.22 nm 时易引起孔阻塞,且过滤除菌无法滤除病毒、噬菌体和支原体。第三种是核孔滤器,它是由核辐射出来的很薄的聚碳酸胶片再经化学蚀刻而制成。溶液通过这种滤器就可以将微生物除去,这种滤器主要用于科学研究。

过滤除菌可以用于对热敏感液体的除菌,如含有酶或维生素的溶液、血清等。发酵工业上应用的大量无菌空气也是采用过滤方法获得的,使空气通过铺放多层棉花和活性炭的过滤器或超细玻璃纤维纸,便可滤除空气中的微生物。

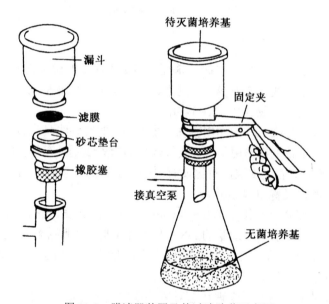

图 11-8　膜滤器装置及其过滤除菌示意图

4. 干燥灭菌

水是微生物细胞的重要成分,占生活细胞的 90%以上,它参与细胞内的各种生理活动,因此说没有水就没有生命。降低物质的含水量直至干燥,就可以抑制微生物的生长,防止食品、衣物等物质的腐败与霉变。因此干燥是保存各种物质的重要手段之一。

11.3.3　常用的消毒方法

1. 酸、碱类物质

酸和碱可以抑制或杀死微生物,其作用原理在于极端酸碱条件可以使蛋白质变性。如石灰以 1:4 或 1:8 配成糊状可以消毒排泄物及地面;醋酸加热蒸发可以进行空气消毒;而苯甲酸、山梨酸和丙酸则是重要的食品防腐剂。

2. 重金属盐类

大多数重金属及其化合物都是有效的消毒剂，其中作用最强的是 Hg、Ag 和 Cu。它们的杀菌作用有的是与细胞蛋白质结合而使之变性；有的是进入细胞后与酶上的—SH 相结合而使酶失去活性。重金属盐类是蛋白质的沉淀剂，能产生抗代谢作用，或者与细胞的主要代谢物发生螯合作用，或者取代细胞结构上的主要元素，使正常的代谢物变成无效的化合物，从而抑制微生物的生长或导致死亡。常用的含汞化合物有升汞（$HgCl_2$），1:500～1:2 000 的升汞溶液对大多数细菌有杀灭作用，浓度为 0.1%的升汞常用于人手和器皿的消毒。红汞（汞溴红）也是常用消毒剂之一，可用于皮肤、黏膜及小创伤的消毒。硫酸铜也是广泛使用的消毒剂，对真菌和藻类效果较好，常用于游泳池的消毒；农业上为了杀灭真菌、螨以及防治植物病害，常用硫酸铜与石灰水以适当比例配制成波尔多液，用于苹果、葡萄等果树的喷施。

3. 氧化剂

氧化剂可以作用于蛋白质的巯基使蛋白质和酶失活,强氧化剂还可以破坏蛋白质的氨基和酚羟基。常用的氧化剂有高锰酸钾、过氧化氢、氯和过氧乙酸等。

（1）高锰酸钾

高锰酸钾是一种强氧化剂，0.1%高锰酸钾溶液常用于皮肤、口腔和水果蔬菜消毒，2%～5%的溶液能杀死芽孢。在酸性溶液中它的作用会增强。有机物的存在会使它还原成不溶性的二氧化锰沉淀而影响它的杀菌效力，所以它只能用于已经清洗的物体表面消毒。此外，高锰酸钾溶液浓度过高时对皮肤有刺激性。

（2）过氧化氢

过氧化氢俗称双氧水，是一种活泼的氧化剂，易分解成水和氧。常用浓度为 3%的溶液为伤口、用具等消毒。在组织细胞中通过触媒催化生成新生氧和水分子发挥杀菌作用。

（3）氯

氯是最有效和应用最广泛的化学消毒剂，常用于自来水、游泳池内的水消毒等。消毒剂量一般为 0.2～1.0 mg/kg。

漂白粉的有效成分是 $Ca（ClO）_2$，可以用于自来水、某些食品和环境卫生的消毒，其使用浓度为 0.5%～5%，缺点是碱性太大。

（4）过氧乙酸

过氧乙酸是一种高效、速效、广谱和无毒的化学杀菌剂。可分解为醋酸、过氧化氢、水和氧。适用于各种塑料、玻璃制品、棉布、人造纤维制品的消毒，也可用于水果蔬菜等的表面消毒。0.001%浓度的过氧乙酸水溶液能在 10 分钟内杀死大肠杆菌，它的缺点是有一定的刺激性。

4. 有机化合物

有机化合物杀死微生物一般是通过使细胞蛋白质变性凝固而使微生物机能发生障碍而死亡。

（1）酚类

酚类能凝固菌体蛋白质，还能作用于细胞膜上的酶类，造成细胞膜渗漏导致微生物死亡。苯酚俗称石炭酸，是评价其他防腐剂或消毒剂的标准消毒剂。一般情况下对革兰氏阳性菌作用敏感，高浓度时能杀灭革兰氏阴性菌。2%～5%的溶液可以作为消毒剂用于器械和室内外喷雾消毒及粪便消毒，0.5%的溶液可以用于消毒皮肤、桌面及用具等。

来苏尔是甲酚（对甲酚、间甲酚、邻甲酚）与肥皂的混合物，其 2%浓度可以用于皮肤消毒，4%浓度可以用于器械、地面、排泄物消毒。

（2）醇类

醇类具有较强的杀菌能力。最常用的是乙醇，其杀菌力与浓度有关。70%的乙醇是有效的皮肤消毒剂，杀菌力强，它的杀菌机制是使蛋白质变性和溶解脂肪，使细胞膜破裂。乙醇同时也是强的脱水剂。丙醇、丁醇、戊醇均有更强的杀菌效力，但价格昂贵又不与水混溶；甲醇对组织有毒性，故一般不作为消毒剂。

（3）甲醛

醛类的作用主要使蛋白质烷基化,改变酶或蛋白质的活性，使细菌的生长受到抑制或死亡。常用的醛类是甲醛甲醛是气体，它是一种非常有效的杀菌剂，对微生物的营养细胞和孢子同样有效。0.1%～0.2%的甲醛溶液能杀死细菌繁殖体，5%的甲醛溶液能杀死芽孢。40%的溶液称为福尔马林，具有抑菌和杀菌作用。生产中常以 2%的甲醛溶液浸泡器械或以 10%的溶液熏蒸消毒厂房，但使用时应注意其蒸汽具有强烈的刺激性，应用时应注意操作。

（4）表面活性剂

表面活性剂可以破坏菌体细胞膜的结构，造成胞内物质泄漏、蛋白质变性、菌体死亡。肥皂是脂肪酸的钠盐，为常用阴离子表面活性剂，其主要作用是机械性地移去微生物；新洁尔灭是人工合成的季铵盐阳离子表面活性剂，高度稀释时具抑菌作用，稀释度小时具杀菌作用，同时它也有去污作用，是一种有效而无毒的消毒剂，常用于皮肤、器皿及空气的消毒，使用浓度为 0.1%～0.25%。

11.4　培养基

培养基是由人工配成的适合微生物生长繁殖或累积代谢产物需要的混合营养基质,它是进行科学研究、发酵生产的基础。

培养基的种类很多，制备的具体方法也不完全相同，但制备的基本过程是相同的。一般的培养基制备过程如下：

培养基的设计或选用→原料（天然原料或药品）称量→混合溶解（加热煮沸）→定容→调整 pH→过滤→分装容器→包扎标记→消毒或灭菌→搁置斜面→保温实验→备用

11.4.1　培养基的制备

1. 培养基的设计或选用

在配制培养基时，首先要根据培养微生物的种类、培养目的等选择合适的培养基配方，如没有合适的配方也可以自行设计培养基配方，培养基的设计或选用的原则如下：

（1）选择适宜的营养物质

总体而言，所有微生物生长繁殖均需要培养基含有碳源、氮源、无机盐、生长因子、水及能源，但由于微生物营养类型复杂，不同微生物对营养物质的需求是不一样的，因此首先要根据不同微生物的营养需求配制针对性强的培养基。自养型微生物能从简单的无机物合成自身需要的糖类、脂类、蛋白质、核酸、维生素等复杂的有机物，其培养基完全可以由简单的无机物组成。

异养型微生物合成能力较弱，不能以无机碳作为唯一碳源，因此培养它们的培养基至少需要含有一种有机物。那么在培养基中就应该含有这些物质，以满足它们的生长。另外，就微生物的主要类群来说，又有细菌、放线菌、酵母菌和霉菌等之分。它们所需要的培养基成分也不同，表11-6综合了培养异养型细菌、放线菌、酵母菌和霉菌时常用的培养基配方。

表11-6　四大类微生物的典型培养基（%）

培养基名称	培养基成分				pH 值	适用范围
	碳源	氮源	无机盐类	生长因素		
牛肉膏蛋白胨琼脂	牛肉膏 0.3	蛋白胨 0.5	NaCl 0.5	牛肉汁中已有	7.0～7.2	好氧细菌
高泽有机氮琼脂	葡萄糖 1.0 牛肉膏 0.3	蛋白胨 0.5	NaCl 0.5	牛肉汁中已有	7.2	厌氧细菌
高氏一号改良	淀粉 2.0	KNO₃ 0.1	K_2HPO_4 0.05 $MgSO_4$ 0.05 NaCl 0.05 $FeSO_4·7H_2O$ 0.001	—	7.0～7.2	放线菌
马铃薯蔗糖琼脂	蔗糖 2.0 马铃薯浸出液 2.0	—		汁中已有	自然 pH 值	放线菌、真菌
马丁氏培养基	葡萄糖 1.0	蛋白胨 0.5	K_2HPO_4 0.1 $MgSO_4·7H_2O$ 0.05	胨中已有	—	真菌（使用时每100 mL加1%链霉素 0.3 mL）
察氏培养基	蔗糖 3.0	NaNO₃ 0.3	KH_2PO_4 0.1 $MgSO_4·7H_2O$ 0.05 $FeSO_2·7H_2O$ 0.001 KCl 0.05	—	6.0	真菌
麦芽汁培养基	大麦芽 1 kg 加水 3 L，保温60℃，使自然糖化，至无淀粉反应止。过滤。加 2～3 个鸡蛋清（有助于麦芽汁澄清），搅匀，煮沸，再过滤。加水至10～15° Bx			汁中已有	自然 pH 值	酵母
豆芽汁培养基	新鲜豆芽 100 g 加水 1 L，煮沸 0.5 h。过滤，加糖 5%			汁中已有	自然 pH 值	霉菌
米曲汁培养基	把米曲霉接种在大米饭上，制成米曲。取干米曲 1 kg 依麦芽汁制作方法制备			汁中已有	自然 pH 值	代替麦芽汁培养基

注：各种物质的量约为百分含量。

（2）营养物质浓度及配比合适

培养基中的营养物质浓度合适时，微生物才能生长良好，营养物质的浓度过低时不能满足微生物正常生长所需，浓度过高时则可能对微生物生长起抑制作用，例如，高浓度糖类物质、无机盐、重金属离子等不仅不能维持和促进微生物的生长，反而会起到抑菌或杀菌的作用。另外，培养基中的各营养物质之间的浓度配比也直接影响微生物的生长繁殖和代谢产物的形成和积累，其中碳氮比（C/N）的影响较大。严格地讲，碳氮比是指培养基中碳元素与氮元素的物质量的比值，有时也指培养基中还原糖与粗蛋白之比。例如，在利用微生物发酵生产谷氨酸的过程中，培养基的碳氮比为 4:1 时，菌体大量繁殖，谷氨酸积累少；当培养基的碳氮比为 3:1 时，菌体繁殖受到抑制，谷氨酸产量则大量增加。在设计营养物配比时，还应该考虑避免培养基中的各成分之间的相互作用，如蛋白胨、酵母膏含有磷酸盐时，会与培养基中钙或镁离子在加热时发生沉淀反应；在高温时，还原糖与蛋白质或氨基酸会相互作用产生褐色物质。另外，矿物质元素离子的比例影响到营养物的渗透和其他代谢活动。单种离子浓度过高时，会对微生物产生毒害作用。如高浓度钠盐对细菌有毒，适量的钾、钙离子可以抵抗钠离子的毒性。所以，培养基中各种元素的比例需要平衡。

（3）理化条件适宜

①pH 值适宜：培养基的 pH 值必须控制在一定的范围内，以满足不同类型微生物的生长繁殖或产生代谢产物。各类微生物生长繁殖或产生代谢产物的最适 pH 值条件各不相同，一般来讲，细菌与放线菌适于在 pH 值为 7.0～7.5 范围内生长，酵母菌和霉菌通常在 pH 值为 4.5～6.0 范围内生长。值得注意的是，在微生物生长繁殖和代谢过程中，由于营养物质被分解利用和代谢产物的形成与积累，会导致培养基 pH 值发生变化，若不对培养基的 pH 值条件进行控制，往往导致微生物生长速度下降或代谢产物产量下降。因此，为了维持培养基 pH 值的相对恒定，通常在培养基中加入 pH 值缓冲剂，常用的缓冲剂是一氢或二氢磷酸盐（如 K_2HPO_4 和 KH_2PO_4）组成的混合物。K_2HPO_4 溶液呈碱性，KH_2PO_4 溶液呈酸性，两种物质的等量混合溶液的 pH 值为 6.8。当培养基中酸性物质积累导致 H^+ 浓度增加时，H^+ 与弱碱性盐结合形成弱酸性化合物，培养基的 pH 值不会过度降低；如果培养基中 OH^- 浓度增加，OH^- 则与弱酸性盐结合形成弱碱性化合物，培养基的 pH 值不会过度升高反应式如下：

$$K_2HPO_4 + H^+ \rightarrow KH_2PO_4 + K^+$$

$$KH_2PO_4 + K^+ + OH^- \rightarrow K_2HPO_4 + H_2O$$

但 K_2HPO_4/KH_2PO_4 缓冲系统只能在一定的 pH 值范围内（pH 值为 6.4～7.2）起调节作用。有些微生物，如乳酸菌能大量产酸，上述缓冲系统就难以起到缓冲作用，此时可以在培养基中添加难溶的碳酸盐（如 $CaCO_3$）来进行调节，$CaCO_3$ 难溶于水，不会使培养基的 pH 值过度升高，但它可以不断中和微生物产生的酸，同时释放出 CO_2，将培养基的 pH 值控制在一定范围内。

在培养基中还存在一些天然的缓冲系统，如氨基酸、肽、蛋白质都属于两性电解质，也可以起到缓冲剂的作用。

②氧化还原电位适宜：详见 11.8.2 小节中的氧化还原电位介绍。

③渗透压及其他条件：绝大多数微生物适宜在等渗溶液中生长（0.85%～0.9%NaCl 溶液），在高渗或低渗溶液中则会因细胞脱水或吸水而死亡。因此，要保持培养基中各营养物质的浓度适中。另外，培养基中的水活度应符合微生物的生理要求（A_w 值为 0.63～0.99）。

（4）应满足培养的目的

配制培养基时要根据培养目的有的放矢地选择和配制适合的培养基。

（5）经济节约

在设计和配制大规模发酵用培养基时应注意尽量利用廉价且易于获得的原料作为培养基成分，特别是在发酵工业中，培养基的用量很大，利用低成本的原料更体现出其经济价值。例如，在微生物单细胞蛋白的工业生产过程中，常常利用糖蜜、乳清、豆制品工业废液及黑废液（造纸工业中含有戊糖和己糖的亚硫酸纸浆）等作为培养基的原料。为了降低生产成本，在保证微生物的生长与积累代谢产物的前提下，常实施"以粗代精，以野代家，以废代好，以简代繁，以烃代粮，以纤代糖，以氮代朊和以国产代进口"的原则。

2. 称量

培养基的各种成分必须精确称取，并要注意防止错乱，最好不安中断，一次完成。可将配方置于旁侧，每称完一种成分即在配方上面做出记号，并将所需称取的药品一次取齐，置于左侧，每种称取完毕后，即移放于右侧。完全称取完毕后，还应进行一次检查。一些不易称量的成分，需要用刻度吸管从浓度较大的母液中取出所需要的量。

3. 混合溶解

先在铝锅或其他容器中盛放所需水量（蒸馏水或自来水，视实验要求而定），然后按照培养基配方依次加入溶解。为避免生成沉淀造成营养损失，加入的顺序一般是先加缓冲化合物，溶解后加入主要元素，然后加微量元素，最后加入维生素、生长素等，淀粉类要先用适量温水调成糊状再兑入其他已溶解的成分中。配制固体培养基时先将配好的溶液煮沸再加入适量的琼脂，继续加热至完全溶化。在加热过程中必须不断搅拌，防止糊底或溢出，加热过程蒸发的水分应在最后补足。易受高温破坏的试剂应单独配制，然后采用无菌方法加入。

4. 调节 pH 值

用滴管逐滴加入 1 mol/L 的 NaOH 或 1mol/L 的 HCl，边搅动边用精密的 pH 试纸测其 pH 值，直到符合要求时为止。

因培养基在加热消毒过程中 pH 值会有所变化，培养基各成分完全溶解后，应进行 pH 值的初步调整。例如，牛肉浸液约可降低 pH 值 0.2，而肠浸液的 pH 值却会有显著的升高。因此，对这个步骤，操作者应随时注意探索经验，以期能掌握培养基的最终 pH 值，保证培养基的质量。pH 值调整后，还应将培养基煮沸数分钟，以利培养基沉淀物的析出。

5. 过滤

液体培养基必须绝对澄清，琼脂培养基也应透明无显著沉淀，因此，需要采用过滤或其他澄清方法达到此项要求。一般液体培养基可以用滤纸过滤法，滤纸应折叠成折扇或漏斗形，以避免因液压不均匀而引起滤纸破裂。

琼脂培养基可以用清洁的白色薄绒布趁热过滤。也可以用中间夹有薄层吸水棉的双层纱布过滤。新制肉、肝、血和土豆等浸液时，需要先用绒布将碎渣滤去，再用滤纸反复过滤。如过滤法不能达到澄清要求，则需要用蛋清澄清法。蛋清澄清法是指将冷却至 55～60℃的培养基放入大的三角烧瓶内，装入量不得超过烧瓶容量的 1/2，每 1 000 mL 培养基加入 1～2 个鸡蛋的蛋白，强力振摇 3～5 分钟，置入高压蒸汽灭菌器中 121℃加热 20 分钟，取出趁热以绒布过滤即可。

6 分装

取玻璃漏斗一个，装在铁架上。漏斗下用乳胶管与玻璃管相接，胶管上加一个弹簧夹。趁热将培养基放入玻璃漏斗内分装，以免琼脂冷凝。分装时用左手拿住空试管，并将漏斗下的玻璃管嘴插入试管内，以右手拇指及食指开放弹簧夹，中指及无名指夹住玻璃管嘴，使培养基直接流入管内，注意不得沾污上段管壁和管口，以免浸湿棉塞引起杂菌污染。

分装培养基时，分装量随培养基种类和容器而不同：①液体培养基分装量为试管高度的 1/4 为宜。②固体培养基分装量为试管高度的 1/5，分装三角瓶的容量为三角瓶体积的 1/2 为宜。③半固体培养基分装量一般为试管高度的 1/3 为宜。分装容器应预先清洗干净并经干烤消毒，以利于培养基的彻底灭菌。每批培养基应另外分装 20 mL 培养基于一小玻璃瓶中，随该批培养基同时灭菌，为测定该批培养基最终 pH 值之用。培养基的分装装置如图 11-9 所示。

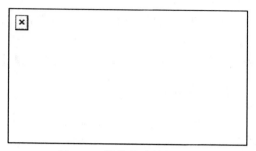

图 11-9　培养基分装装置图

7. 塞棉塞、包扎、做标签

培养基分装好以后，在试管口或烧瓶口上加上一只棉塞。棉塞的作用是：一方面阻止外界微生物进入培养基内，防止由此而引起的污染；另一方面保证有良好的通气性能，使培养在里面的微生物能够从外界源源不断地获得新鲜无菌空气。加好棉塞以后，试管用棉绳扎成捆，外包一层牛皮纸，如图 11-10 所示，防止灭菌时冷凝水的沾湿和灭菌后的灰尘侵入，然后用棉绳扎好，最后挂上标签，注明培养基的名称、配制日期和姓名、组别。三角烧瓶口外面（不论是棉塞还是通气塞）也要挂上标签，包上一层牛皮纸，然后

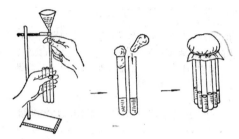

图 11-10　培养基分装、塞棉塞、包扎

用棉绳以活结（使用时容易解开）或橡皮筋扎牢。如果试管上用的是试管帽，外面就不必再包上一层牛皮纸，直接挂上标签用棉绳或橡皮筋扎牢即可。

8. 灭菌

培养基配好以后应立即灭菌。如不及时灭菌应放入冰箱内保存。一般实验室使用的高压蒸汽灭菌锅有手提式、立式、卧式等各种类型，如图 11（a）所示，其基本使用方法大致相同。手提式灭菌锅使用方法如下：

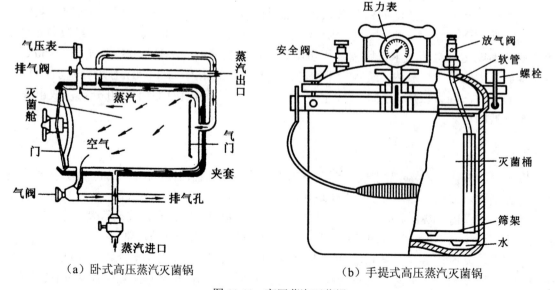

（a）卧式高压蒸汽灭菌锅　　　　　　（b）手提式高压蒸汽灭菌锅

图 11-11　高压蒸汽灭菌锅

手提式高压蒸汽灭菌锅的使用方法如下：

（1）打开锅盖，向锅内加入适量的水。

（2）将待灭菌的物品放入灭菌锅的内锅内。但不要放得太挤，否则影响蒸汽流通。

（3）盖好锅盖，采用对角形式均匀拧紧盖上的螺旋，勿使漏气。打开放气阀，开始加热。

（4）锅内产生蒸汽后，放气阀即有热气排出，待空气排尽再关闭放气阀，冷空气如果未排尽，虽然压力升高但温度达不到要求。

（5）待压力上升到 0.1 MPa、温度达到 121℃时，控制热源，保持恒温 30 分钟。此时必须注意勿使压力继续上升或降低。

（6）停止加热，待压力徐徐下降至零时，打开放气阀排出残留蒸汽，打开锅盖取出灭菌物品。压力未降到要求时，切勿打开放气阀，否则锅内突然减压，培养基和其他液体会从容器内喷出或沾湿棉塞，使用时容易污染杂菌。

（7）将锅内剩余的水倒出，使锅内保持干燥，并做好各项安全检查后才能离去。

在灭菌时应注意以下几点：

（1）要根据不同的培养基选择不同的灭菌方法，尽量达到最佳的要求（即灭菌最彻底而营养破坏最少，灭菌方法又最简单方便的要求）。

（2）加压之前冷空气一定要完全排尽，以提高灭菌效果。

（3）要注意恒温灭菌。

（4）等自然减压至"0"以后才能打开灭菌锅盖。

9. 搁置斜面

灭菌后，固体培养基如需制成斜面，在未凝固前将试管有塞的一头搁在一根长的玻棒上或木条即可，搁置的斜度要适当，斜面长度一般以不超过试管总长度的 1/2 为宜，如图 11-12 所示。

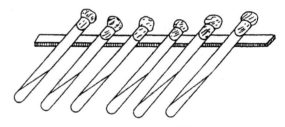

图 11-12　搁置斜面

10. 培养基的质量测试

每批培养基制备好以后应仔细检查一遍，如发现破裂、水分浸入、色泽异常、棉塞被培养基沾染等，均应挑出放弃，并测定其最终 pH 值。

将全部培养基放入（36±1℃）恒温箱培养过夜，如发现有菌生长应该放弃弃去。

用有关的标准菌株接种 1～2 管或瓶培养基，培养 24～48 小时，如无菌生长或生长不好，应追查原因并重复接种一次，如结果仍一样，则该批培养基应放弃，不能使用。

11. 培养基的保存

培养基应存放于冷暗处，最好能放于普通冰箱内。放置时间不宜超过一周，倾注的平板培养基不宜超过 3 天。每批培养基均必须附有该批培养基制备记录副页或明显标签。

12. 培养基制备的基本要求

经过一系列的制备过程后制成的培养基应达到以下几点要求：

（1）培养基应保持原有物质的营养价值和一定的水分含量。

（2）培养基应保持在所规定的 pH 值范围之内。

（3）培养基应保持一定的透明度，有沉淀物的培养基的上清液应保持澄清。

（4）培养基经过保温培养后必须证实无微生物生长。

为此，还应注意一些受热后容易破坏的物质，如糖类、血清等，必须先进行超滤膜除菌过滤后再加到已灭菌的物料中。此外，在调节培养基 pH 值时也应考虑到培养基经过灭菌后，pH 值会有所下降。总之，操作时应注意防止由于沉淀产生、杂菌感染、光热分解等所造成的损失。

11.4.2　培养基的类型

由于不同微生物的营养需求不同，培养基种类繁多，根据其成分、物理状态和用途可以将培养基分成多种类型。可以根据不同的使用目的、培养要求选择使用适当的培养基。

1. 按成分不同划分

（1）天然培养基

天然培养基也称为非化学限定培养基或综合培养基。凡以天然有机物配制而成的培养基称为天然培养基。牛肉膏蛋白胨培养基和麦芽汁培养基就属于此类。

天然培养基配制方便，营养丰富，而且也较经济，适合于各类异养微生物生长，并适于大量生产。缺点是它们的具体成分不清楚，不同单位生产的或同一单位不同批次所提供的产品成分也不稳定，因而不适合于某些试验的要求，一般自养型微生物不能在这类培养基上生长。

常用的天然有机营养物质包括牛肉膏、蛋白胨、酵母浸膏、豆芽汁、麦曲汁、玉米粉、土壤浸液、麸皮、马铃薯、牛奶、血清等。天然培养基成本较低，除在实验室经常使用外，也适合用来进行工业上大规模的微生物发酵生产。

（2）合成培养基

合成培养基是由化学成分完全了解的物质配制而成的培养基，也称为化学限定培养基，高氏Ⅰ号培养基和查氏培养基就属于此类。这种培养基的成分精确，重复性好，但与天然培养基相比成本较高，价格较贵，微生物在其中生长速度较慢，许多异养型微生物营养要求复杂，在合成培养基上不能很好地生长，所以不适于大量生产。一般适用于在实验室用来进行有关微生物营养需求、代谢、分类鉴定、生物量测定、菌种选育及遗传分析等方面的研究工作。

（3）半合成培养基

以天然的有机物作为碳源、氮源及生长素的来源的同时，适当补充一些成分已知的化学药品所配制的培养基称为半合成培养基。大多数微生物都能在此种培养基上生长，应用广泛。例如常用的马铃薯葡萄糖培养基，很多霉菌都生长良好。

2. 根据物理状态划分

根据培养基中凝固剂的有无及含量的多少，可以将培养基划分为固体培养基、半固体培养基和液体培养基三种类型。

（1）固体培养基

在液体培养基中加入一定量的凝固剂，在一般培养温度下呈固体状态的培养基即为固体培养基。此外，一些天然固体营养物质制成的培养基也属于固体培养基，如麸皮、米糠、木屑、土豆块、胡萝卜等制成的培养基。还有在营养基质上覆盖滤纸或滤膜制成的。

对绝大多数微生物而言，琼脂是最理想的凝固剂，琼脂是由藻类（海产石花菜）中提取的一种高度分支的复杂多糖，主要由琼脂糖和琼脂胶两种多糖组成。大多数微生物不能降解琼脂，灭菌过程中不会被破坏，且价格低廉；明胶是由胶原蛋白制备得到的产物，是最早用来作为凝固剂的物质，但由于其凝固点太低，而且某些细菌和许多真菌产生的特异性胞外蛋白酶以及梭菌产生的特异性胶原酶都能液化明胶，目前已较少作为凝固剂；硅胶是由无机的硅酸钠（Na_2SiO_3）及硅酸钾（K_2SiO_3）被盐酸及硫酸中和凝聚而成的胶体，它不含有机物，适合配制分离与培养自养型微生物的培养基。

固体培养基为微生物的生长提供了一个营养表面，在这个营养表面上微生物能形成单个菌落，因此固体培养基在微生物分离、鉴定、计数、保藏等方面起着非常重要的作用。

（2）半固体培养基

半固体培养基中凝固剂的含量比固体培养基少，培养基中琼脂含量一般为 0.2%～0.7%。半固体培养基常用来观察微生物的运动特征、厌氧菌的培养、分类鉴定及噬菌体效价测定等。

（3）液体培养基

在用液体培养基培养微生物时，通过振荡或搅拌可以增加培养基的通气量，同时使营养物质分布均匀。液体培养基常用于大规模工业生产以及在实验室进行微生物的基础理论及应用方面的研究。

3. 按用途划分

（1）基础培养基

尽管不同微生物的营养需求各不相同，但大多数微生物所需要的基本营养物质是相同的。基础培养基是含有一般微生物生长繁殖所需的基本营养物质的培养基。牛肉膏蛋白胨培养基是最常用的培养细菌基础培养基。基础培养基也可以作为一些特殊培养基的基础成分，再根据某种微生物的特殊营养需求，在基础培养基中加入所需营养物质。

（2）加富培养基

加富培养基也称营养培养基，即在基础培养基中加入某些特殊营养物质制成的一类营养丰富的培养基，这类特殊营养物质包括血液、血清、酵母浸液、动植物组织液等。加富培养基一般用来培养营养要求比较苛刻的异养型微生物，如培养百日咳博德氏菌需要含有血液的加富培养基。加富培养基还可以用来富集和分离某种微生物，这是因为加富培养基含有某种微生物所需的特殊营养物质，该种微生物在这种培养基中较其他微生物生长速度快，并逐渐富集而占优势，逐步淘汰其他微生物，从而容易达到分离该种微生物的目的。从某种意义上讲，加富培养基类似于选择培养基，二者区别在于加富培养基是用来增加所要分离的微生物的数量，使其形成生长优势，从而分离到该种微生物；选择培养基则一般是抑制不需要的微生物的生长，使所需要的微生物增殖，从而达到分离所需微生物的目的。

（3）鉴别培养基

鉴别培养基是用于鉴别不同类型微生物的培养基。在培养基中加入某些特殊化学物质，某种微生物在培养基中生长后能产生某种代谢产物，而这种代谢产物可以与培养基中的特殊化学物质发生特定的化学反应，产生明显的特征性化学变化，根据这种特征性变化可以将该种微生物与其他微生物区分开来。鉴别培养基主要用于微生物的快速分离鉴定，以及分离和筛选产生某种代谢产物的微生物菌种。常用的一些鉴别培养基（见表 11-7）。

（4）选择培养基

选择培养基是用来将某种或某类微生物从混杂的微生物群体中分离出来的培养基。根据不同种类微生物的特殊营养需求或对某种化学物质的敏感性不同，在培养基中加入相应的特殊营

生物化学与微生物学

养物质或化学物质，抑制不需要的微生物的生长，有利于所需微生物的生长。

表 11-7　常用的鉴别培养基

培养基名称	加入化学物质	微生物代谢产物	培养基特征性变化	主要用途
酪素培养基	酪素	胞外蛋白酶	蛋白水解圈	鉴别产蛋白酶菌株
明胶培养基	明胶	胞外蛋白酶	明胶液化	鉴别产蛋白酶菌株
油脂培养基	食用油、土温、中性红指示剂	胞外脂肪酶	由淡红色变成深红色	鉴别产脂肪酶菌株
淀粉培养基	可溶性淀粉	胞外淀粉酶	淀粉水解圈	鉴别产淀粉酶菌株
H_2S 试验培养基	醋酸铅	H_2S	产生黑色沉淀	鉴别产 H_2S 菌株
糖发酵培养基	溴甲酚紫	乳酸、醋酸、丙酸等	由紫色变成黄色	鉴别肠道细菌
远藤氏培养基	碱性复红、亚硫酸钠	酸、乙醛	带金属光泽深红色菌落	鉴别水中大肠菌群
伊红美蓝培养基	伊红、美蓝	酸	带金属光泽深紫色菌落	鉴别水中大肠菌群

这类培养基具有使混合样中的劣势菌变成优势菌的功能，广泛用于菌种筛选等工作中。例如添加青霉素的培养基能够抑制革兰氏阳性细菌的生长；分离真菌用的马丁氏培养基中添加有抑制细菌生长的孟加拉红、链霉素等；又如采用中性及偏碱性的培养基，有利于细菌和放线菌的生长，同时抑制了真菌的生长。

（5）其他

除上述四种主要类型外，培养基按用途划分还有很多种，比如分析培养基常用来分析某些化学物质的浓度，还可以用来分析微生物的营养需求；还原性培养基专门用来培养厌氧型微生物；组织培养物培养基含有动、植物细胞，用来培养病毒、衣原体、立克次氏体及某些螺旋体等专性活细胞寄生的微生物。

11.5　微生物的生长

一个微生物细胞在合适的外界环境条件下会不断地吸收营养物质,并按其自身的代谢方式进行新陈代谢。如果同化作用的速度超过了异化作用，则其原生质的总量(重量、体积、大小)就不断增加，于是出现了个体的生长现象。如果这是一种平衡生长，即各细胞组分是按恰当的比例增长时，达到一定程度后就会发生繁殖，从而引起个体数目的增加，这时，原有的个体逐渐发展成一个群体。随着群体中各个个体的进一步生长，就引起了这一群体的生长，这可以从其质量、体积、密度或浓度作指标来衡量。所以：

个体生长→个体繁殖→群体生长

群体生长＝个体生长＋个体繁殖

这里需要强调的是，上述微生物个体生长的阶段性，对于单细胞微生物来说是不明显的，往往在个体生长的同时伴随着个体的繁殖，这一特点在细菌快速生长阶段尤为突出。除了特定的目的以外，在微生物的研究和应用中只有群体生长才有实际意义，因此，在微生物学中提到的"生长"，一般均指群体生长。这一点与研究高等生物时有所不同。

11.5.1　微生物群体生长规律及在生产中的指导意义

1. 单细胞微生物的生长曲线

单细胞微生物的生长和繁殖所导致的群体生长表现为细胞数目的增加。把一定量的细菌或酵母菌接种于一定容积的液体培养基中，在适宜的温度下培养时，它的生长过程具有一定的规律性。如果以培养时间为横坐标，单细胞增长数目的对数（生长速度）为纵坐标，所绘制的曲线则称为单细胞微生物生长曲线。单细胞微生物的生长曲线反映了典型的微生物群体生长过程（即从生长开始到全部死亡）的规律。

分析单细胞微生物的生长曲线，大致可划分为四个阶段，如图 11-13 所示。

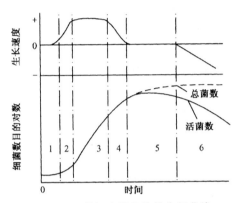

图 11-13　单细胞微生物的生长曲线

1、2. 延迟期；3、4. 对数生长期；5. 稳定期；6. 衰亡期

（1）延迟期（适应期）

将细胞接种到新鲜培养基中，在开始的一段时间里，处于新的生长环境适应期，细胞的数量维持恒定或增加很少，则将这个时期称为延迟期。此时细胞重新调整大分子与小分子物质的组成，包括酶和细胞结构成分，因而又称调整期或适应期。这个时期细胞的生理特点是：①生长速率常数几乎等于零。②菌体内含物明显增加，细胞个体体积增加，尤其是杆菌。③细胞内RNA 尤其是 rRNA 含量增高，原生质呈嗜碱性。④菌体的代谢机能非常活跃，产生特异性的酶、辅酶及某些中间代谢产物以适应环境的变化。⑤对外界不良条件（如 NaCl 溶液浓度、温度和抗生素等化学药物）的反应敏感，抵抗力较弱。

（2）对数生长期

细菌细胞适应了新环境后以最快速度生长，细胞数目以几何级数增加，这一时期称为对数生长期，又称为指数生长期。在这一时期细胞增长数目即以 1→2→4→8···或表示为 $2^1→2^2→2^3→2^4···2^n$ 的速度增加，其中指数 n 代表细胞分裂的世代数目。

对数期有以下几个特点：①生长速率常数 R 最大，因而细胞每分裂一次所需的代时 G 或原生质增加一倍所需的倍增时间最短。②细胞进行平衡生长，细胞生长粗壮、整齐、大小比较一致、生命力强，菌体内各种成分最为均匀。③酶系统活跃，代谢旺盛，对理化因素影响敏感，因此是研究菌体的最佳时期。

（3）稳定期

随着细胞的不断生长繁殖，培养基中营养物质逐渐消耗，代谢产物逐渐积累，pH 值等环境变化，使得细胞的生长速率逐渐下降直至零，此时细胞的繁殖速度和死亡速度相等，细胞总数达到最高点并维持稳定，此时期称为稳定期或平衡期。

在稳定期，细胞开始贮存糖原、异染颗粒和脂肪等贮藏物；多数芽孢杆菌在这时开始形成芽孢；有的微生物在稳定期时还开始合成抗生素等次生代谢产物。在发酵工业中许多发酵产品主要在此阶段形成和积累，此时也是对连续培养技术的设计和研究的重要时期。

稳定期到来的原因主要是：①营养物尤其是生长限制因子的耗尽。②营养物质比例失调，如 C/N 比值不合适等。③酸、碱、毒素或 H_2O_2 等有害代谢产物的积累。④pH 值、氧化还原电势等物化条件越来越不适宜等。

（4）衰亡期

细胞经过稳定期后，培养基中营养成分逐渐耗尽，代谢产物大量积累，代谢过程中的有毒物也逐步积累，环境的 pH 值及氧化还原电位等条件越来越不适合细胞的生长，此时菌体死亡速度大于新生的速度，即整个群体呈负生长，活细胞数明显下降。这时，细胞形态多样，例如，会产生很多膨大、不规则的退化形态，出现空泡，内含物减少；有的细胞因蛋白酶活力增强或溶菌酶作用而发生自溶；有的会产生次生代谢物，如抗生素、色素等；在芽孢杆菌中，芽孢释放往往也发生在这一时期。

产生衰亡期的原因主要是外界环境对继续生长越来越不利，从而引起细胞内的分解代谢大大超过合成代谢，继而导致菌体死亡。

以上是细菌细胞正常生长经过的各个生长期。酵母的生长情况基本类似，而菌丝状微生物（霉菌、放线菌）则没有明显的对数生长期，特别在工业发酵过程中一般只经过三个阶段：①生长停滞期：即孢子萌发或菌丝长出芽体。②迅速生长期：菌丝长出枝，形成菌丝体，菌丝质量迅速增加，由于它不是单细胞繁殖，因此没有对数生长期。③衰亡期：菌丝体质量下降，出现空泡及自溶现象。

由此可见，微生物生长曲线是描述微生物在一定环境中进行生长、繁殖和死亡的规律的试验曲线。这条生长曲线可以作为生长状态的研究指标，又可以作为控制发酵生产的理论依据。

11.5.2 微生物生长规律对工业生产的指导意义

1. 缩短延迟期

微生物接种后进入延迟期。在工业发酵和科研中延迟期会增加生产周期而产生不利的影响，为提高设备的利用率及降低生产成本需要缩短延迟期，采取的措施主要包括：①通过遗传学方法改变种的遗传特性使延迟期缩短。②利用对数生长期的细胞作为"种子"。③尽量使接种前后所使用的培养基组成不要相差太大。④在种子培养基中加入某些发酵培养基的成分，使微生物细胞更快适应新环境。⑤适当扩大接种量等方式缩短延迟期，克服不良的影响。

2. 把握对数期

处于对数期的微生物个体的形态和生理特性比较一致，代谢旺盛，生长速度恒定，是研究代谢和遗传的良好材料。将对数期的菌体作种子可以缩短发酵周期、提高设备的利用率，因此，可以采取各种措施，如连续不断地流入新鲜培养基，并以相关速度移走积累起来的有害代谢物，尽量延长对数期可提高发酵生产效率，这也就是工业上连续发酵的基本原理。

3. 延长稳定期

微生物发酵形成产物的过程与细胞生长过程不总是一致的。对于需要获取初级代谢产物，如氨基酸、核苷酸、乙醇等的发酵，这些产物的形成往往与微生物细胞的生长过程同步，见图11-14a 所示，因此在稳定期的末期为最佳收获期。

对于另一些需要获得次级代谢产物，如抗生素、维生素、色素、生长激素等的发酵来说，这些产物的形成与微生物细胞生长过程不同步，见图 11-14b 所示，它们形成产物的高峰往往在稳定期的后期或者衰亡期。

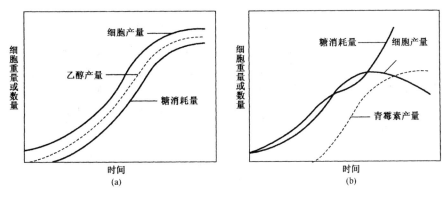

图 11-14 代谢产物和微生物细胞形成过程的关系

（a）酵母菌形成初级代谢产物——乙醇 （b）产黄青霉形成的次级代谢产物——青霉素

4. 监控衰亡期

微生物在衰亡期时细胞活力明显下降，同时由于逐渐积累的代谢毒物可能会与代谢产物起某种反应或影响提纯，或使其分解。因而必须掌握时间在适当的时候结束发酵。

11.6 微生物的接种、培养及分离

11.6.1 微生物的接种

将微生物的纯种或含菌材料（如水、食品、空气、土壤、排泄物等）转移到培养基上，这个操作过程称为微生物的接种。

接种操作是微生物实验中的一项基本操作，也是发酵生产中的一项基本工作，无论是移植、分离、鉴定以及形态生理研究，都必须进行接种培养，接种的关键在于严格进行无菌操作，如果操作不慎，染上杂菌，就会导致实验失败甚至菌种丢失。因此，在微生物实验中必须随时随地牢记"无菌操作"。

微生物接种过程中常使用的工具主要有以下几种，如图 11-15 所示。

由于培养基的种类不同，接种目的、接种要求不同，接种的微生物不同等原因，微生物接种有很多方法，实验室中常见的有以下几种。

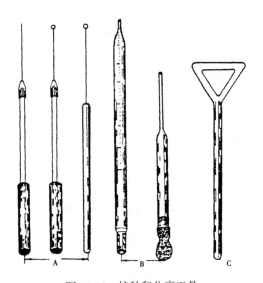

图 11-15 接种和分离工具

A. 接种针（环）；B. 移液管、滴管；C. 涂布棒

（1）划线接种：这是最常用的接种方法，将微生物的纯种或含菌材料用接种环、接种针等挑取，然后在固体培养基表面划直线或蛇形线，如图 11-16 所示，这样就可达到接种的作用。在斜面接种和平板划线中就常用此法。

（2）三点接种（点植法）：在研究霉菌形态时常用此法。此法是把少量的微生物接种在平板表面上成等边三角形的三点，如图 11-17 所示，让它各自独立形成菌落后来观察、研究它们的形态。除三点外也有一点或多点进行接种的。

（3）穿刺接种：在保藏厌氧菌种或研究微生物的动力时常采用此法。做穿刺接种时用的接种工具是接种针。用的培养基一般是半固体培养基。它的做法是用接种针蘸取少量的菌种，沿半固体培养基中心向管底作直线穿刺，直到接近管底，但不得穿通培养基，然后将针沿穿刺线的原路慢慢退出。穿刺时切勿搅动以免碰破周围培养基，使接种线整齐，便于观察菌种沿穿刺线生长的特征，如图 11-18 所示。如某细菌具有鞭毛而能运动，则在穿刺线周围能够生长，不具有鞭毛的细菌沿穿刺线生长。

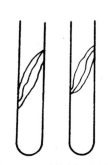
图 11-16　试管斜面划线法

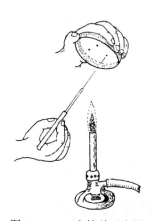
图 11-17　三点接种示意图

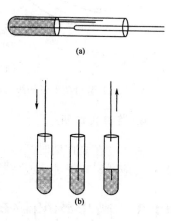
图 11-18　穿刺接种

（4）浇混接种（倾注法）：浇混接种是指将待接种的微生物先放入培养皿中，然后倒入冷却至 45℃ 左右的固体培养基，迅速轻轻摇匀，这样菌液就达到稀释的目的。待平板凝固之后，置于合适温度下培养就可以长出单个的微生物菌落。

（5）涂布接种：涂布接种与浇混接种略有不同，具体操作时先倒好平板，让其凝固，然后将菌液倒入平板上面，迅速用涂布棒在表面作来回左右的涂布，如图 11-19 所示，让菌液均匀分布，就可以长出单个的微生物的菌落。

（6）液体接种：从液体培养物中用移液管将菌液接至液体培养基中，或从液体培养物中将菌液移至固体培养基中，都可以称为液体接种，如图 11-20 所示。

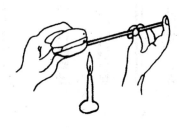
图 11-19　涂布接种

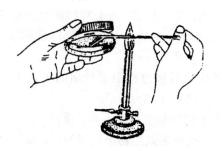
图 11-20　液体接种

（7）浸洗接种：用接种环挑取含菌材料后，插入液体培养基中，将菌洗入培养基内。有时也可以将某些固体含菌材料直接浸入培养液中，把附着在表面的菌洗掉。

（8）注射接种：该法是用注射的方法将待接种的微生物转接至活的生物体内，如人或其他动物中，常见的疫苗预防接种就是用注射接种接入人体来预防某些疾病。

（9）活体接种：活体接种是专门用于培养病毒或其他病原微生物的一种方法，因为病毒必须接种于活的生物体内才能生长繁殖。所用的活体可以是整个动物，也可以是某个离体活组织，例如，小白鼠的肾等，也可以是发育的鸡胚。接种的方式是注射，也可以是拌料喂养。

工业生产中大规模的接种常用的方法有压差法、火焰封口法等。

（1）火焰封口法：有一种种子罐的接种口周围设有沟槽，接种时先在沟槽里注入少量酒精，然后用火焰点燃酒精，使接种口被包围在一堆火焰之中，接着将菌悬液倒入种子罐中即可。

（2）压差法：先用棉花球蘸消毒剂覆盖在种子罐接种口的橡皮塞上，经过5～10分钟消毒后，将连接在盛有菌悬液的容器上的接种针头迅速插入接种口的橡皮小孔中，然后平衡种子罐与盛菌悬液的容器之间的压力，接着降低种子罐的压力，菌悬液就会注入到种子罐里。接种完后再用消毒剂拭净接种口的小孔。

11.6.2 微生物的培养

在人为设定的环境中使微生物生长、繁殖的过程叫培养。培养后获得的微生物群体叫培养物。工业规模的培养一般称为发酵，根据培养的微生物的数量，微生物的培养可以分为纯培养、混菌培养、二元培养。

纯培养：只有一种微生物的培养称为纯培养，所得到的培养物称为纯培养物。大多微生物的培养都是采用纯培养，它要求严格防止其他微生物的侵入，以确保产品的数量和质量，这就要求有无菌操作技术、接种技术和分离技术等保证。

混菌培养（混合培养）：含有两种或两种以上的微生物的培养称为混菌培养，所得到的培养物称为混合培养物。

在自然生态环境中许多微生物都是混居的，它们之间不会抑制生长并表现出代谢活动有互补性，即互生的关系。因而在发酵工业中常采用两种或两种以上的具有互补性质的菌种进行混合培养，以获得较好的效果。例如，大曲酒的发酵是较成功的混菌培养，其发酵时含有细菌、霉菌、酵母菌等几十种微生物；又如酸奶的制作是利用乳酸链球菌和乳酸杆菌接种到灭菌后的牛奶中，经发酵生成乳酸使蛋白质沉淀成块，还赋予酸奶独特的风味。

二元培养：有些微生物的纯培养是很难做到的，如果培养时只培养两种微生物而且这两种微生物是有特定关系的，这种培养就是二元培养。例如，二元培养法是保存病毒的有效方法，因为病毒是细胞生物的严格的寄生物，有些细胞微生物也是其他生物的寄生物或和其他生物有着特殊的共生关系。对于这些生物，二元培养是在实验条件下可能达到的最接近纯培养的培养方法。

1. 微生物培养的一般步骤

微生物培养的一般步骤主要包括培养器皿（设备）的清洗和灭菌、培养基的制备和灭菌、接种培养等步骤，最后得到产品（培养物）。

2. 培养条件的控制

微生物的培养是微生物实验和工业生产中的重要工作，微生物培养的成功与否直接影响实验结果的准确性和发酵产品质量，所以控制培养条件是保证实验准确和正常生产的必要条件。

微生物培养时所控制培养条件主要有以下几方面：

（1）控制培养基成分合理。培养基是微生物利用的营养物质，同时也是微生物的生长环境，培养基成分是否合理直接关系到微生物生长的好坏，所以控制培养基成分非常重要。

（2）控制培养条件适宜。微生物生长除了受培养基影响外，还受环境因素的影响，主要有温度、湿度和氧气条件等。

①控制合适的培养温度。由于微生物的生命活动是由一系列极其复杂的生物化学反应组成的，而这些反应受温度的影响极为明显，微生物只有在一定温度范围内才能正常进行，培养微生物时应根据微生物的生长温度范围及培养目的选择合适的培养温度。如利用啤酒酵母生产啤酒，酵母活化阶段培养温度为 25℃～28℃时为酵母的最适生长温度；扩大培养时培养温度逐渐降低，以便酵母适应发酵温度；发酵时培养温度为 8℃～9℃是形成产物的最佳温度。

②控制合理的氧气含量。按照微生物对氧气的需要情况，可将微生物分为以下五个类型，即好氧微生物、兼性好氧微生物、微量需氧微生物、耐氧微生物、厌氧微生物。培养时应根据不同类型的微生物提供不同的氧气条件，使微生物快速生长。如培养好氧微生物时采用通风培养可以为好氧微生物提供充足的氧，而培养厌氧微生物时可以采用物理、化学和生物等方法（见厌氧培养）去除氧气，创造无氧环境，满足厌氧菌的无氧要求。

③控制合适湿度。微生物生长的过程中对环境的湿度是有要求的，尤其是在固体培养基上培养微生物时。如培养黑曲霉 As3.4309 时，最好控制环境湿度在 85%以上，如环境湿度低于此值，则黑曲霉生长受抑制。所以培养微生物时要控制好环境的湿度，以满足微生物生长需要。

11.6.3　微生物培养技术

1. 实验室规模的培养

（1）微生物的需氧培养

由于大多数发酵微生物都是好氧性的，而且微生物只能利用溶解氧，所以氧气的供应非常重要。

①静置培养：在实验室里，将已接种的试管、三角瓶、培养皿等置于培养箱中进行培养，由于试管或其他容器内总是与空气接触的，因而微生物可获得生长所需要的氧气。

②摇瓶培养（即振荡培养）：这是实验室中常用的一种液体培养方法。将三角瓶上盖 8～12 层纱布或用疏松的棉塞塞住，以阻止空气中杂菌或杂质进入瓶内，然后放到特制的摇床上以一定速度保温振荡，可以改善液体中氧气和二氧化碳气体的传送。为使菌体获得足够的氧，一般装液量为三角瓶的 10%以下，如 250 mL 三角瓶装 10～20 mL 培养液。有时为了提高搅拌效果，增加通气量，也可以在三角瓶内设置挡板或添加玻璃珠等。摇床有旋转式和往复式两类。此法操作方便，又可以将许多摇瓶（在大摇床上可以多达上百个）同时在相同的温度和振荡速度的等条件下进行培养试验，还可以采用适当的传感器随时监测微生物生长过程中的各种变化，因而广泛用于微生物的生理生化试验、发酵和菌种筛选等工作中，在发酵工业中也常用此法进行种子培养。

③通气培养：大量液体培养需氧微生物时，还可以使用如图 11-21 所示的通气培养方法。

④台式发酵罐：实验室用的发酵罐体积一般为几升到几十升。商品发酵罐的种类很多，一般都有各种自动控制和记录装置，如有 pH 值、溶解氧、温度和泡沫监测电极，有加热或冷却装置，有补料、消泡和调节 pH 值用的酸碱贮罐及其自动记录装置，大多由计算机控制。它的结构与生产用的大型发酵罐接近，因而它是实验室模拟生产实践的主要试验工具。

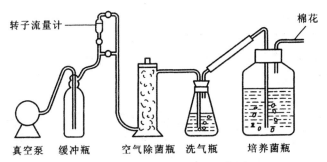

图 11-21　通气培养设置示意图

（2）厌氧微生物的培养

厌氧培养的关键是使微生物处于无氧或氧化还原电势低的环境中。这就需要除氧，除氧方法有机械除氧、化学吸氧和生物法除氧等多种形式。机械除氧通常是指抽真空，以 CO_2 或 N_2 代替空气穿刺接种、表面封层等；化学除氧则是利用一些物质与氧发生化学反应消耗掉氧，如焦性没食子酸与碱液混合、黄磷燃烧、$NaHSO_4$ 和 Na_2CO_3 混合等；生物法除氧是利用新鲜的无菌动植物组织的呼吸作用、某些动物组织中的还原性化合物的氧化作用、与需氧性微生物共同培养等方式将氧除去。

图 11-22　穿刺培养

①深层穿刺培养：用于非严格厌氧的微生物。取一个玻管，一端塞入橡皮塞，一端加棉塞，玻管中加入琼脂培养基，灭菌后穿刺接种，如图 11-22 所示。

②吸氧培养：穿刺接种后将培养管棉塞上部截去，管内部分用玻棒压至高于培养基 1 cm 处，棉塞上方再压入一块含水的脱脂棉，加入 1:1 比例混合的焦性没食子酸和碳酸钠粉末，立即用橡皮塞封口。焦性没食子酸和 Na_2CO_3 在有水的情况下缓慢作用吸收 O_2 并放出 CO_2 造成无氧环境，如图 11-23 所示。

③Hungate 液管技术培养：主要原理是利用除氧铜柱来制备高纯氮。将微生物接种到融化的培养基中，然后将特制的试管（如图 11-24）用丁基橡胶塞严密塞住后平放，置冰浴中均匀滚动，使含菌的培养基布满试管的内表面，犹如好氧菌在培养基平板表面一样，最后长出许多单菌落。

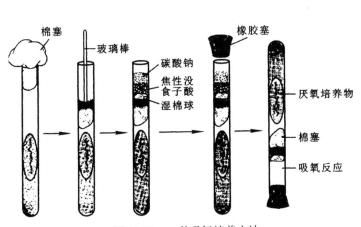

图 11-23　一种吸氧培养方法

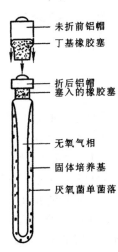

图 11-24　厌氧试管剖面图

④厌氧培养皿培养：用于厌氧培养的培养皿有几种设计，利用皿盖底有两个相互隔开的空间，其中一个放焦性没食子酸，另一个放 NaOH 溶液，待在皿盖平板上接入待培养的厌氧菌后立即密闭。摇动使焦性没食子酸和 NaOH 溶液接触，发生吸氧反应，造成无氧环境，如 Spray 皿和 Bray 皿，如图 11-25 所示。

图 11-25 三种厌氧培养皿

⑤厌氧罐培养：厌氧罐很多，如图 11-26 所示是厌氧罐的构造。将接种后的平板放入罐内，然后放一小包，内装化学药物，加入适量无菌水后即会自动释放 CO_2 和 H_2。罐内用美蓝等试剂制成的指示纸条在真空度低于 266.64 Pa 时由蓝色变成无色。

⑥厌氧手套箱培养：厌氧手套箱是由透明的材料制成的，箱体结构严密，可以通过与箱壁相连的手套进行箱内的操作。箱内充满 85%N_2、5%CO_2 和 10%H_2，同时还用钯催化剂清除氧气，使箱内保持严格的无氧状态。物料可以通过特殊的交换室进出，如图 11-27 所示。

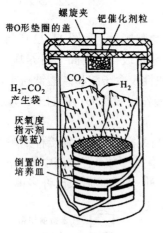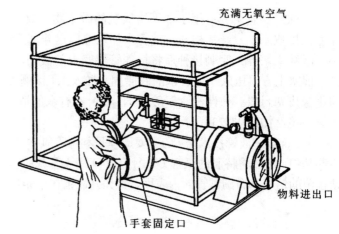

图 11-26 厌氧罐的一般构造   图 11-27 厌氧手套箱的一般结构

2. 工业上大规模的培养

工业生产中的培养基的数量很大，就要考虑到原料的价格、来源、管道设备的灭菌等问题。

（1）固体培养

在生产实践中，好氧真菌的固体培养方法都是将接种后的固体基质薄薄的摊铺在容器的表面，这样既可以使菌体获得足够的氧气，又可以将生长过程中产生的热量及时释放，这就是传统的曲法培养的原理。

固体培养使用的基本培养基原料是小麦麸皮等。将麸皮和水混合，必要时添加一些辅助营养物质和缓冲剂，灭菌后待冷却到合适温度便可接种。疏松的麸皮培养基的多孔结构便于空气透入，为好氧菌生长提供了必要的氧气。固体培养基的含水量一般控制在 40%～80%，因而被细菌或酵母菌污染的可能性降低,这是生产中固体培养基主要用于霉菌进行食品酿造及其酶制剂产生的原因。

进行固体培养的设备有较浅的曲盘、较深的大池、能旋转的转鼓和通风曲槽等。使用前要先用去垢剂洗涤,再用次氯酸钠、甲醛或季铵盐等消毒剂消毒,然后进行蒸汽灭菌。接种时用的种子可以通过逐级扩大培养获得。将接种好的麸皮培养基在曲盘里铺成薄层,就可以放入培养室(曲房)里培养;或者把接过菌的麸皮培养基直接放入大池或缓慢旋转的转鼓内培养。

生产中对厌氧菌固体培养的例子还不多见。在我国传统的白酒生产中,一向用大型深层地窖进行堆积式的固体发酵,只不过其中的酵母为兼性厌氧菌。

固体培养的设备简单,生产成本低,产量较高,但耗费劳力较多,占地面积大,pH 值、溶解氧、温度等不易控制,易污染,生产规模难以扩大。

(2)液体培养

液体培养生产效率高,适用于机械化和自动化,是目前微生物发酵工业的主要生产方式。液体培养有静置培养和通气培养两种类型。静置培养适用于厌氧菌发酵,如酒精、丙酮-乙醇、乳酸等发酵;通风培养适用于好氧菌发酵,如抗生素、氨基酸、核苷酸等发酵。

①浅盘培养:容器中盛装浅层液体静止培养,没有通气搅拌设备,全靠液体表面与空气接触进行氧气交换,这是最原始的液体培养方式,劳动强度大,生产效率低,易污染。

②发酵罐深层培养:液体深层培养是在发酵罐内(图11-28)进行的。发酵罐内装有搅拌器和通入无菌空气的分布器,用来进行通气搅拌,提供溶解氧。另外,大型发酵罐里装有列管式换热器,小型发酵罐里装有夹套,内通循环水来控制培养过程中的温度。所有设备连同发酵罐内的培养液使用前须用高压蒸汽进行灭菌,冷却到合适温度时就可以接入菌种。

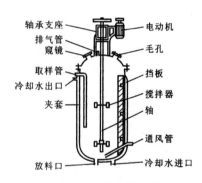

图 11-28　典型发酵罐的构造

现代发酵工业的主角是好氧培养,一般从实验室规模到工厂生产要经过3~5级放大,如图11-29 所示。大型发酵罐的发酵一般也需分几级进行,使发酵的种子逐级扩大,以提高发酵罐的利用率并节约能源等。罐的等级一般根据菌体繁殖速度以及发酵罐的容积而确定,如谷氨酸发酵多采用二级培养,生长较慢的青霉素和链霉素生产菌种一般需要三级培养,如图 11-30 所示。

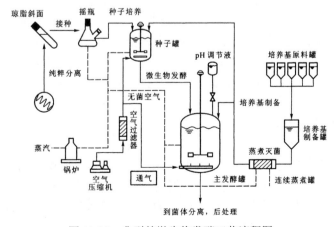

图 11-29　典型的微生物发酵工艺流程图

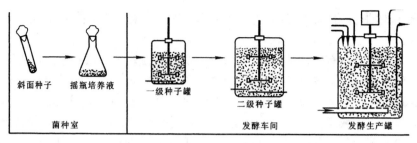

图 11-30　微生物的三级培养过程

为了给微生物提供丰富而均匀的营养、充足的溶解氧、适宜的温度和酸碱度，并能防止杂菌污染，发酵罐通常配备有培养基配制系统、蒸汽灭菌系统、空气压缩过滤系统和补料系统。在培养过程中必须连续监测和控制温度、pH 值、溶解氧，定期从发酵罐内取出样品进行测定，以便掌握营养成分的消耗、菌体的数量和产物的积累，了解培养物的纯度，以确定发酵的终止时间。

液体深层培养是在青霉素等抗生素发酵中发展起来的技术，由于生产效率高，易于控制，产品质量稳定，因而在发酵工业中被广泛应用。但是，深层发酵耗费的动力较大，设备较为复杂，需要很大的投资。

迄今为止，能大规模液体培养的厌氧菌只有丙酮-丁醇梭菌一种。这是由于丙酮-丁醇梭菌是严格厌氧菌，不需要通气和搅拌装置，工艺简单，便于扩大发酵罐体积。

3. 分批培养和连续培养

（1）分批培养

将微生物置于一定容积的培养基中，经过培养生长，最后一次性收获产品的培养方式称为分批培养。通过对细菌纯培养生长曲线的分析可知，在分批培养中，培养料一次加入，不予补充和更换。随着微生物的活跃生长，培养基中营养物质逐渐消耗，有害代谢产物不断积累，故细菌的对数期不可能长时间维持。

传统的发酵工业一般采用分批培养法（相应称为分批发酵法）。此法对技术及设备要求较简单，易为人们掌握，因此仍是当今发酵工业的主流。

（2）连续培养

如果在培养器中不断补充新鲜营养物质，并及时不断地以同样速度排出培养物（包括菌体及代谢产物），从理论上讲，对数生长期就可以无限延长。只要培养液的流动量能使分裂繁殖增加的新菌数相当于流出的老菌数，就可以保证培养器中的总菌量基本不变，此种方法就叫连续培养法。连续培养方法的出现，不仅可以随时为微生物的研究工作提供一定生理状态的实验材料，而且可以提高发酵工业的生产效益和自动化水平。此法已成为当前发酵工业的发展方向。

11.7　微生物的分离

自然界中微生物种类繁多，而且绝大多数混杂在一起的，有时微生物的纯种在接种、培养等过程中由于操作不当也会被污染，为了得到微生物的纯种，必须把所需目的微生物从混杂的微生物中分离出来，这就是在无菌技术的基础上的另一项基本技术——纯种分离技术。微生物的分离的一般包括采样、增殖培养、分离以及培养和微生物检出。

1. 采样

如果从环境中分离微生物，首要的工作就是采样，如果是培养的微生物被污染了则可以直接进行分离。采样首先要根据微生物的生活习性选择合适的采样地点。如分离酵母菌在果园的土壤里较易找到，分离乳酸菌在酸牛乳中较易找到。采样后最好马上进行分离，以防染菌或样品中的菌发生变化。

2. 增殖培养

有时样品中要分离的目的微生物很少，此时就要设法增加该菌种的数量，以增加分离几率，这种人为增加微生物数量的方法叫增殖培养，对于特别少的微生物可以进行多次增殖。

增殖培养时要求不需要的微生物缓慢增殖或几乎停止增殖，而所需微生物类型经增殖后数量上占优势，便于分离，这就需要控制培养条件。

（1）控制培养基营养成分

营养成分主要指碳、氮、无机盐及维生素等。各种微生物对物质的要求是有差异的。异养型微生物只能利用有机碳源，如葡萄糖、蔗糖等糖类及纤维素、淀粉类碳水化合物或烃类等，自养型微生物可以利用 CO_2 为碳源。微生物能利用的氮源可以是蛋白质大分子，如酪蛋白、豆饼粉、麸皮，或其水解得到的小分子，如蛋白胨、多肽、氨基酸水解液及尿素等有机氮化合物，也可是硝酸盐、铵盐或氨态的无机氮源，固氮微生物能直接利用空气中的氮。微生物对于金属离子和维生素的要求也不完全相同。因此控制增殖培养基中的营养成分，对浓缩所需菌种是有益的。比如，用纤维素作为唯一碳源能够分解利用纤维素的微生物繁殖，而许多微生物由于不具备此能力，生长就较为困难，从而达到使能分解纤维素的微生物在数量上占优势的目的。又如以烃类为唯一碳源，可以富集具有分解烃类能力的微生物，但是被许多种微生物利用的碳源、氮源就不适用于作控制条件。这种方法对于产生诱导酶类的微生物特别适宜，通过控制底物（诱导物）使酶得以产生，微生物能凭借酶对底物的分解而获得生长所必需的原材料和能量。实际上往往按照各大类微生物确定基本的营养成分，如细菌用蛋白胨、牛肉膏，放线菌用淀粉，酵母、霉菌用麦芽汁或米曲汁等。

（2）控制培养基酸碱度

各种微生物生长繁殖的适宜酸碱度是不同的，细菌和放线菌一般要求中性或偏碱性（pH 值为 7.0 或稍高）；酵母菌和霉菌一般要求偏酸性（pH 值为 4.0～6.0）。在控制营养成分的同时，将培养基调至一定的 pH 值，更有利于抑制不需要的微生物的增殖。比如，在采用含 40%葡萄糖的培养基分离耐高渗透压的酵母时，控制 pH 值为 2～4，则所需的酵母大量繁殖，各种杂菌很难生长。又如从土壤中浓缩放线菌，加入部分葡萄糖则细菌也大量增殖。

（3）控制培养温度和热处理

不同种类的微生物适宜的生长温度是不同的，利用不同培养温度可以使不同微生物的生长速度不同。如在 30℃ 左右时嗜冷微生物可能不能生存，而嗜热微生物则生长缓慢。为了获得耐高温的酶，可以寻找高温细菌，采用 50℃～60℃ 温度培养，就可以使嗜冷、嗜温微生物大量淘汰，嗜热微生物占优势。即使同为嗜温微生物，提高培养温度可以筛选耐热的菌株，有利于发酵工业节约冷却用水。芽孢是特别耐热的，可以抵抗 100℃ 或更高的温度。因此可以根据它的这一特性，将样品悬浮液经 80℃ 水浴中处理 10 分钟，将不产芽孢的营养细胞杀死，从而达到浓缩产芽孢的菌种的目的。

（4）添加抑制剂

添加专一性抑制剂，也可以达到抑制不需微生物增殖的目的。如土样悬浮液中加数滴 10% 酚，可以抑制霉菌和细菌的生长，而放线菌仍能较好地生长；又如添加青霉素、链霉素之类抗生素，能抑制细菌的生长。不同抗生素能抑制的菌类的范围不同，所用浓度等也不同，应区别分离对象及药物性质添加适当量。

3. 分离

增殖培养后就要进行微生物的分离，分离操作是微生物实验中一项重要的操作。有时一次分离操作达不到分离效果，就需要反复几次进行分离，直到得到目的微生物的纯培养物为止。分离微生物时常采用以下几种方法。

（1）稀释平板法

本法是通过将样品制成一系列不同的稀释样，使样品中的微生物个体分散成单个状态，再取一定量的稀释样，使其均匀分布于固体培养基上，培养后挑取所需菌落，重新培养，即可得到所需微生物。其分离操作步骤如图 11-31 所示。

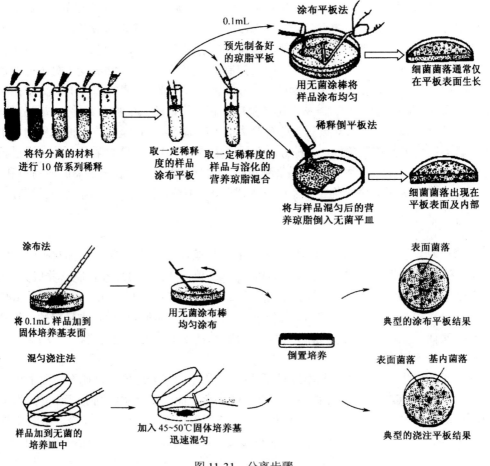

图 11-31　分离步骤

准备工作→样品的溶解稀释→倒平板（倒平板的方法见图 11-32）→倒扣培养→微生物的检出。

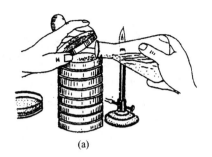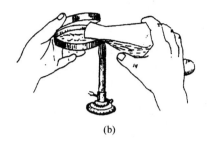

(a) (b)

图 11-32　倒平板方法

（a）皿架法　　（b）手持法

（2）涂布平板法

由于在稀释平板法操作过程中，对于某些热敏感菌来说，可能在 50℃ 的培养基中会死亡。另外，对于严格好氧菌来说，因被固定在平板的底部或中间，由于缺氧而影响生长。涂布平板法可以克服这一缺点。其操作步骤与稀释平板法基本相同，都是先将培养基融化后趁热倒入无菌平板内，待凝固后用无菌吸管吸取 0.1mL 菌液对号接种在不同稀释度的琼脂平板上，再用无菌涂布棒将菌液涂匀，将涂抹好的平板放与操作台上 20～30 分钟，使菌液渗入培养基内，然后倒扣平板保温培养。

（3）划线分离

划线分离是通过划线拉大微生物细胞之间距离，使微生物形成单菌落，挑取菌落即可得到所需微生物。

其操作步骤是将融化好的培养基倒入无菌培养皿中，待冷却后，用接种环沾取少许菌悬液在培养基上划线。

划线过程如下：将菌悬液（孢子悬液）摇匀→点燃酒精灯→拿试管→松棉塞→烧接种环→取棉塞→烧管口→取菌→烧管口→棉塞过火→塞上棉塞→划线(操作见图 11-33B)→烧接种环→倒扣培养→微生物的检出。

划线方法（见图 11-33A）有平行划线、扇形划线、蜿蜒划线、连续划线等，其中蜿蜒划线、连续划线较常用。连续划线的划线方法是将平板分成三个区域，先在第一个区域内划 3～4 条平行线，转动培养皿，在火焰上烧掉接种环上的残余物后在第二个区域内划线；第二个区域中的线和第一个区域中的线应有部分交叉，依法在第三个区域中划线。蜿蜒划线划线方法是在三个区域中连续划线，各部分线均无交叉。

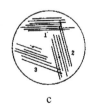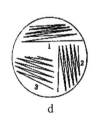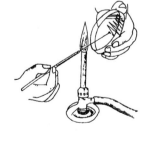

a b c d

（A）平板划线方法　　　　　　　（B）平板划线操作图

图 11-33　划线分离

a. 扇形划线法；b. 平行划线法；c. 连续划线法；d. 蜿蜒划线法

（4）单细胞分离技术

由于前述的三种方法不能有目的地选取所需要的微生物个体,因此可以采用显微技术通过显微挑取器选出所需的微生物细胞或孢子。把显微挑取器安装在显微镜上,用极细的毛细管或显微针、钩、环等挑取单个细胞或孢子。若没有显微挑取器时也可以把菌液多次稀释,把一小滴放在显微镜下观察,选取只含一个细胞的该液滴进行培养,就可以得到分离效果。此法要求一定的装置,操作技术也有一定的难度,多限于高度专业化的科研中采用。

4. 培养和微生物检出

微生物分离后将培养皿倒扣置于适合的条件下进行培养,然后选取合适的菌落,重新接种在新的培养基中,就能得到目的微生物的纯培养物。

为了准确检出目的微生物,分离时所用的培养基一般为鉴别培养基,用以指示和鉴别目的微生物,以便快速检出目的菌。

11.8 理化因素对微生物生长的影响

微生物的生长代谢与周围环境有着密切的关系。一方面,微生物需要从环境中摄入生长和繁殖所必需的营养物质,并在一定环境条件下生存,环境条件的变化会引起微生物的形态、生理、生长、繁殖特征的变化。另一方面,微生物也通过向环境中排泄代谢产物,适应甚至改变着环境。研究微生物与环境因素之间的相互关系,有助于了解微生物在自然界中的分布与作用,也有助于制定增进或降低甚至完全破坏微生物生命活动的有效措施。影响微生物生长的因素很多,主要包括培养基条件和环境条件,环境条件主要包括物理、化学和生物的因素。

11.8.1 物理因素对微生物生长的影响

1. 温度

由于微生物的生命活动是由一系列极其复杂的生物化学反应组成的,而这些反应受温度的影响极为明显,只有在一定温度范围内才能正常进行,因此,温度是影响微生物生长的最重要的环境因素之一。一方面,随着温度的升高细胞中生物化学反应速度加快,生长速率提高,另一方面,细胞中重要组分——蛋白质对较高温度敏感,当温度上升到一定程度时可能发生不可逆变性,对机体产生不利影响,甚至导致细胞死亡。所以各种微生物生长都有三种基本温度:最低生长温度、最适生长温度、最高生长温度,这就是微生物生长温度的三基点。表 11-8 是一些微生物的生长温度范围。

表 11-8　微生物的生长温度范围

菌种	生长温度/℃		
	最低	最适	最高
枯草芽孢杆菌	15	30～37	55
嗜热糖化芽孢杆菌	52	65	75
大肠杆菌	10	30～37	45
金黄色葡萄球菌	15	37	40
啤酒酵母	10	28	40
黑曲霉	7	30～39	47

最低生长温度是指微生物能进行生长繁殖的最低温度限度。当微生物处于最低生长温度时，新陈代谢降到极低的程度。若温度再降低，则微生物的生命活动停止，但除少数对低温敏感的微生物会很快死亡外，多数微生物的活力仍然存在，当温度升高时又恢复正常的生命活动。因此低温的作用主要是抑菌，而不能运用低温手段来杀死大多数微生物。由于低温对微生物生长有抑制作用，广泛用于保藏食品和菌种。应该注意的是，如果采用低温来保藏菌种，反复冷冻与融化会对细胞造成很大影响，导致成活率降低。最适生长温度是指微生物生长繁殖速度最快的温度，有时也简称"最适温度"。不同微生物的最适生长温度不一样。但是对同一种微生物来说，其最适生长温度往往与最适发酵温度存在差异。最高生长温度是指微生物生长繁殖的最高温度界限。在此温度时微生物细胞易于衰老和死亡，高于此温度，微生物不可能生长。微生物所能适应的最高生长温度与其细胞内酶的性质有关。不同微生物生长的温度上限不同，如果超过了最高生长温度就会导致微生物死亡。这种致死微生物的最低温度界限称为致死温度。在一定温度下，杀死某种微生物所需的最短时间称为致死时间。致死温度与处理时间有关。在一定温度下处理的时间越长，死亡率越高。不同微生物的致死温度不同，如表 11-9 所示。

表 11-9　不同微生物的致死温度

菌名	致死温度/℃	致死时间/min	菌名	致死温度/℃	致死时间/min
大豆叶斑病假单胞菌	48～49	10	普通变形菌	55	60
胡萝卜软腐欧文氏菌	48～51	10	黏质沙雷氏杆菌	55	60
维氏硝化杆菌	50	5	肺炎链球菌	56	5～7
白喉棒杆菌	50	10	伤寒沙门氏杆菌	58	30

微生物的抗热性与很多因素有关。一般来说，老龄的比幼龄的更耐热，原核生物耐热能力比真核生物强，非光合生物比光合生物强，构造简单的比构造复杂的强。在富含蛋白质的培养基上生长的细菌有较强的抗热能力。多数细菌的营养细胞和病毒，在 50～60℃条件下 10 分钟可致死；嗜热脂肪芽孢杆菌的抗热性很强，在 121℃下经 12 分钟才能致死；少数动物病毒也具有较强的抗热性，如骨髓灰质炎病毒在 75℃条件下 30 分钟才致死；噬菌体比其宿主细胞耐热，一般在 65～80℃失活。放线菌和霉菌的孢子比营养细胞耐热，76～80℃条件下 10 分钟才能被杀死。细菌的芽孢抗热性最强，通常 100℃以上处理相当长时间才能致死。总体来说，微生物的生长温度范围很广，可在 10～95℃条件下生长，但是特定的某种微生物只能在一定的温度范围内生长。根据最适生长温度的不同可将微生物分为三类：嗜冷微生物、嗜温微生物、嗜热微生物，如表 11-10 所示。

表 11-10　微生物类群的最适温度范围

微生物类群		最低生长温度℃	最适生长温度℃	最高生长温度℃	分布区域
嗜热微生物		25～45	50～60	70～95	温泉、堆肥、土壤
嗜温微生物	室温性	10～20	25～30	40～45	腐生环境
	体温性	10～20	37～40	40～45	寄生环境
嗜冷微生物	专性嗜冷型	−12	5～15	15～20	地球两极
	兼性嗜冷型	−5～0	10～20	25～30	海洋、冷泉、冷藏食品

（1）嗜冷微生物

嗜冷微生物也称低温微生物，是指最适生长温度在15℃或以下，最高生长温度低于20℃，最低生长温度在0℃或更低的微生物。它们大多分布于地球的两极地区或海洋深处，还有的分布在冷泉。引起冷藏、冷冻乳制品腐败的往往属于这类微生物。

（2）嗜温微生物

自然界绝大多数微生物属于嗜温微生物，它们又可以分为室温型和体温型。室温型微生物适于在20℃～25℃条件下生长，如土壤微生物、植物病原微生物。体温型微生物多为人或温血动物病原菌。它们的最适生长温度与其宿主体温相近，在35℃～45℃之间，生长极限温度范围在10℃～45℃，人体寄生菌的最适生长温度为37℃左右。

（3）嗜热微生物

这类微生物的最适生长温度为50℃～60℃，能在45℃～50℃以上温度条件下生长，而在环境温度低于35℃～40℃时，一般不能生长。嗜热微生物多存在于堆肥或温泉中，分布于温泉中的细菌有的可以在接近100℃的高温中生长。乳品工业中常用的德氏乳酸杆菌属于此类，其最适生长温度为45℃～50℃；嗜热脂肪芽孢杆菌在65℃～75℃时生长速率最大。嗜热微生物用于发酵中有很多优点：高温发酵周期短、效率高，有利于非气体物质在发酵液中的扩散和溶解，还可以防止杂菌污染发生，降低冷却处理时所需的成本。由嗜热微生物产生的酶制剂的酶反应温度和耐热性都比嗜温微生物高。

2. 干燥

微生物的生命活动离不开水。干燥会导致细胞失水而造成代谢停滞，甚至死亡。各种微生物对干燥的抵抗力不同，一般来说，产生荚膜的细菌对干燥的抵抗力比不产生荚膜的细菌要强；细菌的芽孢、放线菌及霉菌的孢子对干燥的抵抗力比营养细胞要强；酵母菌的营养细胞对干燥有较强的抵抗能力，在失水后仍可保存几个月。醋酸菌失水后很快就死亡；结核分枝杆菌特别耐干燥，在干燥环境中100℃条件下20分钟仍能生存；链球菌可以用干燥法保存几年而不丧失致病性。休眠孢子抗干燥能力很强，可以在干燥条件下长期不死。

干燥环境条件下，多数微生物代谢停止，处于休眠状态，严重时细胞脱水、蛋白质变性，引起死亡。因此，在日常生活中，常用烘干、晒干或熏干等手段来保存食品和食品发酵工业原料，在实验室则利用真空冷冻干燥法保存菌种。

3. 渗透压

水或其他溶剂经过半透性膜而进行扩散称为渗透。在渗透时溶剂通过半透性膜时的压力称为渗透压，其大小与溶液浓度成正比。

微生物的生活环境必须具有与其细胞相适应的渗透压。突然改变渗透压会使微生物失去活性；微生物常能适应逐渐改变渗透压。不同的渗透压对微生物有不同的影响。

在等渗溶液中，即细胞内溶质浓度与胞外溶液的溶质浓度相等时，微生物细胞不收缩，也不膨胀，保持原形，生命活动最好。常用的生理盐水（0.85%NaCl溶液）即为等渗溶液的一种。

在高渗溶液中，即细胞外溶液溶质浓度大于细胞内溶质浓度时，微生物细胞就会脱水，发生质壁分离，甚至死亡。因此常用高渗溶液来保存食品，如腌渍蔬菜肉类（用5%～30%的食盐）和制作蜜饯（用30%～80%的糖）。

在低渗溶液中，即微生物细胞内溶质浓度大于细胞外环境中溶质浓度时，微生物细胞会吸水膨胀，甚至破裂。低渗破碎细胞法就是根据这一原理来操作的。

在培养微生物时，除了注意培养基的成分外，其浓度也很重要，否则，环境溶液中溶质浓度过高，渗透压就会很大，环境中的水将不能进入微生物细胞，造成细胞内水活度下降，形成生理干燥，细胞内的生物化学反应不能正常进行，细胞的代谢将会停止。

4. 表面张力

液体表面有一种尽可能缩小表面积的力称为表面张力。液体培养基的表面张力与微生物的形态、生长、繁殖有着密切的关系。在常温下纯水的表面张力为 7.2×10^{-4} N/cm，而一般液体培养基的表面张力为 $4.5 \times 10^{-4} \sim 6.5 \times 10^{-4}$ N/cm。多数微生物在这个表面张力下能正常生长，如果将表面张力降低至 4.0×10^{-4} N/cm 以下就会影响微生物的形态、生长和繁殖，使微生物的细胞增大变长，本来能形成菌膜的种类则趋向分散生长。

一些无机盐可以增强溶液的表面张力，如矿泉水的表面张力比较大。许多有机酸、蛋白质、肥皂、多肽和醇等都能降低溶液的表面张力。

凡是能够改变液体表面张力的物质称为表面活性剂，它们可分为阳离子型、阴离子型和非离子型三类。将表面活性剂加入培养基中可以影响微生物细胞的生长和分裂。阴离子表面活性剂有肥皂、十二烷基磺酸钠（SDS）等，其中肥皂是生活中常用的表面活性剂，具有一定的杀菌效力，但比较弱，对肺炎球菌、革兰氏阴性菌、细菌芽孢、结核分枝杆菌无效。一般认为，肥皂的作用是机械除菌，微生物附着于肥皂泡沫中被水冲洗掉；阳离子表面活性剂主要有季铵盐类化合物等。这类表面活性剂有明显的抗菌活性，对革兰氏阳性细菌、革兰氏阴性细菌、真菌、病毒等具有杀菌活性。其作用机制可能有三个方面：①降低表面张力，便于机械除菌。②抑制酶，使蛋白质变性。③破坏细胞膜，造成渗漏。其兼有杀菌和清洁的作用，使用时不受温度影响，低气味、无毒、无腐蚀性、穿透力好，在皮肤消毒、食品加工等方面作为卫生消毒剂，应用十分广泛。常用的季铵盐类化合物有洁尔灭、新洁尔灭、杜灭芬等。

在发酵工业中常用表面活性剂作为消泡剂来消除泡沫，防止发酵罐因泡沫过多发生跑液。过去常用植物油作为消泡剂，近年来，已经采用消泡效果更好的聚醚类表面活性剂代替植物油。表面活性剂的另一用途是改变细胞膜的通透性，使胞内合成的代谢产物能顺利排到胞外。一方面降低了发酵产物在胞内的浓度，减小了产物抑制；另一方面有利于提高发酵产物的产量并简化产物的分离提取。

11.8.2 化学因素的影响

1. 氢离子的影响

环境中的氢离子浓度可以用 pH 值来表示。环境中的 pH 值对微生物生命活动的影响很大，可以引起细胞膜的通透性和膜结构稳定性的变化，影响微生物对营养物质的吸收和代谢过程中酶的活性；改变营养物离子化程度及有害物质的毒性。

在微生物生长过程中机体内发生的绝大多数的反应是酶促反应，而酶促反应都有一个最适 pH 值范围，在此范围内只要条件适合，酶促反应速率最高，微生物生长速率最大，因此微生物生长也有一个最适生长的 pH 值范围。除此之外，与温度对微生物的影响类似，每种微生物还有其生存最低 pH 值和最高 pH 值。

大多数细菌、单细胞藻类和原生动物生存的最适 pH 值为 6.5～7.5，在 pH 值为 4～10 时也可以生长；放线菌一般在碱性即 pH 值为 7.5～8.0 条件下最适宜；而酵母菌、霉菌适应于 pH 值为 5.0～6.0 的偏酸性环境。通常自然界的 pH 值为 5.0～9.0，适合大多数微生物的生长。

少数微生物可在低于 pH 值为 2 和高于 pH 值为 10 的极端环境中生长。微生物根据最适生长 pH 值的不同，可以分为嗜酸性微生物、嗜中性微生物和嗜碱性微生物。

（1）嗜酸性微生物

能够在 pH 值为 4.5 以下环境中生长的微生物称为嗜酸微生物。真菌比细菌更耐酸，很多真菌最适 pH 值为 5.0 甚至更低，有的种类甚至可以在 pH 值为 2.0 的条件下很好地生长。有些细菌是专性嗜酸的，在中性 pH 值环境根本不生长，如硫杆菌属、硫化叶菌属。中性 pH 值对专性嗜酸微生物有毒害作用。其机制可能是由于高浓度氢离子是膜稳定所必需的，当 pH 升高到中性时，导致这类微生物的原生质膜发生裂解，细胞破碎。

（2）嗜中性微生物

生长环境的 pH 值范围是 5.4～8.5 的微生物称为嗜中性微生物。引起人类疾病的大多数微生物属于嗜中性微生物。

（3）嗜碱性微生物

生长环境的 pH 值范围是 7.0～11.5 的微生物称为嗜碱性微生物，它们通常存在于碱湖、含高碳酸盐的土壤等碱性环境中。大多数嗜碱微生物是好气性的非海洋细菌，很多是杆菌。有些极端嗜碱菌也是嗜盐菌，其中大多数是古细菌。

同一种微生物在不同的生长阶段和不同生理生化过程中，对 pH 值也有不同的要求，这对发酵生产中的 pH 值控制尤为重要。例如，黑曲霉在 pH 值为 2.0～2.5 范围内有利于产柠檬酸，在 pH 值为 2.5～6.5 范围内以菌体生长为主，而在 pH 值为 7 时则以合成草酸为主。又如丙酮丁醇梭菌在 pH 值为 5.5～7.0 时，以菌体生长繁殖为主，pH 值为 4.3～5.3 时才进行丙酮和丁醇发酵。因此，在发酵过程中，根据不同的目的常采用变动 pH 值的方法提高生产效率。

虽然微生物可以在较广的 pH 值范围的环境中生长，但各种微生物细胞内的 pH 值多接近于中性。这样，就免除了 DNA、ATP 和叶绿素等重要成分被酸破坏，或 RNA、磷脂类等被碱破坏。一般胞内酶的最适 pH 值都接近中性，而周质空间中的酶和胞外酶的最适 pH 值则较接近环境的 pH 值。

微生物在低于最低生长 pH 值和高于最高生长 pH 值的环境中都不能生长，所以，强酸或强碱具有杀菌作用。一般无机酸如硫酸、盐酸等杀菌力虽强，但腐蚀性太大，不适于作为杀菌剂。而某些有机酸如苯甲酸等可以作为防腐剂。酸菜、饲料青贮则是利用乳酸菌发酵产生的乳酸抑制腐败性微生物的生长，使之得以长久保存。强碱可以用作杀菌剂，但它们毒性广，其用途局限于对排泄物及仓库、棚舍等环境的消毒。强碱对革兰氏阴性细菌与病毒比对革兰氏阳性细菌作用强，如结核分枝杆菌抗碱力特强。

2. 氧化还原电位

氧化还原电位（Eh）可以表示物质的氧化还原能力，对微生物的生长有明显的影响。环境中的 Eh 主要与氧分压有关，也与 pH 值有关。一般来说，环境的 pH 值低时，氧化还原电位高；pH 值高时，氧化还原电位低。O_2 分压高时，氧化还原电位高；O_2 分压低时，氧化还原电位低。

微生物代谢活动常消耗氧气并产生维生素 C、硫化氢、含硫氢化物等还原性物质（半胱氨酸、谷胱甘肽等），使 Eh 降低。向培养菌中通入空气或加入氧化剂可以提高 Eh；加入还原性物质可以降低 Eh。分子氧在培养基中溶解度很低，影响微生物生长的是溶于水中的溶解氧。

根据微生物适合生长的环境可以分为好氧性微生物和厌氧性微生物。一般好氧性微生物在

Eh 大于 0.1V 的环境中均可生长，最适 Eh 在 0.3～0.4V。厌氧性微生物只能在小于 0.1V 的环境中生长。

好氧微生物又可以分为专性好氧性微生物、兼性好氧性微生物和微好氧微生物。专性好氧微生物必须在有氧条件下生长，有完整的呼吸链，以氧气为最终电子受体，细胞内含超氧化物歧化酶（SOD）和过氧化氢酶。多数细菌和大多数真菌属于专性好氧微生物。

兼性好氧性微生物在有氧和无氧的条件下都能生长，但在这两种情况下代谢途径并不相同，它在有氧的时候进行有氧呼吸，在无氧的情况下进行酵解或无氧呼吸，其产物也各不相同，例如，谷氨酸发酵时，通气量充足产谷氨酸，通气量不足则产生乳酸或琥珀酸。许多酵母菌和细菌属于兼性好氧微生物，如酵母菌、肠杆菌科的细菌等。

微好氧微生物只能在较低的氧分压下生活，一些氢单胞菌属、发酵单胞菌属和弯曲菌属的种及霍乱弧菌属于这一类。

厌氧微生物又分为耐氧性微生物和专性厌氧性微生物。耐氧性微生物不能利用氧气，但氧气的存在对它们无害，它们没有呼吸链，只能通过酵解获取能量，细胞内存在 SOD 和过氧化物酶，但缺乏过氧化氢酶，多数乳酸菌都是耐氧性微生物。专性厌氧微生物不能利用氧气，氧气的存在对它们的生存能造成损害，即使短时接触空气，生长也会被抑制甚至致死。

11.9　实训项目

11.9.1　玻璃器皿的清洗、包扎及灭菌

1. 实训目的

（1）熟悉微生物实验所需的各种常用器皿名称和规格。
（2）掌握对各种器皿的清洗方法。
（3）学会电热干燥箱的操作。
（4）学会常用玻璃器皿的包扎。

2. 实训原理

为了保证实验顺利进行，要求把实验用器皿清洗干净。保持灭菌后呈无菌状态，需要对培养皿、吸管等进行妥善包扎。试管和三角瓶要做棉塞。这些工作看来很普通，如操作不当或不按规定要求去做，会导致实验的失败。因此应看做是微生物实验的基本操作。

1）玻璃器皿洗涤方法

（1）新玻璃器皿

新玻璃器皿中含有游离碱，一般先将其浸于 2% 的盐酸溶液中数小时，然后用自来水清洗干净。也可以将器皿先用热水浸泡，再用去污粉或肥皂粉刷洗，最后经过热水洗刷、自来水清洗，待干燥后，灭菌备用。

（2）用过的玻璃器皿

①试管或三角瓶的洗刷：盛有废弃物的试管或三角瓶因其内含大量微生物，洗刷前应先经过高压蒸汽灭菌。对只带有细菌标本或培养物的试管等玻璃器皿，用过后应立即将其浸于 2% 的来苏尔消毒水中，经 24 小时后，才可以取出洗刷。

②培养皿的清洗：用过的器皿中往往有废弃的培养基，需先经高压蒸汽灭菌或沸水煮沸

30 分钟后，倒掉污物，方可清洗。如果灭菌条件不便，可以将皿中的培养基刮出来，倒在一起，以便统一处理。洗刷时，先用热水洗一遍，再用洗衣粉或去污粉擦洗，然后用自来水冲洗干净，将平皿全部向下，一个压着一个，扣于洗涤架上或桌子上。

③吸管的清洗：吸过菌液的吸管用完后应放入装有 5%石炭酸溶液的高玻璃筒内消毒；未吸过菌液的吸管，用后放入清水中，防止干燥；吸过带油液体的吸管，应先在 10%的氢氧化钠溶液中浸泡半小时，去掉油污，方可清洗。如果吸管经以上处理仍留有污垢，可以再置于洗液中浸泡 1 小时，再进行清洗。

④载玻片和盖玻片的清洗：用过的载玻片与盖玻片如滴有香柏油，要先擦去香柏油或浸在二甲苯内摇晃几次，使油垢溶解，再在肥皂水中煮沸 5～10 分钟，用软布或脱脂棉花擦拭，立即用自来水冲洗，然后在稀洗液中浸泡 0.5～2 小时，自来水冲洗去洗液，最后用蒸馏水换洗几次，待干后浸于 95%乙醇中保存备用。使用时在火焰上烧去乙醇。用此法洗涤和保存的载玻片和盖玻片清洁透亮，没有水珠。

检查过活菌的载玻片或盖玻片应先在 2%煤酚皂溶液或 0.25%新洁尔灭溶液中浸泡 24 小时，然后按上述方法洗涤和保存。

2）玻璃器皿洗涤时注意事项

（1）任何洗涤方法，都不应对玻璃器皿有所损伤，所以不能用有腐蚀作用的化学药剂，也不能使用比玻璃硬度大的物品来擦拭玻璃器皿。

（2）一般新的玻璃器皿用 2%的盐酸溶液浸泡数小时，用水充分洗干净。

（3）用过的器皿应立即洗涤，有时放置太久会增加洗涤困难。

（4）难洗涤的器皿不要与易洗涤的器皿放在一起。有油的器皿不要与无油的器皿放在一起，否则使本来无油的器皿也沾上了油垢，浪费药剂和时间。

（5）强酸、强碱、琼脂等腐蚀或阻塞管道的物质不能直接倒在洗涤槽内，必须倒在废液缸内。

（6）含有琼脂培养基的器皿，可以先用小刀或铁丝将器皿中的琼脂培养基刮去，或把它们用水蒸煮，待琼脂融化后趁热倒出，然后用水洗涤。

（7）洗涤后的器皿应达到玻璃能被水均匀湿润而无条纹和水珠。

3）玻璃器皿包扎

为了灭菌后仍保持无菌状态，各种玻璃器皿均需包扎。

（1）培养皿：培养皿洗净烘干后每 10 套叠在一起，用牢固的纸卷成一筒，外面用绳子捆扎，以免散开，做好标签后进行灭菌。到使用时在无菌室中才打开取出培养皿。也可将洗净烘干后的培养皿每 10 套放入一个特制的金属（不锈钢或铁皮）圆形平皿筒中（见图 11-34），加盖，灭菌备用。

（2）吸管（移液管）：洗净烘干后的吸管在口吸的一端用尖头镊子或针塞入少许脱脂棉花，以防止菌体误吸口中以及口中的微生物通过吸管而进入培养物中造成污染。塞入棉花的量要适宜，棉花不宜露在吸管口的外面，多余的棉花可用酒精灯的火焰把它烧掉。棉花要塞得松紧适当，若过紧吹吸液体会太费劲，过松则吹气时棉花会下滑。每支吸管用一条宽约 4～5 cm，以 45°左右的角度螺旋形卷起来，吸管的尖端在头部，吸管的另一端用剩余纸条捻打成结（见图 11-35 吸管的包扎），以免散开，然后标上容量。最后若干支吸管扎成一束，送去灭菌。使用时从吸管中间拧断纸条抽出吸管。

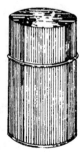

1　　　　　2

图 11-34　装培养皿的金属筒
1. 内部框架；2. 带盖外筒

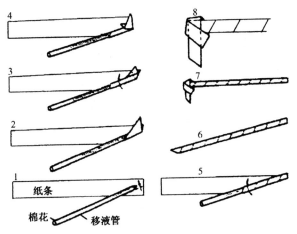

图 11-35 吸管的包扎

（3）试管和三角瓶：试管和三角瓶都要作合适的棉花塞。棉花塞的作用是起过滤作用，避免空气中的微生物进入试管或三角瓶。棉花塞的制作要求使棉花塞紧贴玻璃壁，没有皱纹和缝隙，不能过松或过紧。过紧则易挤破管口和不易塞入，过松则易掉落和污染。棉花塞的长度不少于管口直径的二倍，约 2/3 塞进管口（棉塞的制作见图 11-36）。若干支试管用绳子扎在一起，在棉花塞部分外包油纸或牛皮纸，再在纸外用线绳扎紧（如图 11-37）。每个三角瓶单独用油纸包扎棉花塞。

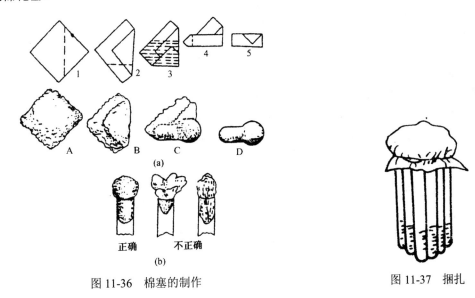

图 11-36 棉塞的制作   图 11-37 捆扎

4）干热灭菌

干热灭菌又称热空气灭菌，是利用高温使微生物细胞内的蛋白质凝固变性的原理。细胞中蛋白质凝固与含水量有关。含水量越大，凝固越快；反之，凝固越慢。因此干热灭菌所需的温度和时间要高于湿热灭菌。干热灭菌可以在恒温的电烘箱中进行，一般在 160℃温度下，持续 2 小时，即可达到灭菌目的。它适用于各种耐热的空玻璃器皿（如培养皿、试管、吸管等）、金属用具（如牛津杯、手术刀等）和某些其他物品（如石蜡油）的灭菌。但带有胶皮、塑料的物品、液体及固体培养基不能用干热灭菌。

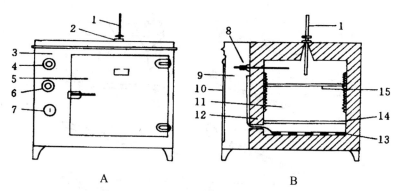

A   B

图 11-38　电烘箱的外观和结构

A. 外观　　B. 结构

1. 温度计；2. 排气阀；3. 箱体；4. 控温器旋钮；5. 箱门；6. 指示灯；7. 加热开关；
8. 温度控制阀；9. 控制室；10. 侧门；11. 工作室；12. 保温层；13. 电热器；14. 散热板；15. 搁板

干热灭菌的具体步骤：

（1）装料：将待灭菌的物品包扎好放入电烘箱内（见图 11-38），关好箱门。注意物品不能摆得太挤，以免影响热空气流通；用纸包扎的物品不能接触电烘箱内壁，以免着火。

（2）升温：接通电源，打开电烘箱排气孔，排除箱内湿空气；旋动恒温调节器至红灯亮，让温度逐渐上升。当温度升至 100℃ 时，关闭排气孔。在升温过程中，如果红灯熄灭，绿灯亮，表示箱内停止加温，此时如果还未达到所需的 160℃ 温度，则需转动调节器使红灯再亮，如此反复调节，直至达到所需温度。

（3）恒温：当温度升到 160℃ 时，利用恒温调节器的自动控制，保持此温度 2 小时。灭菌物品用纸包扎或带有棉塞时温度不能超过 170℃。

（4）降温：达到规定的时间后，切断电源，自然降温。

（5）取料：待电烘箱内温度降到 60℃ 以下，打开箱门，取出灭菌物品。箱内温度未降到70℃ 以前，切勿打开箱门，以免骤然降温导致玻璃器皿破裂。

3. 试剂及器材

（1）常用各种玻璃器皿：量筒、三角瓶、试管、培养皿、漏斗、玻璃棒、吸管、防水油纸、载玻片、盖玻片等。

（2）清洗工具和去污粉、肥皂、洗涤液、报纸、棉花等。

（3）电热干燥箱。

4. 实训方法

（1）试管的洗涤、包扎及灭菌的步骤及要求。

操作步骤	操作要点	评价标准
准备工作	把所需的洗涤液、棉花、牛皮纸等准备好	工具准备齐全摆放合理
洗涤	洗涤干净	玻璃能被水均匀湿润而无条纹和水珠
干燥	晾干或烘干	

续表

操作步骤	操作要点	评价标准
做棉塞	按图 11-36 进行棉塞的制作	操作正确、熟练 棉塞合格（棉花塞紧贴玻璃壁，没有皱纹和缝隙，不能过松、过紧，棉花塞的长度不于于管口直径的二倍，约 2/3 塞进管口）
捆扎	若干支试管用绳子放在一起，在棉花塞部分外包油纸或牛皮纸，再在纸外用线绳扎紧	方法正确、熟练 包扎结实
作标签	标明姓名、时间、组别等	
灭菌	140～160℃干热灭菌 1～2 小时	操作过程熟练 排气 计时准确 温度合适

（2）三角瓶的洗涤、包扎及灭菌步骤及要求。

操作步骤	操作要点	评价标准
准备工作	把所需的洗涤液、棉花、牛皮纸等准备好	工具准备齐全摆放合理
洗涤	洗涤干净	玻璃能被水均匀湿润而无条纹和水珠
干燥	晾干或烘干	
做棉塞	按图 11-36 进行棉塞的制作（棉花塞紧贴玻璃壁，没有皱纹和缝隙，不能过松、过紧，棉花塞的长度不于于管口直径的二倍，约 2/3 塞进管口）	操作正确、熟练 棉塞合格
捆扎	在棉花塞部分外包油纸或牛皮纸，再在纸外用线绳扎紧	
作标签	标明姓名、时间、组别等	
灭菌	140～160℃干热灭菌 1～2 小时	操作过程熟练 排气 计时准确 温度合适

（3）移液管的洗涤、包扎及灭菌步骤及要求。

操作步骤	操作要点	评价标准
准备工作	把所需的洗涤液、棉花、牛皮纸等准备好	工具准备齐全摆放合理
洗涤	洗涤干净	玻璃能被水均匀湿润而无条纹和水珠
干燥	晾干或烘干	
做棉塞	在口吸的一端用尖头镊子或针塞入少许脱脂棉花（塞入棉花的量要适宜，棉花要塞得松紧适当），多余的棉花可用酒精灯的火焰把它烧掉	操作正确、熟练 棉塞合格
包扎	每支吸管用一条宽约 4～5 厘米的纸，以 45°左右的角度螺旋形卷起来，吸管的尖端在头部，吸管的另一端用剩余纸条迭打成结（见图 11-35 吸管的包扎），以免散开	方法正确、熟练 包扎结实

操作步骤	操作要点	评价标准
作标签	标明姓名、时间、组别、容量等	
捆扎		捆扎结实
灭菌	140℃～160℃干热灭菌1～2小时	操作过程熟练 排气 计时准确 温度合适

（4）培养皿的洗涤、包扎及灭菌步骤及要求。

操作步骤	操作要点	评价标准
准备工作	把所需的洗涤液、线绳、报纸等准备好	工具准备齐全摆放合理
洗涤	洗涤干净	玻璃能被水均匀湿润而无条纹和水珠
干燥	晾干或烘干	
包扎	每5～10套叠在一起,用牢固的纸卷成一筒,外面用绳子捆扎,以免散开	方法正确 包扎结实
作标签	标明姓名、时间、组别、容量等	
灭菌	140℃～160℃干热灭菌1～2小时	操作过程熟练 排气 计时准确 温度合适

5. 实训结果

总结实训中存在的问题。

6. 问题讨论

（1）管口、瓶口的棉塞所起的作用是什么？
（2）叙述移液管包扎过程。
（3）制作棉塞有哪些要求？

11.9.2 培养基的制备

1. 实训目的

（1）熟悉培养基配制原理。
（2）学会培养基的配制。
（3）学会常用培养基的灭菌。

2. 实训原理

培养基是人工按一定比例配制的供微生物生长繁殖和合成代谢产物所需要的营养物质的混合物。培养基的原材料可分为碳源、氮源、无机盐、生长因素、能源和水。根据微生物的种类和实验目的不同，培养基要选择合适的配比关系；选择合适的理化性质；配后要及时灭菌。

3. 试剂及器材

（1）药品：NaCl、牛肉膏、蛋白胨、1 mol/L NaOH、1 mol/L HCl。

（2）仪器与材料：试管、三角瓶、烧杯（或搪瓷量杯）、量筒、漏斗、玻棒、滴管、吸管、手提式灭菌锅、台秤、纱布、pH 试纸（5.5～9.0）、棉花、牛皮纸、石棉网、线、标签、夹子、牛角匙、铁架。

4. 实训方法

（1）培养基配制内容。

培养基名称	培养基配方	pH 值	灭菌条件	每组配制的量			
				总配量	试管斜面	固体营养 120 mL/250 mL 三角烧瓶	液体培养基 80 mL/250 mL 三角烧瓶
肉膏蛋白胨培养基	见附录一、（九）	7.4～7.6	121℃ 20分钟	400 mL	15 支	2 瓶	1 瓶

（2）制备无菌水。准备无菌水二瓶：100 mL、250 mL 三角烧瓶。

（3）肉膏蛋白胨培养基配制步骤及要求。

操作步骤	操作要点	评价标准
准备工作		工具准备齐全摆放合理
计算	按培养基配方计算出各种药品的用量	计算正确
称量	按计算用天平称取（或量取）各种药品	仪器操作正确 称量准确
溶解	烧杯内加入适量的蒸馏水，放在电炉子上加热，同时按顺序加入各种药品（琼脂除外），边加热边搅拌，直到完全溶解	溶解顺序正确 操作正确 终点判定准确（澄清透明）
定容	加入蒸馏水，定容到 400 mL，搅拌均匀	定容准确
调 pH	用精密的 pH 试纸测其 pH 值，然后用滴管逐滴加入 1 mol/L 的 NaOH 或 1 mol/L 的 HCl，边搅动，边用精密的 pH 试纸测其 pH 值，直到符合要求时为止	不许回调
分装	分装 80 mL 到 250 mL 三角烧瓶中	操作正确 分装准确 不污染管口
溶解琼脂	将称量好的琼脂加入剩余的培养基内，边边加热边搅拌，直到完全溶解	终点判定准确（澄清透明，手推成片）
分装	分装 120 mL 到 250 mL 三角烧瓶中，共分装两瓶并分装 15 支试管	操作正确 分装准确 不污染管口
塞棉塞	做好棉塞，塞棉塞	棉塞较好
包扎	用牛皮纸包扎起来	操作正确 捆扎牢固

续表

操作步骤	操作要点	评价标准
作标签	标明培养基名称、配制日期、配制人等	
灭菌	放在高压蒸汽灭菌锅内灭菌	灭菌操作熟练 排气适合 计时准确 温度合适
摆斜面	拿出培养基，将试管固体培养基趁热摆好斜面	摆放正确

5. 实训结果

总结实训过程中成绩和不足。

6. 问题讨论

（1）培养基配好后，为什么必须立即灭菌？如暂时不灭菌应怎样处理？

（2）如何检查你所配制的培养基是无菌的？

（3）加压蒸汽灭菌为什么要把冷空气排尽？用该法灭菌，应在什么时候才可打开灭菌锅盖？为什么？

11.9.3 微生物的接种、培养及分离技术

1. 实训目的

（1）熟悉接种、培养及分离的概念、原理和方法。

（2）学会常用的接种、培养及分离操作技术。

（3）养成无菌操作意识。

2. 实训原理

在自然界中微生物无处不在，但又不是纯种而是很多微生物混杂在一起的。在进行食品卫生管理方面，需要进行微生物检查；在发酵生产中需要选育优良的微生物菌种，用来提高产品的产量和质量，这都需要将单一微生物分离出来，加以鉴别和研究。要获得某种微生物，首先必须考虑所处的自然环境，再选定分离条件。因为微生物的生长由温度、盐浓度、氧、pH 值、营养等因素控制。微生物的接种、分离和培养是微生物学中主要的技术之一，需要严格的无菌操作，否则使得微生物实验毫无意义。

3. 试剂及器材

（1）菌种：枯草杆菌菌种、大肠杆菌菌种、酵母菌菌悬液、毛霉的孢子悬液等。

（2）培养基：肉汤蛋白胨斜面培养基、察氏液体试管培养基、麦芽汁液体试管培养基。

（3）接种工具：无菌吸管、试管、培养皿、无菌生理盐水、酒精灯、接种环、涂布棒、移液管等。

4. 实训方法

（1）斜面划线接种步骤（见图 11-39）与要求。

操作步骤	操作要点	评价标准
准备工作	①将培养基、接种工具和其他用品全部放在实验台上摆好 ②进行环境消毒（无菌室、超净台） ③在欲接种的培养基试管或平板上贴好标签，标上接种的菌名、操作者，接种日期等。 ④接种人员亦先用肥皂或2%来苏尔洗手，擦干后再用70%～75%酒精擦拭双手	工具准备齐全摆放合理
点酒精灯		操作正确
拿试管	将枯草杆菌斜面菌种（或大肠杆菌斜面菌种）菌种和肉汤蛋白胨斜面培养基两支试管握左手中，使中指位于两试管之间，管内斜面向上，两试管口平齐并处于接近水平位置。也可将试管放在左手掌中央，用手指托住试管	拿法正确
松棉塞	右手将棉塞拧转松动以利接种时拨出，置于酒精灯无菌区内	操作正确
拿接种环	右手拿接种环	拿法正确
烧接种环	将接种针垂直地放在火焰上灼烧至端部发红，其他可能进入试管的部分亦应通过火焰灼烧，以彻底灭菌	操作正确 灭菌彻底
拔棉塞	用右手的小指、无名指及掌心在火焰旁同时拨出两支试管的棉塞	操作正确 无菌区内
管口过火	使管口在火焰上转动灼烧可能存在的杂菌	操作正确
取菌	将烧过的接种针伸入菌种管内，先接触管内斜面上端的培养基或管壁，令其冷却以免烫死菌种，然后轻轻接触菌体取出少许	操作正确 不污染试管 在无菌区内
划线	迅速将接种针上的菌种伸入待接培养基管内，在培养基斜面上由下而上轻轻划线	不污染试管 不通过火焰 划线方法正确 不划破培养基 在无菌区内
管口过火	抽出接种针，将管口在酒精灯火焰上灭菌	操作正确
棉塞过火	棉塞迅速通过火焰两三次以便灭菌	操作正确
塞棉塞	在火焰旁将棉塞塞上。塞棉塞时不要用试管去迎棉塞，以免试管在移动时吸入不洁空气	操作正确 在无菌区内
烧接种环	在酒精灯火焰上烧接种环，以免污染环境	操作正确
灭酒精灯		操作正确
培养	送到培养箱进行培养24小时	
观察、填表	取出培养物，观察微生物生长情况	

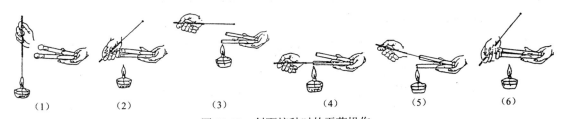

（1）　　　（2）　　　（3）　　　（4）　　　（5）　　　（6）

图11-39　斜面接种时的无菌操作

（1）接种灭菌；（2）开启棉塞；（3）管口灭菌；（4）挑起菌苔；（5）接种；（6）塞好棉塞

（2）静置培养的步骤及要求。

操作步骤		操作要点	评价标准
准备工作		①将培养基、接种工具和其他用品全部放在实验台上摆好 ②进行环境消毒（无菌室、超净台） ③在欲接种的培养基试管或平板上贴好标签，标上接种的菌名、操作者，接种日期等 ④接种人员亦先用肥皂或2%来苏尔洗手，擦干后再用70%~75%酒精擦拭双手	工具准备齐全摆放合理
摇匀菌悬液		枯草芽孢杆菌悬液摇匀	
接种	点酒精灯		操作正确
	拿试管	将枯草芽孢杆菌悬液试管和含牛肉膏蛋白胨培养基试管握左手中，使中指位于两试管之间，两试管口平齐，斜面向上	拿法正确
	拿接种环	右手拿起接种环	拿法正确
	烧接种环	将接种针垂直地放在火焰上灼烧至端部发红，其他可能进入试管的部分亦应通过火焰灼烧，以彻底灭菌	操作正确 灭菌彻底
	拔棉塞	用右手的小指、无名指及掌心在火焰旁同时拔出两支试管的棉塞	操作正确 在无菌区内
	管口过火	使管口在火焰上转动灼烧可能存在的杂菌	操作正确
	取菌	将烧过的接种针伸入菌种管内，先接触管内斜面上端的培养基或管壁，令其冷却以免烫死菌种，然后轻轻接触菌体取出少许	操作正确 不污染试管 在无菌区内
	划线	迅速将接种针上的菌种伸入待接培养基管内，在培养基斜面上由下而上轻轻划线	不污染试管 不通过火焰 划线方法正确 不划破培养基 在无菌区内
	管口过火	抽出接种针，将管口灭菌	操作正确
	塞棉塞	在火焰旁将棉塞塞上。塞棉塞时不要用试管去迎棉塞，以免试管在移动时吸入不洁空气	操作正确
	烧接种环		操作正确
		依照此法将啤酒酵母和大肠杆菌接入含麦芽汁培养基的斜面试管和牛肉膏蛋白胨培养基斜面试管里	
	灭酒精灯		操作正确
培养		送到恒温培养箱中培养（酵母菌培养温度28℃~30℃，枯草芽孢杆菌、大肠杆菌培养温度37℃）24~48小时	
观察、填表		取出培养物，观察微生物生长情况，记录填表	

（3）混合菌种的稀释平板分离的步骤及要求。

操作步骤	操作要点	评价标准
准备工作	①进行环境消毒（无菌室和超净台） ②将培养基、接种工具和其他用品放在实验台上摆好 ③在欲接种的培养基试管或平板上贴好标签，标上接种的菌名、操作者，接种日期等 ④接种人员亦先用肥皂或2%来苏尔洗手，擦干后再用70%~75%酒精擦拭双手	工具准备齐全摆放合理

操作步骤		操作要点	评价标准
系列稀释	摇匀菌悬液	将菌悬液（孢子悬液）摇匀	操作正确
	点酒精灯		操作正确
	烧包扎纸	将移液管包扎纸从中间烧断拧松	操作正确
	拿试管	将含菌悬液和含 9 mL 无菌生理盐水的试管握左手中，使中指位于两试管之间，两试管口平齐	拿法正确
	松棉塞	右手将棉塞拧转松动以利接种时拨出	操作正确
	拿移液管	右手拿移液管除去顶端包扎纸	拿法正确
	拔棉塞	用右手的小指无名指及掌心在火焰旁同时拨出两支试管的棉塞	操作正确 在无菌区内
	去包扎纸	左手的小指无名指除去移液管底端包扎纸	操作正确 在无菌区内
	稀释	吸取菌悬液 1 mL，接入含 9 mL 无菌生理盐水的试管中	操作正确 在无菌区内
	放移液管	将移液管放到管架上	试管在无菌区内
	管口过火	使管口在火焰上转动灼烧可能存在的杂菌	操作正确
	棉塞过火	棉塞迅速在火焰上通过两三次	操作正确
	塞棉塞	在火焰旁将棉塞塞上（塞棉塞时不要用试管去迎棉塞，以免试管在移动时吸入不洁空气），放到试管架上，得到 10^{-1} 的稀释液	操作正确
	系列稀释	依此方法可得到 10^{-2}、10^{-3}、10^{-4}、10^{-5}…的稀释液	
倒平板	培养基熔化	培养基熔化并在 45～50℃ 下保温	操作正确
	拿试管	左手拿合适浓度的稀释液试管，置于酒精灯无菌区内	拿法正确
	松棉塞	右手将棉塞拧转松动以利接种时拔出	操作正确
	拿移液管	右手拿相应稀释度的移液管	拿法正确
	拔棉塞	右手拔棉塞	操作正确
	取菌	吸取稀释液 0.1 mL，置于酒精灯无菌区内	操作正确
	管口过火	试管口在火焰上转动灼烧可能存在的杂菌	操作正确
	塞棉塞	在火焰旁将棉塞塞上，放在试管架上	操作正确
	拿培养皿	左手拿培养皿，在酒精灯上过火，然后在无菌区内打开	操作正确
	接种	右手把稀释液接入培养皿内	操作正确 在无菌区内
	放移液管	左手合上培养皿，右手放下移液管	在无菌区内
	拿三角瓶	右手拿装有培养基的三角瓶，放在酒精灯无菌区内，松棉塞	操作正确
	三角瓶过火	右手小拇指及掌心夹起面塞后拿起三角瓶，瓶口过火	在无菌区内
	倒培养基	左手打开培养皿，右手向培养皿内倒入适量的培养基	操作正确 无菌区内
	混匀	合上培养皿，趁热将培养皿放到操作台上转几圈，以便混匀菌悬液和培养基	操作正确 平板光滑
		依此法可做多个平板	操作正确
		三角瓶过火，放下三角瓶，塞棉塞，放回原处	操作正确

续表

操作步骤	操作要点	评价标准
灭酒精灯		操作正确
培养	送培养箱倒扣培养	
观察、检出	选取合适的菌落，重新接种在新的培养基中	

5. 实训结果

将实验结果填于下表。

菌名	培养基名称	生长情况	接种方法	有无污染及原因	分离菌落形态

6. 问题讨论

（1）为什么从事微生物实验工作的基本要求是无菌操作？
（2）常见的接种方法有哪些？
（3）培养时，将平皿倒置有什么好处？

11.10 本章小结

为了生存微生物必须从环境中吸取营养,通过新陈代谢将其转化成自身新的细胞物质或代谢物。微生物需要的营养物质可以分为碳源、氮源、能源、生长因子、无机盐和水。微生物的营养类型包括光能自养型、光能异养型、化能自养型和化能异养型，营养物质的吸收方式主要有四种，即单纯扩散、促进扩散、主动运输和基团转移。

无菌操作技术是指在微生物的分离、接种及纯培养等的时候防止被其他微生物污染的操作技术。无菌操作技术是微生物实验的基本技术，是保证微生物实验准确和顺利完成的重要技术，在发酵工业中无菌操作技术也是保证发酵顺利进行的重要技术。主要包括以下两方面：创造无菌的培养环境培养微生物和在操作和培养过程中防止一切其他微生物侵入。

当环境条件适宜时，微生物生长繁殖；环境条件不适宜时，微生物的代谢改变，其生长繁殖受到抑制甚至死亡。在工农业生产和人类生活中，微生物的生长繁殖有其有益的方面，同时也可能产生危害有害微生物必须采取有效措施来杀灭或抑制它们，如灭菌、消毒等。

培养基是由人工配成的、适合微生物生长繁殖或累积代谢产物需要的混合营养基质，它是进行科学研究、发酵生产的基础。培养基的设计或选用的原则是选择适宜的营养物质；

营养物质浓度及配比合适；理化条件适宜；应满足培养的目的及经济节约。

一个微生物细胞在合适的外界环境条件下，不断地吸收营养物质，并按其自身的代谢方式进行新陈代谢。如果同化作用的速度超过了异化作用，则其原生质的总量(重量、体积、大小)

就不断增加，于是出现了个体的生长现象。单细胞微生物的生长过程大致可划分为四个阶段：延迟期、对数生长期、稳定期和衰亡期。

接种操作是微生物实验中的一项基本操作，也是发酵生产中的一项基本工作，无论是移植、分离、鉴定以及形态生理研究，都必须进行接种培养，接种的关键在于严格进行无菌操作，操作不慎，染上杂菌，就会导致实验失败甚至菌种丢失。接种方法主要有划线法、浇混法、涂布法、点值法等。

在人为设定的环境中使微生物生长、繁殖的过程叫培养。培养后获得的微生物群体称为培养物。工业规模的培养一般称发酵，根据培养的微生物的数量，微生物的培养可分为纯培养、混菌培养、二元培养。

自然界中微生物种类繁多，而且绝大多数混杂在一起的，有时微生物的纯种在接种、培养等过程中由于操作不当也会被污染，为了得到微生物的纯种，必须把所需目的微生物从混杂的微生物中分离出来，即分离技术。

11.11　思考题

一、名词解释

主动运输　　无菌操作　　培养基　　　接种　　　培养

二、简答

1. 无菌操作主要包括哪两方面？
2. 简述涂布接种的操作步骤。
3. 培养基的制备过程是什么？
4. 配置好的培养基遵循的条件是什么？
5. 微生物分离的方法有哪些？稀释平板法的操作步骤是什么？

第 *12* 章

微生物检测技术

【教学内容】

本章主要介绍食品中微生物污染的来源及途径、微生物检测的程序及方法,通过学习使学生掌握不同食品中微生物检测的程序及几种主要的微生物检测方法。

【教学目标】

☑ 了解食品中微生物污染的来源及途径

☑ 掌握微生物生长的测定方法及原理

☑ 掌握不同食品中微生物检测的程序及方法

基础知识

12.1 食品中微生物污染来源及途径

12.2 微生物生长的测定方法

12.3 微生物检测时的采样、分离及筛选

拓展知识

12.4 大肠杆菌最可能数(MPN)液体试管稀释法

课堂实训

12.5.1 酵母菌细胞计数、出芽率及死亡率的测定

12.5.2 奶粉中细菌总数的测定

12.5.3 奶粉中大肠菌群计数

12.1 食品中微生物污染来源及途径

微生物在自然界中分布十分广泛，不同的环境中存在的微生物类型和数量不尽相同。食品从原料、生产、加工、贮藏、运输、销售到烹饪等各个环节，常常与环境发生各种方式的接触，进而导致微生物的污染。

1. 食品中微生物污染来源

1）环境

土壤中的微生物种类十分庞杂，数量可达 107～109 个/g。其中细菌占有比例最大，可达 70%～80%，放线菌占 5%～30%，其次是真菌、藻类和原生动物。空气中的微生物主要为霉菌、放线菌的孢子和细菌的芽孢及酵母。淡水中数量最大的是 G-细菌，如变形杆菌属、大肠杆菌、产气肠杆菌和产碱杆菌属等，以及芽孢杆菌属、弧菌属和螺菌属等。海洋中则存在假单胞菌、无色杆菌、黄杆菌、微球菌属、芽孢杆菌属和噬纤维菌属，以及可以引起人类食物中毒的病原菌，如副溶血性弧菌。

2）原料

（1）动物性原料：食品中微生物的动物性原料污染来源主要包括畜禽类、蛋类和牛乳等。

①畜禽类：正常机体组织内部一般是无菌的，而畜禽体表、被毛、消化道、上呼吸道等器官总是有微生物存在；患病的畜禽其器官及组织内部可能有微生物存在，如病牛体内可能带有结核杆菌、口蹄疫病毒等。屠宰过程中卫生管理不当将造成微生物广泛污染的机会。

②蛋类：禽类受到微生物的污染后可以通过卵巢、排泄腔和环境等进入蛋中，对禽蛋造成污染。常见的感染菌有雏沙门氏菌、鸡沙门氏菌等。

③牛乳：主要有微球菌属、链球菌属、乳杆菌属。此外，乳房还会受到无乳链球菌、化脓棒状杆菌、乳房链球菌和金黄色葡萄球菌等的污染。患有结核或布氏杆菌病时，牛乳中可能有相应的病原菌存在。

（2）植物性原料：据测定每克粮食中含有几千个以上的细菌。这些细菌多属于假单胞菌属、微球菌属、乳杆菌属和芽孢杆菌属等。此外，粮食中还含有相当数量的霉菌孢子，主要是曲霉属、青霉属、交链孢霉属、镰刀霉属等，还有酵母菌。

3）其他

人体及各种动物体的皮肤、毛发、口腔、消化道、呼吸道均带有大量的微生物。有些菌种是人畜共患病原微生物，如沙门氏菌、结核杆菌、布氏杆菌；在食品加工过程中食品的汁液或颗粒黏附于内表面、食品生产结束时机械设备没有得到彻底的灭菌，都可能使少量的微生物得以在加工设备上大量生长繁殖，成为微生物的污染源。此外，各种包装材料如果处理不当也会带有微生物。

2. 食品中微生物污染的途径

食品在生产加工、运输、贮藏、销售以及食用过程中都可能遭受到微生物的污染，其污染的途径可分为两大类。

（1）内源性污染

凡是作为食品原料的动植物体在生活过程中，由于本身带有的微生物而造成食品的污染称为内源性污染，也称第一次污染。当畜禽受到沙门氏菌、布氏杆菌、炭疽杆菌等病原微生物感染时，畜禽的某些器官和组织内就会有病原微生物的存在。

（2）外源性污染

食品在生产加工、运输、贮藏、销售、食用过程中，通过水、空气、人、动物、机械设备及用具等而使食品发生微生物污染称为外源性污染，也称第二次污染。

①通过水污染：在食品的生产加工过程中，水既是许多食品的原料或配料成分，也是清洗、冷却、冰冻不可缺少的物质，设备、地面及用具的清洗也需要大量用水。

②通过空气污染：空气中的微生物可能来自土壤、水、人及动植物的脱落物和呼吸道、消化道的排泄物，它们可随着灰尘、水滴的飞扬或沉降而污染食品。

③通过人及动物接触污染：从事食品生产的人员的身体、衣帽如不保持清洁，就会有大量的微生物附着其上，通过皮肤、毛发、衣帽与食品接触而造成污染。

④通过加工设备及包装材料污染：在食品的生产加工、运输、贮藏过程中所使用的各种机械设备及包装材料，在未经消毒或灭菌前，会带有不同数量的微生物而成为微生物污染食品的途径。

（3）食品中微生物的消长

食品受到微生物的污染后，其中的微生物种类和数量会随着食品所处环境和食品性质的变化而不断地变化。这种变化所表现的主要特征就是食品中微生物出现的数量增多或减少，即称为食品微生物的消长。

①加工前：无论是动物性原料还是植物性原料都已经不同程度地被微生物污染，加之运输、贮藏等环节，微生物污染食品的机会进一步增加，因而使食品原料中的微生物数量不断增多。

②加工过程中：在食品加工过程中的许多环节和工艺也可能发生微生物的二次污染。在生产条件良好和生产工艺合理的情况下污染会较少，故食品中所含有的微生物总数不会明显增多；如果残留在食品中的微生物在加工过程中有繁殖的机会，则食品中的微生物数量就会出现骤然上升的现象。

③加工后：微生物的数量会迅速上升，当数量上升到一定程度时不再继续上升，相反活菌数会逐渐下降。加工制成的食品如果不再受污染，随着贮藏日期的延长，微生物数量就会日趋减少。

12.2　微生物生长的测定方法

1. 微生物的生长和繁殖方式

微生物的生长是一个复杂的生命活动过程。微生物细胞从环境吸取营养物质，经代谢作用合成新的细胞成分，细胞各组成成分有规律地增长，致使菌体重量增加，这就是微生物的生长。细菌是裂殖，即每个母细胞体积增大最后分裂成两个相同的子细胞，众多无性的子细胞形成一个无性繁殖系。除了裂殖酵母外，多数酵母是出芽繁殖，母细胞在繁殖周期内体积几乎没有变化，无数代出芽繁殖也形成为菌落。丝状真菌的生长是以其顶端延长的方式进行的，在生长过程中产生繁茂的分枝而构成整体。

2. 微生物生长的测定方法

在描述微生物生长时，对不同的微生物和不同的生长状态可以选取不同的指标。通常对于处于旺盛生长期的单细胞微生物，既可以选细胞数，又可以选细胞质量作为生长指标，因为这时这两者是成比例的。对于多细胞微生物的生长（以丝状真菌为代表），则通常以菌丝生长长度或者菌丝重量作为生长指标，如图 12-1 所示。

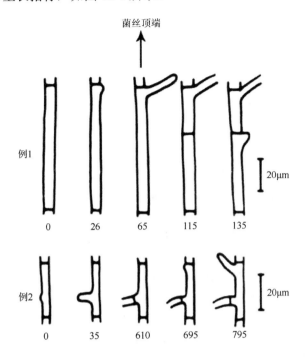

图 12-1　菌丝生长指标

1. 计数器法（适用于单细胞）

也称为血球计数板法，对酵母用 Thoma 血球计数板，对细菌用 Petriff-Hausser 计数器或 Helber 计数器，直接在显微镜下计数。这些计数器的底面都有棋盘式刻度，可以数一定面积内的菌数。Thoma 计数小室和细菌计数小室的深度分别为 0.1 mm 和 0.02 mm。每个方格的体积分别为 $2.5 \times 10^{-4}\,mm^3$ 和 $5 \times 10^{-8}\,mm^3$。Petroff-Hausser 计数小室的玻璃要薄一些，以便于进行暗视野照明。

表 12-1　常用菌数计数法比较

方法	设备	适用菌类	最后稀释浓度（个/mL）	误差（%）	操作
计数器法	血球计数板	细菌、酵母、细胞和孢子	$10^6 \sim 10^8$		菌液吸入计数板与黄片的缝隙中的凹体积内，镜检计数
平皿数	直径 9 cm 的平皿	细菌、酵母、细胞和孢子	$150 \sim 1\,500$	8	以 0.2 mL 最后稀释液滴于琼脂平皿表面，涂布培养计数
稀释法	液体培养基试管	细菌、酵母	$1 \sim 10$	$\frac{1}{3.3} \sim 3.3$	以 10 mL、1 mL、0.1 mL 的最后稀释液各入 5 只试管的培养基中接种

续表

方法	设备	适用菌类	最后稀释浓度（个/mL）	误差（%）	操作
毛细管法	容器 0.5 mL 有刻度毛细管	厌氧细菌 兼性酵母	500～1 000	11	以 0.2 mL 的最后稀释液与 4.5 mL 的 1%融化琼脂培养基相混合，吸入毛细管中凝固、培养、计数
比浊法	光电比色器	细菌	10^6～10^9		培养液应无色，或以对照进行比色

2. 平皿活计数法

（1）采用平皿涂布或混合试样和培养基长出菌落测定活菌数的方法。其操作过程是试样的逐级稀释和在培养基上涂布或试样与融化培养基混合，培养后计数菌落数，由于每一菌落系由一个细胞繁殖而成，因此可以按稀释度与加入试样量计算出活菌数。

（2）平皿活计数法的稀释度选择（见表 12-2）。

一般要求一个直径 9 cm 的平皿上长出 30～300 个菌落，两稀释倍度之比接近 1 为佳。

①以选取菌落数 30～300 之间的培养皿作为菌落总数测定的依据。酵母、细菌可以采用菌落数偏大者，而霉菌则应选取菌落数偏小者。如根、毛霉菌偏多，可以于培养基内加入 0.1% 去氧胆酸钠，以限制它们迅速扩展。总之，菌落计数应以菌落间各个分开为度（例 1）。

②若有两个稀释度，其生长的菌落均在 30～300 之间，则应视两者之比如何来决定。若其比值小于 2，则应取其平均值；若大于 2，则取其较小数（例 2 及例 3）。

③若所有的稀释的平均菌落数大于 300，或重行再次稀释分离培养，或取稀释度最高的平均菌落数乘以稀释倍数为菌落数（例 4）。

④若所有的稀释度的平均菌落数均小于 30，或重行再次稀释分离培养或取稀释度倍数最低的平均菌落数乘以稀释倍数，定为菌落数（例 5）。

⑤若所有稀释度的平均菌落数均不在 30～300 之间，则以最接近 30 成 300 的平均数乘稀释倍数（例 6）。

⑥菌落数在 100 以内，按实有数记录，若大于 100 时，采用二位有效数，二位有效数后的数值，以四舍五入法计算。一般以 10 的指数表示。

表 12-2 稀释度选择与菌落总数的记录方式

例次 \ 稀释倍数	10^{-1}	10^{-2}	10^{-3}	两稀释倍数之比	菌落总数（个/g 或个/mL）	数据记录方式（个/g 或个/mL）
1	1 356	164	20	—	16 400	1.6×10^4
2	2 760	275	46	1.6	37 750	3.8×10^4
3	2 890	271	60	2.2	27 100	2.7×10^4
4	不可计	4 650	513	—	513 000	5.1×10^5
5	27	11	5	—	270	2.7×10^2
6	不可计	305	12	—	30 500	3.1×10^4

（3）比色（比浊）法。

细胞悬浮液的浑浊度通常采用光波长为 600～700 nm 的分光光度计测定。当应用浑浊度测量细胞重量时，重要的是发酵产物和培养基的成分不能吸收在所用的波长范围内的光。

12.3 微生物检测时的采样、分离及筛选

12.3.1 采样

采样前要了解所采样品的来源、加工、贮藏、包装、运输等情况，采样时需要做到：使用的器械和容器须经灭菌，严格进行无菌操作；不得加防腐剂；液体样品应搅拌均匀后采取，固体样品应在不同部位采取以使样品具有代表性；取样后及时送检，最多不得超过 4 小时，特殊情况可冷藏。

1. 固体样品

（1）肉及肉制品

①生肉及脏器：如屠宰后的畜肉，在开腔后用无菌刀割去两腿内侧肌肉 50 g；如系冷藏或市售肉，用无菌刀割去腿肉或其他部位肉 50 g；内脏可以用无菌刀根据需要取适宜检验的脏器。所采样品应及时放入灭菌容器内。

②熟肉及灌肠类肉制品：用无菌刀割取放置不同部位的样品，放入灭菌容器内。

（2）乳及乳制品：散装或大包装，用无菌刀、勺取样，采取不同部位具有代表性的样品；如是小包装则取原包装品。

（3）蛋制品

①鲜蛋：用无菌方法取完整的鲜蛋。

②鸡全蛋粉、巴氏消毒鸡全蛋粉、鸡蛋黄粉、鸡蛋白片：在包装铁箱开口处用 75%酒精消毒，然后用灭菌的取样探子斜角插入箱底，使样品填满取样器后提出箱外，再用灭菌小匙自上、中、下部采样 100～200 g 装入灭菌广口瓶中。

③冰全蛋、巴氏冰全蛋、冰蛋黄、冰蛋白：先将铁听开口处的外部用 75%酒精消毒，而后开盖，用灭菌的电钻由顶到底斜角插入，取出电钻后由电钻中取样，放入灭菌瓶中。

2. 液体样品

原包装瓶样品取整瓶，散装样品可用无菌吸管或匙采取。

3. 罐头

根据厂别、商标、品种来源、生产时间分类采取，视具体情况确定数量。采取原包装放入隔热容器内。

12.3.2 分离

含有一种以上的微生物培养物称为混合培养物（Mixed culture）。如果在一个菌落中所有细胞均来自于一个亲代细胞，那么这个菌落称为纯培养（Pure culture）。在进行菌种鉴定时，所用的微生物一般均要求为纯的培养物。分离纯化的方法如下。

（1）倾注平板法：首先把微生物悬液通过一系列稀释，取一定量的稀释液与熔化好的保持在 40℃～50℃的营养琼脂培养基充分混合，然后把混合液倾注到无菌的培养皿中，待凝固之

后，把平板倒置在恒箱中培养。单一细胞经过多次增殖后形成一个菌落，取单个菌落制成悬液，重复上述步骤数次，即可得到纯培养物，如图 12-2（a）所示。

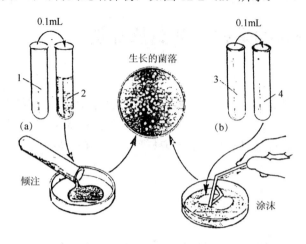

图 12-2　倾注平板法

（a）涂布平板法（b）图解

1. 菌悬液；2. 熔化的培养基；3. 培养物；4. 无菌水

（2）涂布平板法：首先把微生物悬液通过适当的稀释，取一定量的稀释液放在无菌的已经凝固的营养琼脂平板上，然后用无菌的玻璃刮刀把稀释液均匀地涂布在培养基表面上，经恒温培养便可以得到单个菌落，如图 12-2（b）所示。

（3）平板划线法：最简单的分离微生物的方法是平板划线法。用无菌的接种环取培养物少许在平板上进行划线。划线的方法很多，常见的比较容易出现单个菌落的划线方法有斜线法、曲线法、方格法、放射法、四格法等，如图 12-3 所示。当接种环在培养基表面上往后移动时，接种环上的菌液逐渐稀释，最后在所划的线上分散着单个细胞，经培养，每一个细胞长成一个菌落。

（4）富集培养法：创造一些条件只让所需的微生物生长，所需要的微生物能有效地与其他微生物进行竞争，在生长能力方面远远超过其他微生物。所创造的条件包括选择最适的碳源、能源、温度、光、pH 值、渗透压和氢受体等。在相同的培养基和培养条件下经过多次重复移种，最后富集的菌株很容易在固体培养基上长出单菌落。

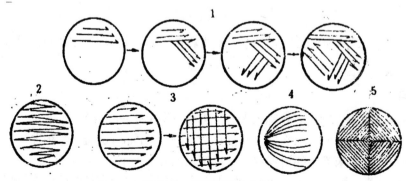

图 12-3　平板划线分离法

1. 斜线法；2. 曲线法；3. 方格法；4. 放射法；5. 四格法

（5）厌氧法：利用装有原培养基的试管作为培养容器，把这支试管放在沸水浴中加热数分钟，以便逐出培养基中的溶解氧。然后快速冷却并进行接种。接种后加入无菌的石蜡于培养基表面，使培养基与空气隔绝。另一种方法是在接种后利用 N_2 或 CO_2 取代培养基中的气体，然后在火焰上把试管口密封。

12.3.3　筛选

平皿快速检测法是利用菌体在特定固体培养基平板上的生理生化反应,将肉眼观察不到的产量性状转化成可见的"形态"变化。具体的有纸片培养显色法、变色圈法、透明圈法、生长圈法和抑制圈法等。

（1）纸片培养显色法：将饱浸含某种指示剂的固体培养基的滤纸片搁于培养皿中，用牛津杯架空，下放小团浸有 3%甘油的脱脂棉以保湿，将待筛选的菌悬液稀释后接种到滤纸上，保温培养形成分散的单菌落，菌落周围将会产生对应的颜色变化。从指示剂变色圈与菌落直径之比可以了解菌株的相对产量性状。

（2）变色圈法：将指示剂直接掺入固体培养基中，进行待筛选菌悬液的单菌落培养，或喷洒在已培养成分散单菌落的固体培养基表面，在菌落周围形成变色圈。

（3）透明圈法：在固体培养基中渗入溶解性差可被特定菌利用的营养成分，造成浑浊、不透明的培养基背景。将待筛选在菌落周围就会形成透明圈，透明圈的大小反映了菌落利用此物质的能力。

（4）生长圈法：利用一些有特别营养要求的微生物作为工具菌，若待分离的菌在缺乏上述营养物的条件下能合成该营养物，或能分泌酶将该营养物的前体转化成营养物，那么在这些菌的周围就会有工具菌生长，形成环绕菌落生长的生长圈。 该法常用来选育氨基酸、核苷酸和维生素的生产菌。

（5）抑制圈法：待筛选的菌株能分泌产生某些能抑制工具菌生长的物质，或能分泌某种酶并将无毒的物质水解成对工具菌有毒的物质，从而在该菌落周围形成工具菌不能生长的抑菌圈。

12.4　大肠杆菌最可能数（MPN）液体试管稀释法

将检样以无菌操作接种于乳糖胆盐发酵管内，采用 3 个稀释度正[1mL（g）、0.1mL（g）和 0.01mL（g）]，每稀释度 3 管。放置于（44±0.5）℃水浴内，培养（24±2）小时，经培养后，若乳糖胆盐发酵管有产气者，则进行证实试验。将所有产气发酵管，分别转种在伊红美蓝琼脂平板上，置（36±1）℃培养 18～24 小时，并同时接种蛋白胨水，置（44±0.5）℃培养 24 小时。在上述平板上观察有无典型菌落生长，并做革兰氏染色镜检。在蛋白胨水内加入靛基质试剂约0.5mL，观察靛基质反应。凡靛基质阳性，平板上有典型菌落者，则证实为粪大肠菌群阳性。根据证实为粪大肠菌群的阳性管数，查 MPN 检索表，报告每 100mL（g）粪大肠菌群的最可能数。

12.5　实训项目

12.5.1　酵母菌细胞计数、出芽率及死亡率的测定

1. 实训目的

（1）了解显微镜直接计数法的原理。

（2）掌握普通光学显微镜的基本使用方法。

（3）掌握酵母细胞生长的规律及计算出芽率和死亡率的方法。

2. 实训原理

显微镜直接计数法是将小量待测样品的悬浮液置于一种特别的具有确定面积和容积的载玻片上，于显微镜下直接计数的一种简便、快速、直观的方法。血球计数板是一块特制的载玻片，其上由四条槽构成三个平台；中间较宽的平台又被一短槽隔成两半，每一边的平台上各自刻有一个方格网，每个方格网共分为九个大格，中间的大方格即为计数室。血细胞计数板构造如图 12-4 和图 12-5 所示。计数室的刻度一般有两种规格，一种是一个大方格分成 25 个中方格，而每个中方格又分成 16 个小方格；另一种是一个大方格分成 16 个中方格，而每个中方格又分成 25 个小方格，但无论是哪一种规格的计数板，每一个大方格中的小方格都是 400 个。每一个大方格边长为 1mm，则每一个大方格的面积为 $1mm^2$，盖上盖玻片后，盖玻片与载玻片之间的高度为 0.1mm，所以计数室的容积为 $0.1mm^3$。

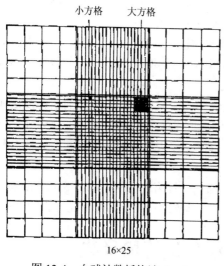

图 12-4　血球计数板构造（一）

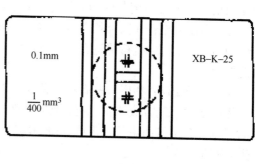
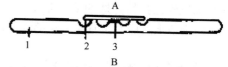

图 12-5　血球计数板构造（二）

1. 血细胞计数板；2. 盖玻片；3. 计数室

3. 试剂及器材

酿酒酵母，血细胞计数平板，显微镜，盖玻片，无菌毛细管等。

4. 实训方法

（1）酵母菌细胞数的测定

①菌悬液制备：以无菌生理盐水将酿酒酵母制成浓度适当的菌悬液。

②镜检计数室：在加样前，先对计数板的计数室进行镜检。若有污物，则需清洗，吹干后才能进行计数。

③加样品：将清洁干燥的血细胞计数板盖上盖玻片，再用无菌的毛细滴管将摇匀的酿酒酵母菌悬液由盖玻片边缘滴一小滴，让菌液沿缝隙靠毛细渗透作用自动进入计数室，一般计数室均能充满菌液。

④显微镜计数：加样后静止 5 分钟，然后将血细胞计数板置于显微镜载物台上，先用低倍镜找到计数室所在位置，然后换成高倍镜进行计数。

若计数区是由 16 个中方格组成，按对角线方位，数左上、左下、右上、右下的 4 个中方格（即 100 小格）的菌数；

如果是 25 个中方格组成的计数区，除数上述四个中方格外，还需数中央 1 个中方格的菌数（即 80 个小格）；

如菌体位于中方格的双线上，计数时则数上线不数下线，数左线不数右线，以减少误差；

如遇酵母出芽，芽体大小达到母细胞的一半时，即作为两个菌体计数。

计数一个样品要从两个计数室中计得的平均数值来计算样品的含菌量。

16×25 型血细胞计数板的计算公式：

$$1\ mL\ 酵母细胞数 = \frac{100 小格内酵母细胞数}{100} \times 400 \times 10^4 \times 稀释倍数$$

25×16 型血细胞计数板的计算公式：

$$1\ mL\ 酵母细胞数 = \frac{80 小格内酵母细胞数}{80} \times 400 \times 10^4 \times 稀释倍数$$

⑤清洗血细胞计数板：使用完毕后，将血细胞计数板在水龙头上用水冲洗干净，切勿用硬物洗刷，洗完后自行晾干或用吹风机吹干。镜检，观察每小格内是否残留菌体或其他沉淀物。若不干净，则必须重复洗涤至干净为止。

（2）酵母菌出芽率的测定

①方法步骤基本同上：观察酵母菌出芽率并计数时，如遇到菌体大小超过细胞本身 50%时，不作芽体计数而作酵母细胞计数。

②计算

$$出芽率 = \frac{芽体数}{细胞总数} \times 100\%$$

5. 注意事项

在计数时通常数五个中方格的总菌数，然后求得每个中方格的平均数，再乘上 25 或 16，就得出一个大方格中的总菌数，然后再换算成 1 mL 菌液中的总菌数。

6. 实训结果

（1）酵母菌细胞数的测定。

	各中格中菌数					中格中总菌数	稀释倍数	二室平均数	菌数/mL
	1	2	3	4	5				
第一室									
第二室									

（2）酵母菌出芽率的测定。

	总酵母菌数	芽体数	出芽率（%）	平均数
第一室				
第二室				

7. 问题讨论

根据体会说明用血细胞计数板计数的误差主要来自哪些方面？

12.5.2 奶粉中细菌总数的测定

1. 实训目的

（1）了解平板菌落技术法的原理。
（2）掌握奶粉中细菌总数测定的技术。
（3）掌握培养基的配制方法。

2. 实训原理

以一定的培养基平板上生长出来的菌落，计算出来的奶粉中细菌总数仅是一种近似值。目前一般是采用普通肉膏蛋白胨琼脂培养基。

3. 试剂与器材

奶粉；恒温培养箱：（36±1）℃，（30±1）℃；冰箱：2℃～5℃；恒温水浴箱：（46±1）℃；天平：感量为 0.1 g；均质器；振荡器；无菌吸管：1 mL（具 0.01 mL 刻度）、10 mL（具 0.1 mL 刻度）或微量移液器及吸头；无菌锥形瓶：容量 250 mL、500 mL；无菌培养皿：直径 90 mm；培养基：肉膏蛋白胨琼脂培养基；无菌水；灭菌三角烧瓶、塞瓶；pH 计、pH 比色管或精密 pH 试纸；放大镜或/和菌落计数器。

4. 实训方法

菌落总数的检验程序如图 12.6 所示。

（1）检样稀释

①以无菌操作，吸取被检样奶粉 25 g 置于有 225 mL 磷酸盐缓冲液或无菌生理盐水的无菌三角瓶中（瓶中先放置适量的无菌玻璃珠），经充分震荡，制成 1:10 的均匀稀释液。

②用 1 mL 无菌吸管或微量移液器吸取 1:10 稀释液 1 mL，沿壁慢慢注入含有 9 mL 无菌生理盐水或无菌水的试管内（注意吸管及吸头尖端不要触及稀释液面），振摇试管或换用 1 支无菌吸管反复吹打使其混合均匀，制成 1:100 的均匀稀释液。

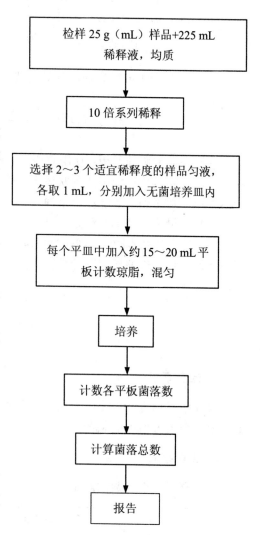

图 12-6　菌落总数的检验程序

③按上述操作继续稀释，制备 10 倍系列稀释样品匀液。每递增稀释一次，换用 1 次 1 mL 无菌吸管或吸头。

④根据食品卫生标准要求或对污染情况的估计，选择 2～3 个适宜稀释度的样品匀液，在进行 10 倍递增稀释时，吸取 1 mL 样品匀液于无菌平皿内，每个稀释度做两个平皿。同时，分别吸取 1 mL 空白稀释液加入两个无菌平皿内作空白对照。

⑤及时将 15～20 mL 冷却至 46℃的平板计数琼脂培养基[可放置于（46±1）℃恒温水浴箱中保温]倾注平板，并转动平皿使其混合均匀。

（2）培养

①待琼脂凝固后，翻转平板，置（36±1）℃温箱内培养（48±2）小时。

②如果样品中可能含有在琼脂培养基表面弥漫生长的菌落时，可在凝固后的琼脂表面覆盖一薄层琼脂培养基（4 mL），凝固后翻转平板，置（36±1）℃温箱内培养（48±2）小时。

（3）菌落计数法

可以用肉眼观察计数也可以用菌落计数器计数，必要时用放大镜检查，以防遗漏，记录稀释倍数和相应的菌落数量。菌落计数以菌落，形成单位（colony-forming units，CFU）表示。到达规定培养时间后应立即计数。如果不能立即计数，应将平板放置于 0～4℃，但不要超过 24 小时。

①选取菌落数在 30～300 CFU 之间、无蔓延菌落生长的平板计数菌落总数。低于 30 CFU 的平板记录具体菌落数，大于 300 CFU 的可记录为多不可计。每个稀释度的菌落数应采用两个平板的平均数。

②其中一个平板有较大片状菌落生长时，则不宜采用，而应以无片状菌落生长的平板作为该稀释度的菌落数；若片状菌落不到平板的一半，而其余一半中菌落分布又很均匀，即可计算半个平板后乘以 2，代表一个平板菌落数。

③当平板上出现菌落间无明显界线的链状生长时，则将每条单链作为一个菌落计数。

5. 注意事项

（1）营养琼脂培养基在使用前要保持在（46±1）℃的温度。

（2）为了控制污染，需要做空白对照。在取样检验的同时，打开一个琼脂糖平板，暴露时间应于检样的整个测定时间相同，放入培养箱中进行培养。

（3）检样过程中，所用到的器皿等都需要进行清洗，灭菌，不得有抑菌物质。

6. 实训结果

（1）菌落总数的计算方法

①若只有一个稀释度平板上的菌落数在适宜计数范围内，计算两个平板菌落数的平均值，再将平均值乘以相应稀释倍数，作为每 g（mL）样品中菌落总数结果。

②若有两个连续稀释度的平板菌落数在适宜计数范围内时，按公式（1）计算：

$$N = \frac{\sum C}{(n_1 + 0.1n_2)d}$$

式中：N——样品中菌落数；

$\sum C$——平板（含适宜范围菌落数的平板）菌落数之和；

n_1——第一稀释度（低稀释倍数）平板个数；

n_2——第二稀释度（高稀释倍数）平板个数；

d——稀释因子（第一稀释度）。

示例：

稀释度	1:100（第一稀释度）	1:1 000（第二稀释度）
菌落数（CFU）	232，244	33，35

$$N = \frac{\sum C}{(n_1 + 0.1n_2)d}$$

$$= \frac{232 + 244 + 33 + 35}{[2 + (0.1 \times 2)] \times 10^{-2}} = \frac{544}{0.022} = 24\ 727$$

上述数据修约后，表示为 25 000 或 2.5×10^4。

③若所有稀释度的平板上菌落数均大于 300 CFU，则对稀释度最高的平板进行计数，其他平板可记录为多不可计，结果按平均菌落数乘以最高稀释倍数计算。

④若所有稀释度的平板菌落数均小于 30 CFU，则应按稀释度最低的平均菌落数乘以稀释倍数计算。

⑤若所有稀释度（包括液体样品原液）平板均无菌落生长，则以小于 1 乘以最低稀释倍数计算。

⑥若所有稀释度的平板菌落数均不在 30～300 CFU 之间，其中一部分小于 30 CFU 或大于 300CFU 时，则以最接近 30 CFU 或 300 CFU 的平均菌落数乘以稀释倍数计算。

（2）菌落总数的报告

①菌落数小于 100 CFU 时，按"四舍五入"原则修约，以整数报告。

②菌落数大于或等于 100 CFU 时，第 3 位数字采用"四舍五入"原则修约后，取前 2 位数字，后面用 0 代替位数；也可用 10 的指数形式来表示，按"四舍五入"原则修约后，采用两位有效数字。

③若所有平板上为蔓延菌落而无法计数，则报告菌落蔓延。

④若空白对照上有菌落生长，则此次检测结果无效。

⑤称重取样以 CFU/g 为单位报告，体积取样以 CFU/mL 为单位报告。

7. 问题讨论

（1）你所测的奶粉的污秽程度如何？

（2）食品检验为什么要测定细菌菌落总数？

（3）食品中检出的菌落总数是否代表该食品上的所有细菌数？为什么？

12.5.3 奶粉中大肠菌群计数

1. 实训目的

（1）了解微生物检验的程序和原理。

（2）掌握 MPN 测定大肠菌群的方法。

2. 实训原理

大肠菌群是指一群在 37℃、24 小时能发酵乳糖，产糖、产酸、产气、需氧和兼性厌氧的革兰氏阴性无芽孢杆菌。主要来自于人畜粪便，故以此作为粪便污染指标来评价食品的卫生质量，也反映了对人体健康危害性的大小，食品中大肠菌群数是以每 100 mL 检样内大肠菌群最可能数（MPN）表示。

3. 试剂与器材

除微生物实验室常规灭菌及培养设备外，其他设备和材料如下：①恒温培养箱：（36±1）℃；②冰箱：2℃～5℃；③恒温水浴箱：（46±1）℃；④天平：感量 0.1 g；⑤均质器；⑥振荡器；⑦无菌吸管：1 mL（具 0.01 mL 刻度）、10 mL（具 0.1 mL 刻度）或微量移液器及吸头；⑧无菌锥形瓶：容量 500 mL；⑨无菌培养皿：直径 90 mm；⑩pH 计、pH 比色管或精密 pH 试纸；⑪菌落计数器。

培养基和试剂

⑫月桂基硫酸盐胰蛋白胨（Lauryl Sulfate Tryptose，LST）肉汤。

⑬煌绿乳糖胆盐（Brilliant Green Lactose Bile，BGLB）肉汤。

⑭结晶紫中性红胆盐琼脂（Violet Red Bile Agar，VRBA）。

⑮磷酸盐缓冲液。

⑯无菌生理盐水。

⑰无菌 1 mol/L NaOH。

⑱无菌 1 mol/L HCl。

4. 实训方法

大肠菌群 MPN 计数的检验程序如图 12-7 所示。

（1）样品的稀释

①固体和半固体样品：称取 25 g 样品，放入盛有 225 mL 磷酸盐缓冲液或生理盐水的无菌均质杯内，8 000～10 000 r/分钟 均质 1～2 分钟，或放入盛有 225 mL 磷酸盐缓冲液或生理盐水的无菌均质袋中，用拍击式均质器拍打 1～2 分钟，制成 1:10 的样品匀液。

②液体样品：以无菌吸管吸取 25 mL 样品置盛有 225 mL 磷酸盐缓冲液或生理盐水的无菌锥形瓶（瓶内预置适当数量的无菌玻璃珠）中，充分混匀，制成 1:10 的样品匀液。

③样品匀液的 pH 值应在 6.5～7.5 之间，必要时分别用 1 mol/L NaOH 或 1 mol/L HCl 调节。

用 1 mL 无菌吸管或微量移液器吸取 1:10 样品匀液 1 mL，沿管壁缓缓注入 9 mL 磷酸盐缓冲液或生理盐水的无菌试管中（注意吸管或吸头尖端不要触及稀释液面），振摇试管或换用 1 支 1 mL 无菌吸管反复吹打，使其混合均匀，制成 1:100 的样品匀液。

根据对样品污染状况的估计，按上述操作依次制成十倍递增系列稀释样品匀液。每递增稀释 1 次，换用 1 支 1 mL 无菌吸管或吸头。从制备样品匀液至样品接种完毕，全过程不得超过 15 分钟。

（2）初发酵试验

每个样品选择 3 个适宜的连续稀释度的样品匀液（液体样品可以选择原液），每个稀释度接种 3 管月桂基硫酸盐胰蛋白胨（LST）肉汤，每管接种 1mL（如接种量超过 1 mL，则用双料 LST 肉汤），（36±1）℃培养 24±2 小时，观察到管内是否有气泡产生，24±2 小时产气者进行复发酵试验，如未产气则继续培养至 48±2 小时，产气者进行复发酵试验。未产气者为大肠菌群阴性。

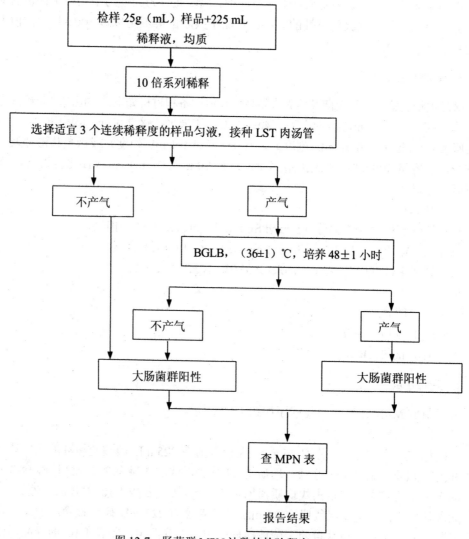

图 12-7　肠菌群 MPN 计数的检验程序

（3）复发酵试验

用接种环从产气的 LST 肉汤管中分别取培养物 1 环，移种于煌绿乳糖胆盐肉汤（BGLB）管中，（36±1）℃培养（48±2）小时，观察产气情况。产气则计为大肠菌群阳性管。

5. 实训结果

大肠菌群最可能数（MPN）的报告。

按复发酵试验确证的大肠菌群 LST 阳性管数，检索 MPN 表（见表 12-3），报告每 g（mL）样品中大肠菌群的 MPN 值。

6. 问题讨论

（1）简述大肠杆菌的检验程序。

（2）大肠菌群的具体含义是什么，检测的实际意义是什么？

表 12-3　大肠菌群最可能数（MPN）检索表

阳性管数			MPN	95%可信限		阳性管数			MPN	95%可信限	
0.10	0.01	0.001		下限	上限	0.10	0.01	0.001		下限	上限
0	0	0	<3.0	□	9.5	2	2	0	21	4.5	42
0	0	1	3.0	0.15	9.6	2	2	1	28	8.7	94
0	1	0	3.0	0.15	11	2	2	2	35	8.7	94
0	1	1	6.1	1.2	18	2	3	0	29	8.7	94
0	2	0	6.2	1.2	18	2	3	1	36	8.7	94
0	3	0	9.4	3.6	38	3	0	0	23	4.6	94
1	0	0	3.6	0.17	18	3	0	1	38	8.7	110
1	0	1	7.2	1.3	18	3	0	2	64	17	180
1	0	2	11	3.6	38	3	1	0	43	9	180
1	1	0	7.4	1.3	20	3	1	1	75	17	200
1	1	1	11	3.6	38	3	1	2	120	37	420
1	2	0	11	3.6	42	3	1	3	160	40	420
1	2	1	15	4.5	42	3	2	0	93	18	420
1	3	0	16	4.4	42	3	2	1	150	37	420
2	0	0	9.2	1.4	38	3	2	2	210	40	430
2	0	1	14	3.6	42	3	2	3	290	90	1 000
2	0	2	20	4.5	42	3	3	0	240	42	1 000
2	1	0	15	3.7	42	3	3	1	460	90	2 000
2	1	1	20	4.5	42	3	3	2	1 100	180	4 100
2	1	2	27	8.7	94	3	3	3	>1 100	420	—

注 1：本表采用 3 个稀释度[0.1 g（mL）、0.01 g（mL）和 0.001 g（mL）]，每个稀释度接种 3 管。

注 2：表内所列检样量如改用 1 g（mL）、0.1g（mL）和 0.01 g（mL）时，表内数字应相应降低 10 倍；如改用 0.01g（mL）、0.001 g（mL）、0.000 1 g（mL）时，则表内数字应相应增高 10 倍，其余类推。

12.6　本章小结

　　微生物在自然界中分布十分广泛，不同的环境中存在的微生物类型和数量不尽相同。食品从原料、生产、加工、贮藏、运输、销售到烹饪等各个环节，常常与环境发生各种方式的接触，进而导致微生物的污染。食品中微生物的污染来源主要有环境、原料；污染途径分为内源性污染和外源性污染两大类。

　　微生物生长的测定方法有计数器法、平皿活计数法及比浊法。微生物检测的分离方法有倾注平板法、涂布平板法、平板划线法、富集培养法及厌氧法。

12.7　思考题

一、名词解释

内源性污染　　外源性污染　　食品微生物的消长

二、简答

1. 食品微生物的外源性污染主要有哪些途径？

2. 简述加工过程中微生物的消长情况。

3. 微生物生长的测定方法有哪些？

实验常用培养基及制备

1. 糖发酵管

（1）成分

牛肉膏	5 g	蛋白胨	10 g
氯化钠	3 g	磷酸二氢钠（Na$_2$HPO$_4$·12H$_2$O）	2 g
0.2%溴麝香草酚蓝溶液	12 mL		
蒸馏水	1 000 mL	pH 值 7.4	

（2）制法

①葡萄糖发酵管按上述成分配好后，按 0.5%加入葡萄糖，分装于有一个倒置小管的小试管内，121℃高压灭菌 15 分钟。

②其他各种糖发酵管可按上述成分配好后，分装每瓶 100 mL，121℃高压灭菌 15 分钟。另将各种糖类分别配好 10%溶液，同时高压灭菌。将 5 mL 糖溶液加入于 100 mL 培养基内，以无菌操作分装小试管。

（注：蔗糖不纯，加热后会自行水解者，应采用过滤法除菌。）

（3）试验方法 从琼脂斜面上挑取小量培养物接种，于（36±1）℃培养，一般观察 2～3d。迟缓反应需观察 14～30d。

2. 缓冲葡萄糖蛋白胨水（MR 和 VP 试验用）

（1）成分

磷酸氢二钾	5 g	葡萄糖	5 g
多胨	7 g	蒸馏水	1 000 mL
pH 值 7.0			

（2）制法

溶化后校正 pH 值，分装试管，每管 1mL，121℃高压灭菌 15 分钟。

（3）甲基红（MR）试验：自琼脂斜面挑取少量培养物接种本培养基中，于（36±1）℃培养 2～5d，哈夫尼亚菌则应在 22℃～25℃培养。滴加甲基红试剂一滴，立即观察结果。鲜红色为阳性，黄色为阴性。

甲基红试剂配法：10 mg 甲基红溶于 30 mL95%乙醇中，然后加入 20 mL 蒸馏水。

（4）V-P 试验：用琼脂培养物接种本培养基中，于（36±1）℃培养 2～4d。哈夫尼亚菌则应在 22℃～25℃培养。加入 6%α-萘酚-酒精溶液 0.5 mL 和 40%氢氧化钾溶液 0.2 mL，充分

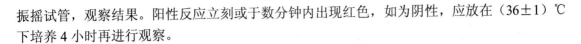

振摇试管，观察结果。阳性反应立刻或于数分钟内出现红色，如为阴性，应放在（36±1）℃下培养4小时再进行观察。

3. 葡萄糖铵培养基

（1）成分

氯化钠	5 g	硫酸镁（MgSO$_4$·7H$_2$O）	0.2 g
磷酸二氢铵	1 g	磷酸氢二钾	1 g
葡萄糖	2 g	琼脂	20 g
0.2%溴麝香草酚蓝溶液	40 mL	蒸馏水	1 000 mL

pH 值 6.8

（2）制法：先将盐类和糖溶解于水内，校正 pH 值，再加琼脂加热溶化，然后加入指示剂，混合均匀后分装试管，121℃高压灭菌15分钟，放成斜面。

（3）试验方法：用接种针轻轻触及培养物的表面，在盐水管内作成极稀的悬液，肉眼观察不见混浊，以每一接种环内含菌数在20～100之间为宜。将接种环灭菌后挑取菌液接种，同时再以同法接种普通斜面一支作为对照。于（36±1）℃培养24小时，阳性者葡萄糖铵斜面上有正常大小的菌落生长；阴性者不生长，但在对照培养基上生长良好。如在葡萄糖铵斜面生长极端小的菌落可视为阴性结果。

（注：容器使用前应用清洁液浸泡。再用清水、蒸馏水冲洗干净，并用新棉花作成棉塞，干热灭菌后使用。如果操作时不注意，有杂质污染时，易造成假阳性的结果。）

4. 氰化钾（KCN）培养基

（1）成分

蛋白胨	10 g	氯化钠	5 g
磷酸二氢钾	0.225 g	磷酸氢二钠	5.64 g
蒸馏水	1 000 mL	0.5%氰化钾溶液	20 mL

pH 值 7.6

（2）制法：将除氰化钾以外的成分配好后分装烧瓶，121℃高压灭菌15 min。放在冰箱内使其充分冷却。每100 mL 培养基加入0.5%氰化钾溶液20 mL（最后浓度为1:1 000），分装于12×100 mm 灭菌试管，每管约4mL，立刻用灭菌橡皮塞塞紧，放在4℃冰箱内，至少可保存2个月。同时，将不加氰化钾的培养基作为对照培养基，分装试管备用。

（3）试验方法：将琼脂培养物接种于蛋白胨水内成为稀释菌液，挑取 1 环接种于氰化钾（KCN）培养基。并另挑取1 环接种于对照培养基。在（36±1）℃培养1～2d，观察结果。如有细菌生长即为阳性（不抑制），经2d细菌不生长为阴性（抑制）。

（注：氰化钾是剧毒药物，使用时应小心，切勿沾染，以免中毒。夏天分装培养应在冰箱内进行。试验失败的主要原因是封口不严，氰化钾逐渐分解，产生氢氰酸气体逸出，以致药物浓度降低，细菌生长，因而造成假阳性反应。试验时对每一环节都要特别注意。）

5. 肉浸液肉汤

（1）成分

绞碎牛肉	500 g	氯化钠	5 g
蛋白胨	10 g	磷酸氢二钾	2 g

蒸馏水　　　　　　　　　　　　　　1 000 mL

（2）制法：将绞碎之去筋膜无油脂牛肉 500g 加蒸馏水 1 000 mL，混合后放冰箱过夜，除去液面之浮油，隔水煮沸 0.5 小时，使肉渣完全凝结成块，用绒布过滤，并挤压收集全部滤液，加水补足原量。加入蛋白胨、氯化钠和磷酸盐，溶解后校正 pH 值为 7.4～7.6 煮沸并过滤，分装烧瓶，121℃高压灭菌 30 分钟。

6. 血琼脂

（1）成分

pH 值 7.4～7.6 豆粉琼脂　　　　　　100 mL
脱纤维羊血（或兔血）　　　　　　　5～10 mL

（2）制法：加热溶化琼脂，冷至 50℃，以灭菌手续加入脱纤维羊血，摇匀，倾注平板。亦可分装灭菌试管，置成斜面，亦可用其他营养丰富的基础培养基配制血琼脂。

7. 营养琼脂

（1）成分

蛋白胨　　　　10 g　　　　牛肉膏　　　　3 g
氯化钠　　　　5 g　　　　　琼脂　　　　　15～20 g
蒸馏水　　　　1 000 mL

（2）制法：将除琼脂以外的各种成分溶解于蒸馏水内，加入 15%氢氧化钠溶液约 2 mL，校正 pH 值至 7.2～7.4。加入琼脂，加热煮沸，使琼脂溶化。分装烧瓶，121℃高压灭菌 15 分钟。

（注：此培养基可供一般细菌培养之用，可倾注平板或制成斜面。如用于菌落计数，琼脂量为 1.5%；如做成平板或斜面，则应为 2%。）

8. 营养肉汤

（1）成分

蛋白胨　　　　10 g　　　　牛肉膏　　　　3 g
氯化钠　　　　5 g　　　　　蒸馏水　　　　1 000 mL
pH 值 7.4

（2）制法：按上述成分混合，溶解后校正 pH 值，分装烧瓶，每瓶 225 mL，121℃高压灭菌 15 分钟。

9. 肉膏蛋白胨培养基

（1）成分

蛋白胨　　　　10 g　　　　牛肉膏　　　　5 g
氯化钠　　　　5 g　　　　　蒸馏水　　　　1 000 mL
pH 值 7.2

（2）制法：0.1 MPa 灭菌 20 分钟。如配制固体培养基，需加琼脂 15～20 g；如配制固体培养基，则加琼脂 7～8 g。

10. 乳糖胆盐发酵管

（1）成分

蛋白胨	20 g	猪胆盐（或牛、羊胆盐）	5 g
乳糖	10 g	0.04%溴甲酚紫水液	25 mL
蒸馏水	1 000 mL	pH 值 7.4	

（2）制法：将蛋白胨、胆盐及乳糖溶于水中，校正 pH 值，加入指示剂，分装每管 10 mL，并放入一个小导管，115℃高压灭菌 15 分钟。

（注：双料乳糖胆盐发酵管除蒸馏水外，其他成分加倍。）

11. 乳糖发酵管

（1）成分

| 蛋白胨 | 20 g | 乳糖 | 10 g |
| 0.04%溴甲酚紫水溶液 | 25 mL | 蒸馏水 | 1 000 mL |

pH 值 7.4

（2）制法：将蛋白胨及乳糖溶于水中，校正 pH 值，加入指示剂后，按检验要求分装 30 mL、10 mL 或 3 mL，并放入一个小导管，115℃高压灭菌 15 分钟。

（注：① 双料乳糖发酵管除蒸馏水外，其他成分加倍。

② 30 mL 和 10 mL 乳糖发酵管专供酱油及酱类检验用，3 mL 乳糖发酵管供大肠菌群证实试验用。）

12. 缓冲蛋白胨水（BP）

（1）成分

蛋白胨	10 g	氯化钠	5 g
磷酸氢二钠（$Na_2HPO_4 \cdot 12H_2O$）	9 g	磷酸二氢钾	1.5 g
蒸馏水	1 000 mL	pH 值 7.2	

（2）制法：按上述成分配好后以大烧瓶装，121℃高压灭菌 15 分钟。临用时无菌分装每瓶 225 mL。

（注：本培养基供沙门氏菌前增菌用。）

13. 氯化镁孔雀绿增菌法（MM）

（1）甲液

| 胰蛋白胨 | 5 g | 氯化钠 | 8 g |
| 磷酸二氢钾 | 1.6 g | 蒸馏水 | 1 000 mL |

（2）乙液

| 氯化镁（化学纯） | 40 g | 蒸馏水 | 100 mL |

（3）丙液：0.4%孔雀绿水溶液

（4）制法：分别按上述成分配好后，121℃高压灭菌 15 分钟备用。临用时取甲液 90 mL、乙液 9 mL、丙液 0.9 mL，以无菌操作混合即可。

（注：本培养基亦称 Rappaport10（R_{10}）增菌液。）

14. GB 增菌液

（1）成分

胰蛋白胨	20 g	葡萄糖	1 g
甘露醇	2 g	柠檬酸钠	5 g
去氧胆酸钠	0.5 g	磷酸氢二钾	4 g
磷酸二氢钾	1.5 g	氯化钠	5 g
蒸馏水	1 000 mL	pH 值 7.0	

（2）制法：按上述成分配好，加热使溶解，校正 pH 值。分装每瓶 225 mL，115℃高压灭菌 15 分钟。

15. DHL 琼脂（DeOXyCholate Hydrogen Sulfide Lactose Agar）

（1）成分

蛋白胨	20 g	牛肉膏	3 g
乳糖	10 g	蔗糖	10 g
去氧胆酸钠	1 g	硫代硫酸钠	2.3 g
柠檬酸钠	1 g	柠檬酸铁铵	1 g
中性红	0.03 g	琼脂	18～20 g
蒸馏水	1 000 mL	pH 值 7.3	

（2）制法：将除中性红和琼脂以外的成分溶解于 400 mL 蒸馏水中，校正 pH 值，再将琼脂于 600mL 蒸馏水中煮沸溶解，两液合并，并加入 0.5%中性红水溶解 6mL，待冷至 50～55℃，倾注平板。

16. SS 琼脂

（1）基础培养基

牛肉膏	5 g	胨胨	5 g
三号胆盐	3.5 g	琼脂	17 g
蒸馏水	1 000 mL		

将牛肉膏，胨胨和胆盐溶解于 400 mL 蒸馏水中，将琼脂加入于 600 mL 蒸馏水中，煮沸使其溶解，再将二液混合，121℃高压灭菌 15 分钟，保存备用。

（2）完全培养基

基础培养基	1 000 mL	乳糖	10 g
柠檬酸钠	8.5 g	硫代硫酸钠	8.5 g
10%柠檬酸溶液	10 mL	1%中性红溶液	2.5 mL
0.1%煌绿溶液	0.33 mL		

加热溶化基础培养基，按比例加入上述染料以外之各成分，充分混合均匀，校正至 pH 值为 7.0，加入中性红和煌绿溶液，倾注平板。

（注：① 制好的培养基宜当日使用，或保存于冰箱内于 48 小时内使用。
② 煌绿溶液配好后应在 10 天以内使用。
③ 可以购用 SS 琼脂的干燥培养基。）

17. 伊红美蓝琼脂（EMB）

（1）成分

蛋白胨	10 g	乳糖	10 g
磷酸氢二钾	2 g	琼脂	17 g
2%伊红 Y 溶液	20 mL	0.65%美蓝溶液	10 mL
蒸馏水	1 000 mL	pH 值 7.1	

（2）制法：将蛋白胨、磷酸盐和琼脂溶解于蒸馏水中，校正 pH 值，分装于烧瓶内，121℃高压灭菌 15 分钟备用。临用时加入乳糖并加热溶化琼脂，冷至 50～55℃，加入伊红和美蓝溶液，摇匀，倾注平板。

18. 三糖铁琼脂（TSI）

（1）成分

蛋白胨	20 g	牛肉膏	5 g
乳糖	10 g	蔗糖	10 g
葡萄糖	1 g	氯化钠	5 g
硫酸亚铁铵[Fe（NH$_4$）$_2$（SO$_4$）$_2$·6H$_2$O]			0.2 g
硫代硫酸钠	0.2 g		
琼脂	12 g	酚红	0.025 g
蒸馏水	1 000 mL	pH 值 7.4	

（2）制法：将除琼脂和酚红以外的各成分溶解于蒸馏水中，校正 pH 值。加入琼脂，加热煮沸，以溶化琼脂。加入 0.2%酚红水溶液 12.5 mL，摇匀。分装试管，装量宜多些，以便得到较高的底层。121℃高压灭菌 15 分钟，放置高层斜面备用。

19. 三糖铁琼脂（换用方法）

（1）成分

蛋白胨	15 g	胨胨	5 g
牛肉膏	3 g	酵母膏	3 g
乳糖	10 g	蔗糖	10 g
葡萄糖	1 g	氯化钠	5 g
硫酸亚铁	0.2 g	硫代硫酸钠	0.3 g
蒸馏水	1 000 mL	酚红	0.025 g

pH 值 7.4

（2）制法：将除琼脂和酚红以外的各成分溶解于蒸馏水中，校正 pH 值。加入琼脂，加热煮沸，以溶化琼脂。加入 0.2%酚红水溶液 12.5 mL，摇匀。分装试管，装量宜多些，以便得到较高的底层。121℃高压灭菌 15 分钟，放置高层斜面备用。

20. 半固体琼脂

（1）成分

蛋白胨	1 g	牛肉膏	0.3 g
氯化钠	0.5 g	琼脂	0.35～0.4 g
蒸馏水	100 mL	pH 值 7.4	

（2）制法：按以上成分配好，煮沸使溶解，并校正 pH 值。分装小试管。121℃高压灭菌

15 分钟。直立凝固备用。

（注：供动力观察、菌种保存、H 抗原位相变异试验等用。）

21. 氯化钠蔗糖琼脂

（1）成分

蛋白胨	10 g	牛肉膏	10 g
氯化钠	50 g	蔗糖	10 g
琼脂	18 g	0.2%溴麝香草酚蓝溶液	20 mL
蒸馏水	100 mL	pH 值 7.8	

（2）制法：将牛肉膏、蛋白胨及氯化钠溶解于蒸馏水中，校正 pH 值。加入琼脂，加热溶解，过滤。加入指示剂，分装烧瓶 100 mL。121℃高压灭菌 15 分钟备用。临用前在 100 mL 培养基内加入蔗糖 1 g，加热溶化并冷至 50℃，倾注平板。

22. 嗜盐菌选择性琼脂

（1）成分

蛋白胨	20 g	氯化钠	40 g
琼脂	17 g	0.01%结晶紫溶液	5 mL
蒸馏水	1 000 mL	pH 值 8.7	

（2）制法：除结晶紫和琼脂外，其他按上述成分配好，校正 pH 值。加入琼脂加热溶解。再加入结晶紫溶液，分装烧瓶，每瓶 100 mL。

23. 3.5%氯化钠三糖铁琼脂

（1）成分

三糖铁琼脂	1 000 mL	氯化钠	30 g

（2）制法：按本节（二十四）或（二十五）配制三糖铁琼脂，再加入氯化钠 30 g，分装试管，121℃高压灭菌 15 分钟，放置高层斜面备用。

24. 氯化钠血琼脂

（1）成分

酵母膏	3 g	蛋白胨	10 g
氯化钠	70 g	磷酸氢二钠	5 g
甘露醇	10 g	结晶紫	0.001 g
琼脂	15 g	蒸馏水	1 000 mL

（2）制法：调 pH 值为 8.0 加热 30 分钟（不必高压），待冷至 45℃左右时，加入新鲜人血或兔血（5%～10%）混合均匀，倾注平皿。

25. 嗜盐性试验培养基

（1）成分

蛋白胨	2 g	氯化钠	按不同量加（见制法）
蒸馏水	100 mL	pH 值 7.7	

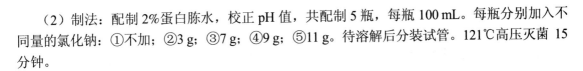

（2）制法：配制 2%蛋白胨水，校正 pH 值，共配制 5 瓶，每瓶 100 mL。每瓶分别加入不同量的氯化钠：①不加；②3 g；③7 g；④9 g；⑤11 g。待溶解后分装试管。121℃高压灭菌 15 分钟。

26. 察氏培养基

（1）成分

硝酸钠	3 g	磷酸氢二钾	1 g
硫酸镁（$MgSO_4 \cdot 7H_2O$）	0.5 g	氯化钾	0.5 g
硫酸亚铁	0.01 g	蔗糖	30 g
琼脂	20 g	蒸馏水	1 000 mL

（2）制法：加热溶解，分装后 121℃灭菌 20 分钟。

（3）用途：青霉、曲霉鉴定及保存菌种用。

27. 高盐察氏培养基

（1）成分

硝酸钠	2 g	磷酸二氢钾	1 g
硫酸镁（$MgSO_4 \cdot 7H_2O$）	0.5 g	氯化钾	0.5 g
硫酸亚铁	0.01 g	氯化钠	60 g
蔗糖	30 g	琼脂	20 g
蒸馏水	1 000 mL		

（2）制法：加热溶解，分装后，115℃高压灭菌 30 分钟。必要时可酌量增加琼脂。

（3）用途：分离霉菌用。

28. 马铃薯葡萄糖琼脂（PDA）

（1）成分

马铃薯（去皮切块）	300 g	葡萄糖	20 g
琼脂	20 g	蒸馏水	1 000 mL

（2）制法：将马铃薯去皮切块，加 1 000 mL 蒸馏水，煮沸 10～20 分钟。用纱布过滤，补加蒸馏水至 1 000 mL。加入葡萄糖和琼脂，加热溶化，分装，121℃高压灭菌 20 分钟。

（3）用途：分离培养霉菌。

29. 马铃薯琼脂

（1）成分

马铃薯（去皮切块）	200 g	琼脂	20 g
蒸馏水	1 000 mL		

（2）制法：同马铃薯葡萄糖琼脂。

（3）用途：鉴定霉菌用。

30.5%乳糖发酵管

（1）成分

蛋白胨	0.2 g	蒸馏水	100 mL
乳糖	5 g	氯化钠	0.5 g
2%溴麝香草酚蓝水溶液	1.2 mL	pH 值 7.4	

（2）制法：将除乳糖以外的各成分溶解于 50 mL 蒸馏水内，校正 pH 值。将乳糖溶解于另外 50 mL 蒸馏水内，分别以 121℃高压灭菌 15 分钟，将 2 液混合，以无菌操作分装于灭菌小试管内。

（注：在此培养基内，大部分乳糖迟发酵的细菌可于 1 天内发酵。）

31. 高氏一号培养基

（1）成分

可溶性淀粉	20 g	硝酸钾	1 g
硫酸镁	0.5 g	氯化钠	0.5 g
磷酸氢二钾	0.5 g	硫酸亚铁	0.01 g
琼脂	15～20 g	蒸馏水	1 000 mL

pH 值 7.2～7.4

（2）制法：将上述成分混合，于 0.10 MPa 灭菌 20 分钟，备用。

32. 麦芽汁培养基

大麦芽 1 kg 加水 3 L，保温 60℃，使自然糖化，至无淀粉反应为止。过滤。加 2～3 个鸡蛋清（有助于麦芽汁澄清），搅匀，煮沸，再过滤，加水至 10°～15°Bx，如制固体培养基，加入 2%的琼脂，121℃灭菌 20 分钟。

33. 豆芽汁培养基

（1）成分

黄豆芽	100 g	蔗糖（或葡萄糖）	50 g
蒸馏水	1 000 mL	pH 值	自然

（2）制法：称取新鲜豆芽 100 g，放入烧杯中，加入蒸馏水 1 000 mL，煮沸约 30 分钟用纱布过滤，用水补足原量，再加入蔗糖（或葡萄糖）50 g，煮沸溶化，121℃灭菌 20 分钟。

附录二

常用染液配制

1. 普通染色法常用染液

（1）齐氏石炭酸复红染液

A 液：碱性复红   0.3 g   95%乙醇   10 mL

B 液：石炭酸   5.0 g   蒸馏水   95 mL

将 A、B 二液混合摇匀过滤。

（2）吕氏美蓝液

A 液：美蓝（甲烯蓝、次甲基蓝、亚甲蓝）含染料90%   0.3 g

        95%乙醇   30 mL

B 液：KOH（0.01%质量分数）   100 mL

将 A、B 二液混合摇匀使用。

（3）草酸铵结晶紫液

A 液：结晶紫（含染料 90%以上）   2.0 g   95%乙醇   20 mL

B 液：草酸铵   0.8 g   蒸馏水   80 mL

将 A、B 二液充分溶解后混合静置 24 小时过滤使用。

2. 革兰氏染液

（1）草酸铵结晶紫液；配方同上。

（2）革氏碘液

碘   1 g   碘化钾   2 g

蒸馏水   300 mL

配制时先将碘化钾溶于 5～10 mL 水中，再加入碘 1 g，使其溶解后，加水至 300 mL。

（3）95%乙醇。

（4）蕃红溶液。

2.5%蕃红的乙醇溶液   10 mL   蒸馏水   100 mL

两者混合后过滤。

3. 芽孢染色液

（1）孔雀绿染色液

孔雀绿   7.6 g   蒸馏水   100 mL

此为孔雀绿饱和水溶液。配制时尽量溶解，过滤使用。

（2）齐氏石炭酸复红染液（同前）。

4. 荚膜染色液

黑墨水染色法

6%葡萄糖水溶液	绘图墨汁或黑色素或苯胺黑
无水乙醇	结晶紫染液

5. 鞭毛染色液

（1）利夫森氏（Leifson）染色液

A 液：NaCl	1.5 g	蒸馏水	100 mL
B 液：单宁酸（鞣酸）	3 g	蒸馏水	100 mg
C 液：碱性复红	1.2 g	95%乙醇	200 mL

临使用前将 A、B、C、三种染液等量混合。

分别保存的染液可在冰箱保存几个月，室温保存几个星期仍可有效。但混合染液应立即使用。

（2）银染法

A 液：丹宁酸	5 g	$FeCl_3$	1.5 g
15%福尔马林	2.0 mL	1%NaOH	1.0 mL
蒸馏水	100 mL		
B 液：$AgNO_3$	2 g	蒸馏水	100 mL

配制方法：硝酸银溶解后取出 10mL 备用，向 90 mL 硝酸银溶液中滴加浓 NH_4OH 溶液，形成浓厚的沉淀，再继续滴加入 NH_4OH 溶液到刚溶解沉淀成为澄清溶液为止。再将备用的硝酸银溶液慢慢滴入，出现薄雾，轻轻摇动后，薄雾状沉淀消失；再滴加硝酸银溶液，直到摇动后，仍呈现轻微而稳定的薄雾状沉淀为止。雾重银盐沉淀不宜使用。

6. 液泡染液

0.1%中性红水溶液（用自来水配制）。

7. 乳酸石炭酸溶液（观察霉菌形态用）

石炭酸	20 g	乳酸（相对密度 1.2）	20 g
甘油（相对密度 1.25）	40 g	蒸馏水	20 mL

配制时先将石炭酸放入水中加热溶解，然后慢慢加入乳酸及甘油。

8. 脱色液（琼脂凝胶对流免疫电泳用）

冰醋酸	7 mL	蒸馏水	93 mL

混匀放冰箱备用。

参 考 答 案

第 1 章 蛋白质化学

实训答案：

1.7.1 食品中蛋白质的测定

1.（1）消化时不要用强火，应保持缓和沸腾。

（2）消化过程中应注意不时转动凯氏烧瓶。

（3）样品中若含脂肪或糖较多时，为防止泡沫溢出瓶外，在开始消化时应用小火加热，并时时摇动；或者加入少量辛醇或液体石蜡或硅油消泡剂，并同时注意控制热源强度。分解完全，消化液呈蓝色或浅绿色，但含铁量多时，呈较深绿色。

2. $2NaOH ＋（NH_4）_2SO_4 ＝ 2NH_3 ＋ Na_2SO_4 ＋ 2H_2O$，释放氨气

若加碱量不足，消化液呈蓝色不生成氢氧化铜沉淀。

3. 加入硫酸钾可以提高溶液的沸点而加快有机物分解。

硫酸铜除起催化剂的作用外，还可指示消化终点的到达，以及下一步蒸馏时作为碱性反应的指示剂。

4. 蛋白质中的含氮量平均为 16%。

1.7.2 蛋白质两性性质及等电点测定

1. 颜色的变化说明溶液的 pH 值不同，只有在 pH=pI 时才能产生沉淀。

2. 蛋白质在等电点时沉淀量最大。

1.9 课后思考：

一、名词解释

肽键：是指一个氨基酸的 α-氨基与另一氨基酸的 α-羧基通过脱水缩合而形成的酰胺键。

蛋白质的等电点：当蛋白质在某一 pH 溶液中，酸性基团带的负电荷恰好等于碱性基团带的正电荷，蛋白质分子净电荷为零，在电场中既不向阳极移动，也不向阴极移动，此时溶液的 pH 值称为该蛋白质的等电点（pI）。

蛋白质的变性：天然蛋白质受到某些物理或化学因素的影响，使其分子内部原有的高级结构发生变化时，蛋白质的理化性质和生物学功能都随之改变或丧失，但并未导致蛋白质一级结构的变化，这种现象叫变性作用。

蛋白质的二级结构：是肽链主链不同肽段通过自身的相互作用、形成氢键，沿某一主轴盘旋折叠而形成的局部空间结构。

盐析：加入中性盐使蛋白质沉淀析出的现象。

二、填空

1. 氢键　2. 色氨酸、酪氨酸、苯丙氨酸　3. 丙氨酸、酪氨酸　4. 20 种　5. 两性　6. 次级键、离子键、硫键、配位键　7. 一级

三、简答题

1. 次级键、离子键、硫键、配位键。功能是维持蛋白质构象稳定。

2.（1）向正极移动。

（2）分别向负极和正极移动。

（3）分别向负极、原点、正极移动。

3. α-螺旋特点：（1）肽链围绕假设的中心轴盘绕成螺旋状，每一圈含有 3.6 个氨基酸残基，沿螺旋轴方向上升 0.54 nm，即每个氨基酸残基沿螺旋中心轴垂直上升的距离为 0.15 nm。（2）相邻的螺旋之间形成链内氢键，氢键的取向几乎与中心轴平行。（3）氢键是维持 α-螺旋结构稳定的主要因素；多数天然蛋白质为右手螺旋。

β-折叠特点：由两条或多条（或一条肽键的若干肽段）多肽链侧向聚集，通过相邻肽链主链上的 N-H 与 C=O 之间有规则的氢键，形成 β-折叠片。可分为平行式和反平行式两种类型（主要以反式平行为主）。链间氢键维持构象稳定。

4. 一级结构决定高级结构。

5. 透析、等电点沉淀、盐析、有机溶剂沉淀等。

6. 蛋白质的变性：天然蛋白质受到某些物理或化学因素的影响，使其分子内部原有的高级结构发生变化时，蛋白质的理化性质和生物学功能都随之改变或丧失，但并未导致蛋白质一级结构的变化，这种现象叫变性作用。

变性的特点：①首先就是丧失其生物活性，如酶失去催化活性，血红蛋白丧失载氧能力，调节蛋白丧失其调节功能，抗体丧失其识别与结合抗原的能力等；②溶解度降低，黏度增大，扩散系数变小等；③某些原来埋藏在蛋白质分子内部的疏水侧链基因暴露于变性蛋白质表面，导致光学性质变化；④对蛋白酶降解的敏感性增大。

引起蛋白质变性的因素：加热、紫外线等射线照射、超声波或高压处理等物理因素和强酸、强碱、脲、胍、去垢剂、重金属盐、生物碱试剂及有机溶剂等化学因素。

第 2 章　酶化学

2.5.1　酶性质的测定

1. 淀粉链长度不同遇碘的颜色变化不同。

2. 酶表现最大活力时的 pH 值称为酶促反应的最适 pH 值。

pH 值影响酶促反应速度的原因如下：（1）环境过酸、过碱会影响酶蛋白构象，使酶本身变性失活。（2）pH 值影响酶分子侧链上极性基团的解离，改变它们的带电状态，从而使酶活性中心的结构发生变化。在最适 pH 值时，酶分子活性中心上的有关基团的解离状态最适于与底物结合，pH 值高于或低于最适 pH 值时，活性中心的有关基团的解离状态均发生改变，酶和底物的结合力降低，因而酶促反应速度降低。（3）pH 值能影响底物分子的解离。

3. 作对比

2.5.2　淀粉酶活力的测定

1. 利用加热的方法钝化 β-淀粉酶，测出 α-淀粉酶的活力。

2. 淀粉酶与淀粉在最适温度下（40℃）以最快的速度反应。

2.7　课后思考题答案：

一、名词解释

米氏常数（K_m 值）：反应速度为最大速度一半时的底物浓度。

辅基：与酶蛋白结合比较紧的、用透析法不容易除去的小分子物质。

单体酶：由一条肽链组成的酶。

寡聚酶：由两个或两个以上相同或不同的亚基结合而组成的酶。

多酶体系：由几种酶依靠非共价键彼此嵌合而成，有利于细胞中一系列反应的连续进行，以提高酶的催化效率，同时便于机体对酶的调控。

激活剂：有些物质，能够增强酶的活性，这些物质就叫做酶的激活剂。

抑制剂：能使酶的必需基团或酶活性部位中基团的化学性质改变而降低酶的催化活性，甚至使酶催化活性完全丧失的物质。

酶的比活力：在固定条件下，每1 mg酶蛋白所具有酶的活力单位数。

活性中心:由酶分子中的某些特殊基团通过多肽链的盘曲折叠组成一个在酶分子表面形成具有三维空间结构的区域称为酶的活性中心。

二、简答题

1. 酶是由活细胞产生的一类具有催化功能的生物大分子物质，又称生物催化剂。

酶的化学本质是蛋白质和核酸。

2. 全酶：由酶蛋白和辅助因子组成的酶。

酶蛋白本身决定酶反应的专一性及高效性，而辅助因子直接作为电子、原子或某些化学基团的载体起传递作用，参与反应并促进整个催化过程。

3. 由酶分子中的某些特殊基团通过多肽链的盘曲折叠组成一个在酶分子表面形成具有三维空间结构的区域称为酶的活性中心。

加热、强碱、强酸等因素破坏了酶的空间结构。

4. 酶促反应的特点：反应条件温和、反应速度快、催化效率高、具有催化的专一性等。

5. 活化能：反应物质活化需要的能量。

酶催化底物发生反应时形成中间产物，它的活性非常高，不稳定，易分解，故酶降低反应的活化能。

6. 影响酶促反应速度的因素：温度、pH值、酶浓度、底物浓度、抑制剂和激活剂等。

7. 米氏方程式：$V = \dfrac{V_{max} \cdot [S]}{K_m + [S]}$

其重要性是：表示整个反应中底物浓度与反应速度关系。

8. 米氏常数的意义：

（1）当底物浓度增加时，酶反应的速度趋于一个极限值，即V_{max}。

（2）当$V = \dfrac{1}{2} V_{max}$时，则K_m=[S]，即米氏常数相当于反应速度为最大速度一半时的底物浓度，这也表示米氏常数的物理意义。

（3）K_m是酶和底物亲和力的度量，K_m值越小，表示底物对酶的亲和力越大，酶催化反应的速度也越大。一种酶可能有多个底物，每一种底物都有各自的K_m值，其中K_m值最小的底物又称为该酶的最适底物或天然底物。

（4）K_m是酶学中的一个重要常数，它是酶的特征性物理常数，只与酶的性质有关，而与酶的浓度无关。

9. 酶的最适温度：酶促反应速度最快时的温度。酶的最适温度不是酶的特征性常数。

10. 酶的最适pH值:酶促反应速度最快时的pH值。酶的最适pH值不是酶的特征性常数。

第3章　核酸化学

3.3.1　核酸含量的测定

用浓硫酸将核酸消化,使其有机磷氧化成无机磷,无机磷再与定磷试剂中的钼酸铵反应生成磷钼酸铵,在一定酸度下遇还原剂时,其中高价钼被还原成低价钼,生成深蓝色的钼蓝。

3.3.2　酵母蛋白质和 RNA 的制备(稀碱法)

1. 为了溶解酵母细胞得到酵母核蛋白抽提液。

2. 将核蛋白制品溶于含 SDS 的缓冲液中,加等体积的水饱和酚,剧烈振荡后离心,将溶液分成两层,上层为水相含有 RNA,下层为酚相,变性蛋白及 DNA 存在于酚相及两相界面处。吸出水相并加乙醇即可沉淀出酵母 RNA。

3. 利用核酸的紫外吸收性质。

3.5　课后思考题答案:

一、名词解释

磷酸二酯键:核酸链中 3′ 上的羟基与 5′ 上的磷酸基团脱水形成的化学键。

碱基互补规律:DNA 的两条链中,一条多核苷酸链上的嘌呤碱基与另一条链上的嘧啶碱基形成嘌呤与嘧啶配对,即 A 与 T 相配对,G 与 C 相配对。

核酸的变性:通过加热、强酸、强碱或射线等因素的作用,使核酸双螺旋结构解体,氢键断裂,空间结构被破坏,形成单链无规则线团状态,其物理化性质发生改变、生物活性丧失的过程。

二、简答

1. ①DNA 分子由两条反向平行的多核苷酸链构成,碱基平面与纵轴垂直,糖环平面与纵轴平行。

②双螺旋的直径为 2 nm,相邻两个核苷酸之间在纵轴方向上的距离即碱基堆积距离为 0.34 nm,两核苷酸之间的夹角为 36°,沿中心轴每 10 个核苷酸旋转一周。

③DNA 的两条链互补。

④碱基堆积力和氢键是使 DNA 结构稳定的主要因素。

2. 戊糖和碱基组成不同。

第4章　维生素化学

4.5.1　维生素 C 的定量测定

1. 防止维生素 C 被空气氧化。

2. 首先要试漏、清洗,然后要用滴定液润洗,最后要注意排气泡。

4.7　课后思考题答案:

一、名词解释

维生素:维持机体正常生理功能所必需的一类微量的、生物体不能合成或只能自行合成一部分,不能满足正常生理活动所需要的,大多数需从食物中摄取的小分子有机物。

维生素缺乏症:当机体缺少某种或多种维生素时,就会使物质代谢过程发生紊乱,生物不能正常生长的现象。

脂溶性维生素:可溶于脂肪及脂类溶剂而不溶于水的维生素。

水溶性维生素:可溶于水而不溶于脂肪及脂类溶剂的维生素。

维生素原:能在人及动物体内转化为相应维生素的维生素前体。

二、问答题

1. 当缺乏维生素 B_1 时神经组织能量供应不足，导致多发性神经炎，表现出食欲不振、肢体麻木、四肢乏力、肌肉萎缩、心力衰竭、身体水肿和神经系统损伤等症状，临床称为脚气病.

2. 维生素一般作为辅酶的结构组分参与催化过程。

3. （1）促进细胞间质的合成。（2）参与体内的氧化还原反应。（3）维生素 C 具有解毒功效。

4. （1）具有抗氧化作用，可捕捉氧自由基，使细胞膜上不饱和脂肪酸不被氧化而被破坏；（2）可以保护巯基不被氧化，而保护某些酶的活性；（3）维生素 E 有抗不育和预防流产的作用，还有延缓衰老、预防冠心病和癌症的作用。

5. 生物素。这是因为抗生素会抑制或杀死肠道正常菌群，而生蛋清中有一种抗生物素的碱性蛋白能与生物素结合，成为一种不易被吸收的抗生素蛋白，而煮熟的鸡蛋由于抗生物素蛋白被破坏就不会发生上述现象。

6. 维生素 PP。是多种脱氢酶的辅酶，在催化反应中是生物氧化过程中重要的递氢体。

第5章　糖类化学

5.4.1　总糖和还原糖含量的测定

第 1 题：蓝色褪去成微黄色

第 2 题：需要先测定样品中的还原糖含量，再将蔗糖水解，然后测定水解样的还原糖含量，前后还原糖量之差即为蔗糖含量。

第 3 题：加入乙酸锌及亚铁氰化钾目的是为沉淀蛋白质。

5.4.2　面粉中淀粉含量的测定

第 2 题：还原糖是在碱性条件下，单糖的醛基或酮基转化为有活性的烯醇式结构，具有还原性，可使金属离子（如 Cu^{2+}、Hg^{2+} 等）还原，本身则被氧化成糖酸及其他产物，具有这种性质的糖称为还原糖。

可溶性糖：能溶于水的糖。

总糖：具有还原性的糖和在测定条件下能水解为还原性单糖的蔗糖的含量。

5.6　课后思考题答案：

一、名词解释

糖：由碳、氢、氧三种元素组成的多羟基醛或酮及其聚合物和某些衍生物的总称。

淀粉的糊化：淀粉乳在适当的温度下，淀粉颗粒不断吸水膨胀，直至淀粉膜破裂，结晶区消失，淀粉分子溶解于水中，形成均匀糊状溶液的现象，称为淀粉的糊化。

还原糖：在碱性条件下，单糖的醛基或酮基转化为有活性的烯醇式结构，具有还原性，可使金属离子（如 Cu^{2+}、Hg^{2+} 等）还原，本身则被氧化成糖酸及其他产物，具有这种性质的糖称为还原糖。

低聚糖：是由 2～10 个单糖通过糖苷键连接而成的缩合物。

二、简答

1.（1）单糖的物理性质：①溶解度：单糖分子含有许多亲水基团，易溶于水，不溶于乙醚、丙酮等有机溶剂。②甜度：各种糖的甜度不同。③旋光度和比旋光度。

（2）单糖的重要化学性质：①氧化反应。②还原反应。③酯化反应。④成苷反应。

2. 还原性糖会被费林试剂氧化产生氧化亚铜砖红色沉淀；而非还原姓唐没有这种现象。

3. 化学法测定还原糖有直接滴定法、高锰酸钾滴定法、碘量法和铁氰化钾法等。

4. 葡萄糖能使溴水褪色，而果糖不能。

5. 纤维素是自然界最丰富的有机化合物，是一种线性的由 D-吡喃葡萄糖基借 β-（1,4）糖苷键连接的没有分支的同多糖。人体不能利用纤维素。

第6章　脂类化学

7.4.1　油脂酸价的测定

第1题：空气、光、热及微生物。

第2题：甘油和脂肪酸。

6.6　课后思考题答案：

一、名词解释

酸价：是中和 1 克油脂中的游离脂肪酸所需的 KOH 毫克数。

必需脂肪酸：人和哺乳动物不可缺少但又不能合成的脂肪酸。

酸败：油脂在空气中放置过久，会腐败产生难闻的臭味，这种变化称为酸败。

油脂氢化：在高温、高压和金属镍催化下，碳－碳双键与氢发生加成反应，转化为饱和脂肪酸的过程。

二、简答

1. 把生物体中所有能够溶于有机溶剂（如苯、乙醚、氯仿、酒精等）而不溶于水的有机化合物统称为脂类。

根据脂类化学结构和组成的不同,可分为单纯脂质、复合脂质和异戊二烯系的脂质三大类。

2. 植物油和动物油的主要区别在于脂肪酸的种类不同，植物油主要由不饱和脂肪酸组成，动物油主要由饱和脂肪酸组成。

3. 酸败：油脂在空气中放置过久，会腐败产生难闻的臭味，这种变化称为酸败。

主要影响因素：空气、光、热及微生物。

第7章　物质代谢

7.4.1　糖代谢实训（乳酸发酵）

第1题：无氧分解、有氧分解、磷酸戊糖途径。

乳酸发酵中糖经历的是无氧分解（EMP）。

7.4.2　发酵过程中中间产物的鉴定

酶的抑制作用是使酶的活性降低，酶的失活是使酶的活性失去。

7.6　课后思考题答案：

一、名词解释

生物氧化：在生物体内，凡是能通过氧化作用释放能量的反应都称为生物氧化作用。

呼吸链：有氧氧化体系中代谢物脱下的氢，经一系列传递体传递，最终传给分子氧生成 CO_2 和 H_2O 的过程称为呼吸链。

底物水平磷酸化:是指由于代谢物脱水或脱氢后引起分子内部能量重新分布而生成高能磷酸化合物（ATP）的方式。

β-氧化：在一系列酶催化作用下，α 和 β 碳原子间的化学键断裂，并使 β-碳原子氧化，相应切下两个碳原子，生成乙酰 CoA 和少了两个碳原子的脂肪酸的降解过程。

二、简答

1．生物氧化反应的特点是：（1）生物氧化是在酶的催化下进行，反应条件温和。（2）生物氧化是经一系列连续的化学反应逐步进行，能量也是逐步释放的。这样不会因氧化过程中能量骤然释放而损害机体，同时使释放出的能量得到有效的利用。（3）生物氧化过程中产生的能量，通常都先储存在高能化合物中，主要是腺苷三磷酸（ATP）中，通过 ATP 再供给机体生命活动的需要。

2．（1）NADH 呼吸链和 $FADH_2$ 呼吸链；其中应用最广的是 NADH 呼吸链。

3．

$$C_6H_{12}O_6 + 2ADP + 2Pi + 2NADH + H^+ \xrightarrow{\text{酒精发酵}} 2CH_3CH_2OH + 2ATP + 2NAD^+ + 2CO_2$$

1 摩尔葡萄糖经 EMP—TCA 循环，完全氧化为 H_2O 和 CO_2，可生成 38 个 ATP 分子。

4．在转氨酶的催化作用下，一个 α-氨基酸的氨基转移到一个 α-酮酸的酮基位置上，生成与 α-酮酸相应的新的氨基酸，而原来的氨基酸变成相应的 α-酮酸，这就是转氨基作用。

例如：

转氨酶

R_1—CH—COO⁻+R_2—C—COO⁻ ———→ R_1—C—COO⁻+R_2—CH—COO⁻
  | | | |
  NH_3^+ O   O NH_3^+
 氨基酸   α-酮酸   α-酮酸   氨基酸

第8章 显微镜的使用与维护

8.5.1 普通光学显微镜的使用与维护

第 1 题：使用油镜观察时应注意哪些问题？在载玻片与镜头之间滴加什么油？起什么作用？

操作时要从侧面仔细观察，只能让镜头浸入镜油中紧贴着标本，要避免镜头撞击载玻片，导致玻片和镜头损坏。

转动粗调节器使镜台下降（或使镜筒上升）时，若油镜已离开油滴，必须重新进行上述调焦操作。不得边用左眼在目镜上观察，边转动粗调节器使镜台上升（或镜筒下降）使镜头前端浸入油滴中，这样易使镜头撞击载玻片，损坏标本和镜头。

载玻片与镜头之间滴加的是香柏油，作用是其折光率和玻璃折光率相近以减少光线的折射，是视野光线更亮。

第 2 题：如何根据所观察的微生物大小，选择不同的物镜进行有效地观察？

如果所观察的微生物相对较大，可以选择低倍镜观察，如果微生物相对较小，用高倍镜无法看清时应选择油镜观察。

8.7 思考题

一、名词解释

微生物：是对所有个体微小、结构较为简单，必须借助光学或电子显微镜才能观察到的低等生物的总称。

焦距：是指平行光线经过单一透镜后集中于一点，由这一点到透镜中心的距离。

工作距离：是指观察标本最清晰时，物镜透镜的下表面与标本之间（无盖玻片时）或与盖玻片之间的距离。

二、填空

1. 微生物的主要类群有（病毒）、（原核类）、（真菌类）和（原生生物）。

2. 显微镜的构造分为（光学）系统和（机械）系统两部分。

3. 显微镜的物镜可分为（干燥系）物镜和（油浸系）物镜，前者物镜和标本之间的介质是（空气），后者物镜和标本之间的介质是（香柏油）。

4. 显微镜镜检时应先用（低倍镜）找到物像，再用（高倍镜）观察清洗的物像。

三、简答

微生物的特点是什么？

1. 体积小、面积大；2. 生长旺、繁殖快；3. 分布广、种类多；4. 吸收多、转化快；

5. 适应强、异变易；6. 培养容易。

第9章　微生物形态观察

9.6.1　常见细菌形态观察

1. 什么叫细菌？其基本个体形态分别是什么？

细菌是一类个体微小、形态简单、有坚韧细胞壁、以二次分裂法繁殖和水生性较强的单细胞原核微生物。其基本形状有三种：球状、杆状、螺旋状，分别被称为球菌、杆菌、螺旋菌。

2. 什么是异常形态？依生理机能的不同，异常形态如何分类？

受环境因素影响改变后的不整齐、不规则的形态统称为异常形态。依其生理机能的不同，可将异常形态区分为畸形和衰颓形两种。

3. 什么叫菌落？描述菌落的特征有哪些？细菌的菌落特征是怎样的？

如果把单个细菌细胞接种到适合的固体培养基中，然后给予合适的培养条件，使其迅速地生长繁殖，结果形成肉眼可见的细菌细胞群体，我们把这个群体称菌落。菌落特征包括菌落大小、形状（圆形、假根状、不规则状等）、边缘情况（整齐、波状、裂叶状、锯齿状等）、隆起情况（扩展、台状、低凸、凸面、乳头状等）、光泽（闪光、金属光泽、无光泽）、表面状态（光滑、皱褶、颗粒状、同心环、龟裂状）颜色、质地（油脂状、膜状、黏、脆等）、硬度、透明度等。

细菌的菌落一般较小，较薄，较有细腻感，较湿润、黏稠，易挑起，质地均匀，菌落各部位的颜色一致等。但也有的细菌形成的菌落表面粗糙、有褶皱感等特征。

9.6.2　常见放线菌形态观察

1. 放线菌的概念和突出特性？

放线菌是一类呈菌丝状生长、主要以孢子繁殖和陆生性较强的具多核的原核微生物，因菌落呈放射状而得名。多为腐生，少数寄生。一般分布在含水量较低、有机物丰富和呈微碱性的土壤环境中。泥土特有的"泥腥味"主要是由放线菌产生的。

2. 放线菌的菌落特征？

放线菌的菌落由菌丝体组成。一般圆形、光平或有许多皱褶，光学显微镜下观察，菌落周围具辐射状菌丝。总的特征介于霉菌与细菌之间，由于放线菌的气生菌丝较细，生长缓慢，菌丝分枝相互交错缠绕，所以形成的菌落质地致密，表面呈较紧密的绒状，坚实、干燥、多皱，菌落较小而不延伸。

3. 放线菌的繁殖方式有哪些？

放线菌主要通过形成无性孢子的方式进行繁殖，也可借菌丝断裂片段繁殖。

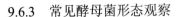

9.6.3 常见酵母菌形态观察

1. 什么是酵母菌?

酵母菌是一群单细胞的真核微生物,通常以芽殖或裂殖来进行无性繁殖的单细胞真菌。主要分布在含糖质较高的偏酸性环境,它们多为腐生型,少数为寄生型。

2. 在同一平板培养基上长有细菌及酵母两种菌落,你如何区别?

细菌的菌落一般较小,较薄,较有细腻感,较湿润、黏稠,易挑起,质地均匀,菌落各部位的颜色一致等。而酵母菌的个体细胞较大,胞内颗粒明显,胞间含水量比细菌的少,因而较细菌菌落大而且厚,菌落表面光滑、湿润、黏稠、易被挑起。有些种因培养时间太长使菌落表面皱缩。其色多为乳白,少数呈红色。

3. 何为出芽生殖?有几种方式?

芽殖是成熟的酵母菌细胞,先长出一个小芽,芽细胞长到一定程度,脱离母细胞继续生长,尔后出芽又形成新个体,如此循环往复。方式有多边出芽、三边出芽、两端出芽。

9.6.4 常见霉菌的形态观察

1. 什么是霉菌?其个体形态是怎样的?

凡在营养基质上形成绒毛状、棉絮状或蜘蛛网形丝状菌体的真菌,统称为霉菌,与酵母一样,喜偏酸性、糖质环境。生长最适合温度为 30℃～39℃。大多数为好氧性微生物。多为腐生菌,少数为寄生菌。

构成霉菌营养体的基本单位是菌丝。菌丝是一种管状的细丝,把它放在显微镜下观察,很像一根透明胶管,它的直径一般为 3～10 μm。

2. 霉菌菌落特征是怎样的?

霉菌的菌落质地比放线菌疏松。外观干燥,不透明,呈现或紧或松的蛛网状、绒毛状或棉絮状。有的菌落,因有子实体或菌核产生,会出现颗粒状。菌落与培养基连接紧密,不易挑取。霉菌孢子有不同的形状、构造与颜色,往往使菌落表面呈现肉眼可见的不同结构与色泽特征。有些菌丝的水溶性色素可分泌至培养基中,使得菌落背面呈现与正面不同的颜色。

实训项目五 微生物大小的测定

1. 目镜测微尺在使用前为什么要进行校正,如何进行校正?

由于不同的显微镜或不同的目镜和物镜组合放大倍数不同,目镜测微尺每小格所代表的实际长度也不同。因此,用目镜测微尺测量微生物大小时,必须用镜台测微尺进行校正,以求出该显微镜在一定放大倍数的目镜和物镜下,目镜测微尺每小格所代表的相对长度。

将镜台测微尺有刻度的部分移至视野中央,调节焦距,清晰地看到镜台测微尺的刻度后,转动目镜使目镜测微尺的刻度与镜台测微尺的刻度平行。分别读出两重和线之间镜台微尺和目镜微尺所占的格数。

2. 四种微生物的大小表示方法各是什么?

细菌大小的表示:球菌大小以其直径表示;杆菌和螺旋菌以其长度与宽度表示,不过螺旋菌的长度是以螺旋的直径和圈数来表示。酵母菌可测定其长和宽以表示大小。放线菌和霉菌都是丝状菌,一般可测定菌丝长度和直径以表示大小。

9.8 思考题

一、名词解释

菌落:如果把单个细菌细胞接种到适合的固体培养基中,然后给予合适的培养条件,使其迅速地生长繁殖,结果形成肉眼可见的细菌细胞群体,我们把这个群体称为菌落。

无性繁殖：指不经两性细胞的结合直接产生新个体的繁殖方式。

营养菌丝：在固体培养基上，部分菌丝伸入培养基内吸收养料，称为营养菌丝。

二、填空

1. 细菌的基本个体形态分别是（球状）、（杆状）和（螺旋状）；球菌按排列方式不同可分为（单球菌）、（双球菌）、（四联球菌）、（八叠球菌）、（链球菌）和（葡萄球菌）。

2. 细菌、放线菌、酵母菌及霉菌的主要繁殖方式分别是（二次分裂繁殖）、（无性孢子繁殖）、（芽殖）、（无性孢子繁殖）。

3. 霉菌的特殊结构有（菌核）、（吸器）、（ 子座 ）。

第 10 章　染色与制片技术

10.5.1　细菌的革兰氏染色技术

1. 革兰氏染色技术的原理是什么？

革兰氏阳性菌和阴性菌的细胞壁的组成和结构不同。

2. 革兰氏染色技术的关键是什么？

关键步骤是脱色，要求匀；快；准。

10.5.2　水浸片法制片技术

1. 霉菌水浸片观察时为何采用乳酸石炭酸棉蓝染色液？

霉菌菌丝细胞易收缩变形，且孢子容易飞散，所以制标本时常用乳酸石炭酸棉蓝染色液（也可将菌体置于水中），此染色液制成的霉菌标本片的特点是：细胞不变形；具有杀菌防腐作用，且不易干燥，能保持较长时间；能防止孢子飞散；溶液本身呈蓝色，能增强反差，具有较好的染色效果。

2. 制作水浸片加盖玻片时方法和注意事项。

先把盖玻片的一端放在载玻片上液滴的边缘，再慢慢往下压盖（见图 5-3），注意不要产生气泡。

10.5.3　悬滴法制片技术

你观察的菌种是否具有鞭毛？判断的依据是什么？

判断的依据是观察待观察微生物是否能运动，能运动则认为具有鞭毛。

10.7　思考题

1. 微生物染色的目的和原理是什么？

染色的目的就是通过染料的吸着，产生与背景较明显的反差而便于观察。可惜的是染色后的细胞形态和结构往往会发生一些变化，影响我们的观察。

微生物细胞被染色是由物理因素和化学因素共同作用的结果。物理因素主要指染料通过毛细现象、渗透作用、吸附作用、吸收作用等物理方式渗入细胞。化学因素主要指由于细胞物质和染料的不同性质而发生的化学反应，从而使细胞着色，而且颜色较为稳定。

2. 染色的方法有哪些？革兰氏染色的关键是什么？

染色的方法如下所示：

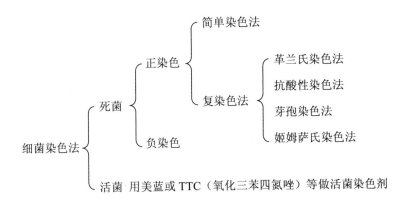

3. 涂片操作时为什么菌体不能过浓或过厚？

涂片过厚或过浓会导致菌体分散不开，镜检时很难找到单个的菌体。

第 11 章　微生物培养

11.9.1　玻璃器皿的清洗、包扎及灭菌

1. 管口、瓶口的棉塞所起的作用是什么？

棉塞的作用一方面阻止外界微生物进入培养基内，防止由此而引起的污染；另一方面保证有良好的通气性能，使培养在里面的微生物能够从外界源源不断地获得新鲜无菌空气。

2. 叙述移液管包扎过程。

洗净烘干后的吸管，在口吸的一端用尖头镊子或针塞入少许脱脂棉花，以防止菌体误吸口中以及口中的微生物通过吸管而进入培养物中造成污染。塞入棉花的量要适宜，棉花不宜露在吸管口的外面，多余的棉花可用酒精灯的火焰把它烧掉。棉花要塞得松紧适当，若过紧，吹吸液体太费劲，过松，吹气时棉花会下滑。每支吸管用一条宽 4～5 cm，以 45°左右的角度螺旋形卷起来，吸管的尖端在头部，吸管的另一端用剩余纸条迭打成结，以免散开，然后标上容量。最后若干支吸管扎成一束，送去灭菌。使用时从吸管中间拧断纸条抽出吸管。

3. 制作棉塞有哪些要求？

棉花塞的制作要求使棉花塞紧贴玻璃壁，没有皱纹和缝隙，不能过松或过紧。过紧则易挤破管口和不易塞入，过松则易掉落和污染。棉塞的长度不少于管口直径的二倍，约 2/3 塞进管口。

11.9.2　培养基制备

1. 培养基配好后，为什么必须立即灭菌？如暂时不灭菌应怎样处理？

培养基配好后为了防止在操作过程中污染的菌体生长繁殖所以必须立即灭菌。如不及时灭菌，应放入冰箱内保存。

2. 如何检查你所配制的培养基是无菌的？

将全部培养基放入（36±1）℃恒温箱培养过夜，如发现有菌生长，即弃去。

3. 加压蒸汽灭菌为什么要把冷空气排尽？用该法灭菌，应在什么时候才可打开灭菌锅盖？为什么？

锅内产生蒸汽后，放气阀即有热气排出，待空气排尽，再关闭放气阀，冷空气未排尽，压力虽然升高而温度达不到要求。

停止加热，待压力徐徐下降至零时，将打开放气阀，排出残留蒸汽，打开锅盖，取出灭菌物品。压力未降到要求时，切勿打开放气阀，否则锅内突然减压，培养基和其他液体会从容器

内喷出或沾湿棉塞，使用时容易污染杂菌。

11.9.3　微生物的接种、培养及分离技术

1. 为什么从事微生物实验工作的基本要求是无菌操作？

无菌操作技术是微生物实验的基本技术，是保证微生物实验准确和顺利完成的重要技术，在发酵工业中，无菌操作技术也是保证发酵顺利进行的重要技术。

2. 常见的接种方法有哪些？

常见的接种方法有划线接种、点植法、穿刺接种、倾注法、涂布接种、浸洗法、活体接种等。

3. 培养时，将平皿倒置有什么好处？

（1）防止接种过程中污染的杂菌落到培养基上生长繁殖；

（2）防止在培养过程中由于水分向上蒸发导致培养基内水分缺失。

11.11　思考题

一、名词解释

主动运输：是指通过细胞膜上特异性载体蛋白构型变化，同时消耗能量，使膜外低浓度物质进入膜内的一种物质运送方式。

无菌操作：在微生物的分离、接种及纯培养等的时候防止被其他微生物污染的操作技术叫无菌操作技术。

培养基：是由人工配成的，适合微生物生长繁殖或累积代谢产物需要的混合营养基质。

接种：将微生物的纯种或含菌材料（如水、食品、空气、土壤、排泄物等）转移到培养基上，这个操作过程叫微生物的接种。

培养：在人为设定的环境中使微生物生长、繁殖的过程叫培养。

二、简答

1. 无菌操作主要包括哪两方面？

（1）创造无菌的培养环境培养微生物。

（2）在操作和培养过程中防止一切其他微生物侵入。

2. 简述涂布接种的操作步骤。

先倒好平板，让其凝固，然后将菌液倒入平板上面，迅速用涂布棒在表面做来回左右的涂布，让菌液均匀分布，就可长出单个的微生物的菌落。

3. 培养基的制备过程是什么？

培养基的设计或选用→原料（天然原料或药品）称量→混合溶解（加热煮沸）→定容→调整 pH 值→过滤→分装容器→包扎标记→消毒或灭菌→搁置斜面→保温实验→备用

4. 配置好的培养基遵循的条件是什么？

（1）培养基应保持原有物质的营养价值和一定的水分含量；

（2）培养基应保持在所规定的 pH 值范围之内；

（3）培养基应保持一定的透明度，有沉淀物的培养基的上清液应保持澄清；

（4）培养基经过保温培养后必须证实无微生物生长。

5. 微生物分离的方法有哪些？稀释平板法的操作步骤是什么？

方法有：稀释平板法、涂布平板法、划线分离法等。

稀释平板法的操作步骤是：通过将样品制成一系列不同的稀释样，使样品中的微生物个体分散成单个状态，再取一定量的稀释样，使其均匀分布于固体培养基上，培养后挑取所需菌落，重新培养，即可得到所需微生物。

第 12 章　微生物检测

12.5.1　酵母菌细胞计数、出芽率及死亡率的测定

根据你的体会，说明用血细胞计数板计数的误差主要来自哪些方面？

血细胞计数的误差主要有操作人员器材处理、使用不当，稀释不准确，细胞识别错误等因素所造成的误差；以及仪器（计数板、盖片、吸管等）不够准确与精密带来的误差等。

12.5.2　奶粉中细菌总数的测定

1. 食品检验为什么要测定细菌菌落总数？

菌落总数测定是用来判定食品被细菌污染的程度及卫生质量，它反映食品在生产过程中是否符合卫生要求，以便对被检样品做出适当的卫生学评价。菌落总数的多少在一定程度上标志着食品卫生质量的优劣。

2. 食品中检出的菌落总数是否代表该食品上的所有细菌数？为什么？

菌落总数就是指食品经过处理，在一定条件下（如需氧情况、营养条件、pH 值、培养温度和时间等）每克（每毫升）被检样品所生长出来的细菌菌落总数。按国家标准方法规定，即在需氧情况下，37℃培养 48 小时，能在普通营养琼脂平板上生长的细菌菌落总数，所以厌氧或微需氧菌、有特殊营养要求的以及非嗜中温的细菌，由于现有条件不能满足其生理需求，故难以繁殖生长。因此菌落总数并不表示实际中的所有细菌总数，菌落总数并不能区分其中细菌的种类，所以有时被称为杂菌数，需氧菌数等。

12.5.3　奶粉中大肠菌群数的测定

1. 简述大肠杆菌的检验程序。

详见本实训之实训方法。

2. 大肠菌群的具体含义是什么，检测的实际意义是什么？

大肠菌群系指一群在 37℃能发酵乳糖产酸产气，需氧和兼性厌氧的革兰氏阴性无芽孢杆菌。一般认为该菌群细菌主要包括大肠埃希氏菌、柠檬酸杆菌、产气克雷伯氏菌和阴沟肠杆菌等。该菌群主要来源于人畜粪便，它们与多数肠道病原菌在水中存活期相近，又易培养观察，故以此作为粪便污染指标来评价食品的卫生质量，具有广泛的卫生学意义。它反映了食品是否被粪便污染，同时间接地指出食品是否有肠道致病菌污染的可能性。

12.7　思考题

一、名词解释

内源性污染：凡是作为食品原料的动植物体在生活过程中，由于本身带有的微生物而造成食品的污染称为内源性污染，也称第一次污染。

外源性污染：食品在生产加工、运输、贮藏、销售、食用过程中，通过水、空气、人、动物、机械设备及用具等而使食品发生微生物污染称为外源性污染，也称第二次污染。

食品微生物的消长：食品中微生物出现的数量增多或减少，即称为食品微生物的消长。

二、简答

1. 食品微生物的外源性污染主要有哪些途径？

主要有：水污染、空气污染、人及动物接触污染、加工设备及包装材料污染。

2. 简述加工过程中微生物的消长情况。

在食品加工过程中的许多环节和工艺也可能发生微生物的二次污染。在生产条件良好和生产工艺合理的情况下，污染较少，故食品中所含有的微生物总数不会明显增多；如果残留在食品中的微生物在加工过程中有繁殖的机会，则食品中的微生物数量就会出现骤然上升的现象。

3. 微生物生长的测定方法有哪些？

（1）计数器法　（2）平皿活计数法　（3）比色（比浊）法

参 考 文 献

陈三凤，刘德虎．2003．现代微生物遗传学．北京:化学工业出版社．

程永宝，1994．微生物学实验与指导．北京:中国医药科技出版社．

何庆国，贾英民．2002．食品微生物学．北京：高等教育出版社．

贺延梨，陈爱侠．2001．环境微生物学．北京：中国轻工业出版社．

侯建平，纪铁鹏．2010．食品微生物．北京：科学出版社．

黄秀梨，1999．微生物学实验指导．北京：高等教育出版社，施普林格出版社．

纪铁鹏，崔雨荣．2006．乳品微生物学．北京：中国轻工业出版社．

廖湘萍．2002．微生物学基础．北京：高等教育出版社．

刘长春．2009．生物产品分析与检验技术．北京：科学出版社．

刘靖．2007．食品生物化学．北京：中国农业出版社．

刘志恒．2002．现代微生物学．北京：科学出版社．

钱存柔，等．1999．微生物学实验教程．北京：北京大学出版社．

秦耀宗．1998．酒精工艺学．北京：中国轻工业出版社．

乳及乳制品的微生物的检验．2004．中国计量出版社．

乳及乳制品检验技术．2004．中国计量出版社．

沈萍．2000．微生物学．北京：高等教育出版社．

沈萍，等．1999．微生物学实验（第三版）．北京：高等教育出版社．

施巧琴，吴松刚．2003．工业微生物育种学（第二版）．北京：科学出版社．

食品微生物检验标准手册．1995．中国标准出版社．

无锡轻工业学院．1990．微生物学（第二版）．北京：中国轻工业出版社．

武汉大学，复旦大学．1987．微生物学（第二版）．北京：高等教育出版社．

武建新．2000．乳制品生产技术．北京：中国轻工业出版社．

武建新．2004．乳品生产技术．北京：科学出版社．

俞树荣．1997．微生物学和微生物学检验（第二版）．北京：人民卫生出版社．

张邦建，崔雨荣．2010．食品生物化学实训教程．北京：科学出版社．

张惠康．1990．微生物学．北京：中国轻工业出版社．

张文治．1995．新编食品微生物学．中国轻工业出版社．

张跃林，陶令霞．2007．生物化学．北京：化学工业出版社．

中华人民共和国国家标准．2003．食品卫生检验方法微生物部分．卫生部发布．